U0275334

审　图　号：GS 京（2024）1039

FIELD GUIDE TO
WILD PLANTS OF CHINA

中国常见植物野外识别手册

Qinghai
青海册

创于1897 商务印书馆
The Commercial Press

图书在版编目(CIP)数据

中国常见植物野外识别手册. 青海册/马克平,刘冰丛书主编;吴玉虎本册主编. —北京:商务印书馆,2024
ISBN 978-7-100-24041-3

Ⅰ. ①中… Ⅱ. ①马…②刘…③吴… Ⅲ. ①植物—识别—中国—手册②植物—识别—青海—手册 Ⅳ. ①Q949-62

中国国家版本馆 CIP 数据核字(2024)第 106326 号

中国常见植物野外识别手册. 青海册
丛书主编 马克平 刘冰
本册主编 吴玉虎

商 务 印 书 馆 出 版
(北京王府井大街36号 邮政编码100710)
商 务 印 书 馆 发 行
北京盛通印刷股份有限公司印刷
ISBN 978-7-100-24041-3

2024 年 8 月第 1 版 开本 889×1194 1/48
2024 年 8 月北京第 1 次印刷 印张 7⅞
定价:68.00 元

序 Foreword

历经四代人之不懈努力，浸汇三百余位学者毕生心血，述及植物三万余种，卷及126册的巨著《中国植物志》已落笔付印。然当今已不是“腹中贮书一万卷，不肯低头在草莽”的时代，如何将中国植物学的知识普及芸芸众生，如何用中国植物学知识造福社会民众，如何保护当前环境中岌岌可危的濒危物种，将是后《中国植物志》时代的一项伟大工程。念及国人每每旅及欧美，常携一图文并茂的*Field Guide*（《野外工作手册》），甚是方便；而国人及外宾畅游华夏，却只能搬一块大部头的*Flora*（《植物志》），实乃吾辈之遗憾。由中国科学院植物研究所马克平所长主持编撰的这套《中国常见植物野外识别手册》丛书的问世，当是填补空白之举，令人眼前一亮，颇觉欢喜，欣然为序。

丛书的作者主要是全国各地中青年植物分类学骨干，既受过系统的专业训练，又熟悉当下的新技术和时尚。由他们编写的植物识别手册已兼具严谨和活泼的特色，再经过植物分类学专家的审订，益添其精准之长。这套丛书可与《中国植物志》《中国高等植物图鉴》《中国高等植物》等学术专著相得益彰，满足普通植物学爱好者及植物学研究专家不同层次的需求。更可喜的是，这种老中青三代植物学家精诚合作的工作方式，亦让我辈看到了中国植物学发展新的希望。

“一花独放不是春，百花齐放春满园。”相信本系列丛书的出版，定能唤起更多的植物分类学工作者对科学传播、环保宣传事业的关注；能够指导民众遍地识花，感受植物世界之魅力独具。

谨此为序，祝其有成。

王文采

2009年3月31日

前言 Preface

自然界丰富多彩，充满神奇。植物如同一个个可爱的精灵，遍布世界的各个角落：或在茫茫的戈壁滩上，或在漫漫的海岸线边，或在高高的山峰，或在深深的峡谷，或形成广袤的草地，或构筑茂密的丛林。这些精灵一天到晚忙碌着，成全了世界的五彩缤纷，也为人类制造赖以生存的氧气并满足人们衣食住行中林林总总的需求。中国是世界上植物种类最多的国家之一。全世界已知的30多万种高等植物中，中国拥有十分之一的物种。当前，随着人类经济社会的发展，人与环境的矛盾日益突出：一方面，人类社会在不断地向植物世界索要更多的资源并破坏其栖息环境，致使许多植物濒临灭绝；另一方面，又希望植物资源能可持续地长久利用，有更多的森林和绿地为人类提供良好的居住环境和新鲜的空气。

如何让更多的人认识、了解和分享植物世界的妙趣，从而激发他们合理利用和有效保护植物的热情？近年来，在科技部和中国科学院的支持下，我们组织全国20多家标本馆建设了中国数字植物标本馆（Chinese Virtual Herbarium，CVH）、中国自然植物标本馆（Chinese Field Herbarium，CFH）等植物信息共享平台，收集整理了包括超过1000万张植物彩色照片和近20套植物志书的数字化植物资料并实现了网络共享。这些平台虽然给植物学研究者和爱好者提供了方便，却无法顾及野外考察、实习和旅游的便利性和实用性，可谓美中不足。这次我们邀请全国各地的植物分类学专家，特别是青年学者，编撰一套常见植物野外识别手册的口袋书，每册包括具有区系代表性的地区、生境或类群中的500～700种常见植物，是这方面的一次尝试。

记得1994年我第一次去美国时见到*Peterson Field Guide*（《野外工作手册》），立刻被这种小巧玲珑且图文并茂的形式所吸引。近年来，一直想组织编写一套适于植物分类爱好者、初学者的口袋书。《中国植物志》等志书专业性非常强，《中国高等植物图鉴》等虽然有大量的图版，但仍然很专业。而且这些专业书籍都是多卷册的大部头，不适于非专业人士使用。有鉴于此，我们力求做一套专业性的科普丛书。专业性主要体现在丛书的文字、内容、照片的科学性，要求作者是专业人员，且内容经过权威性专家审定；普及性即考虑到爱好者的接受能力，注意文字内容的通俗性，以精彩的照片“图说”为主。由此，丛书的编排方式摈弃了传统的学院式排列及检索方式，采用人们易于接受的形式，诸如：按照植物的生活型、叶形叶序、花色等植物性状进行分类；在选择地区或生境类型时，除考虑区系代表性外，还特别重视游人多的自然景点或学生野外实习基地。植物收录范围主要包括某一地区或生境常见、重要或有特色的野生植物种类。植物中文名主要参考《中国植物志》；拉丁学名以“中国生物物种名录”（http://www.sp2000.org.cn/）为主要依据；英文名主要参考美国农业部网站（http://www.usda.gov）和《新编拉汉英种子植物名称》。同时，为了方便外国朋友学习中文名称的发音，特别标注了汉语拼音。

本丛书自2007年初开始筹划，2009年和2013年在高等教育出版社出版了山东册和古田山册，受到读者的好评。2013年9月与商务印书馆教科文中心主任刘雁等协商，达成共识，决定改由商务印书馆出版。感谢商务印书馆的大力支持和耐心细致的工作。特别感谢王文采院士欣然作序热情推荐本丛书；感谢第一届编委会专家对于丛书整体框架的把握。为了适应新的编写任务要求，组建年富力强的编委队伍，新的编委会尽量邀请有志于科学普及工作的第一线植物分类学者进入编委会，为本丛书做出重要贡献的刘冰副研究员作为共同主编。感谢各分册作者辛苦的野外考察和通宵达旦的案头工作；感谢刘冰、肖翠、刘博、严岳鸿、陈彬、刘夙、李敏和孙英宝等诸位年轻朋友的热情和奉献。同时非常感谢科技部平台项目的资助；感谢读者通过亚马逊（http://www.amazon.cn）和豆瓣读书（http://book.douban.com）等对本书的充分肯定和改进建议。

尽管因时间仓促，疏漏之处在所难免，但我们还是衷心希望本丛书的出版能够推动中国植物科学的普及，让人们能够更好地认识、利用和保护祖国大地上的一草一木。

马克平

于北京香山

2022年8月31日

本册简介 Introduction to this book

读者朋友，您也许是喜欢野外观花等户外运动的游客，也许是植物学的爱好者，也许是生命科学相关专业的学生或是从事科研工作的学者，总之，只要您喜欢在野外观赏或希望识别所见到的植物，本书就会成为您的好帮手。

青海省位于我国西部腹地，属于青藏高原的东北部。其东部和东北部毗连甘肃省，东南部与四川省接壤，南部和西南部与西藏自治区相连，西北部与新疆维吾尔自治区为邻。约占北纬31°39′～39°19′，东经89°35′～103°04′。东西长约1200千米，南北宽约800千米，总面积72.23万平方千米，为全国陆地面积的7.5%。省内海拔1650～6860米。境内有我国最大的咸水湖——青海湖，青海由此而得名。同时，著名的黄河、长江和澜沧江均发源于本省，因此，青海省素有“江河源”之称。

青海省是青藏高原的重要组成部分，其地质、地貌的形成及演化历史与整个青藏高原一脉相承。全境基本上由几列西北-东南走向的山系以及山间盆地和高平原相间排列组成。主要山系自北向南依次为：阿尔金山-祁连山系，东昆仑山系及其三列支脉布尔汗布达山、阿尼玛卿山和巴颜喀拉山，以及南部的唐古拉山系。

青海省深居内陆，远离海洋，具有典型的高原大陆性气候，高寒而干旱，冬长夏短，四季不分明，但干湿两季界限明晰。空气透明度大，辐射冷却作用强烈；降水量少，蒸发量高，气温垂直变化明显。低海拔的东北部温凉，而高海拔的南部山地和高原面寒冷。冬半年（9月至翌年4月）为干季（冷季），受西风环流和高原冷高压控制，气候寒冷、干燥，多大风。夏半年（5月至8月）为湿季（暖季），受来自太平洋的东南季风末梢，以及来自孟加拉湾印度洋的西南暖流末梢的影响，气温和降水的高峰同时出现。而省域北部常年受到中亚干旱气候的影响，使青海成为我国三大气候区的交汇地带。同时，青海省还是青藏高原高寒植物区系和黄土高原温性（草原）植物区系与亚洲东部荒漠植物区系在我国的交汇过渡地带。

青海的植被主要包括温性和高寒两大类型。温性植被涵盖温性常绿针叶林、落叶阔叶林、温性灌丛、温性草原和温性荒漠等。高寒植被则以高寒灌丛、高寒草甸、高寒草原、高寒荒漠、高山垫状植被和高山流石坡稀疏植被等为主。

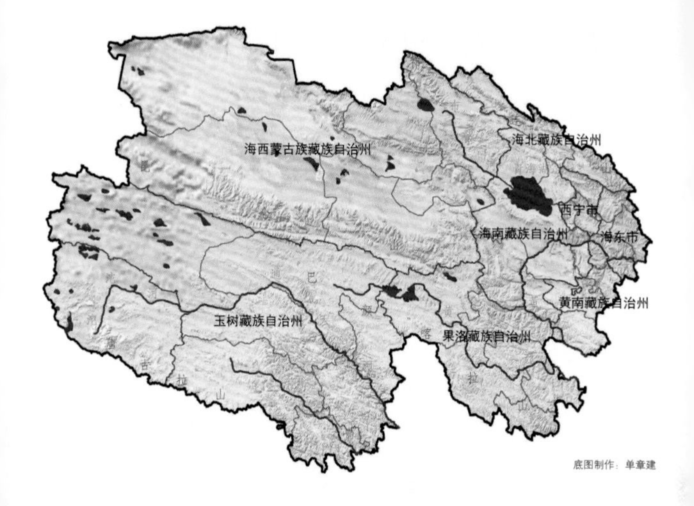

依据地理、地貌、气候等生态地理环境的不同，全省可以分为3个明显的自然地理单元。

1. 东部和东北部平行岭谷地带的祁连山地属于森林、温性草原区。在地理上，本区属于黄土高原向青藏高原过渡的边缘地带，其西面靠近柴达木盆地，东面以祁连山与甘肃省毗邻。海拔相对较低，谷地海拔1650～2400米，山地海拔约4000米。本区气温相对较高，并受东南季风的影响，降水较多，成为全省气候条件比较优越的地区，以温性植被为主。本书的祁连山地包括青海省的民和、互助、乐都、循化、化隆、平安、湟中、湟源、西宁、大通、门源、天峻、祁连、海晏、刚察、贵德、共和、同仁、尖扎等县市。

2. 西北部柴达木盆地干旱荒漠区。该区深居我国内陆，终年受西伯利亚-蒙古高压反气旋辐射场干燥风的控制，气候干燥少雨，日温差和年温差大，光照时间长，植被以温性荒漠类型为主。本书的柴达木盆地包括都兰、格尔木（除唐古拉山乡）、茫崖、冷湖、大柴旦、德令哈、乌兰等县市。

3. 南部的青南高原属于青藏高原高寒植被区。该区是青海省平均海拔最高的地区，夏半年受西南暖湿气流的影响，降水较多，而冬半年受强大的青藏高压控制，气候干旱少雨。本区可以分为两个部分。东部地区发育有大片的森林；而西部地区，由于所受西南暖湿气流的影响逐渐减弱以至完全消失，其植被为广泛发育着的各类高寒类型的植被，以高寒灌丛、高寒草甸和高寒草原为主，并发育着我国独特的垫状植被。本书的青南高原包括称多、玉树、囊谦、曲麻莱、杂多、治多、玛沁、甘德、久治、班玛、达日、玛多、兴海、同德、贵南、泽库、河南等县市以及格尔木市的唐古拉山乡。

倘若您从东部的河湟谷地进入青海，沿着青藏公路和青藏铁路旅行，将依次途经并可以全面领略我国这三大气候区，及其影响下的三大自然地理区域和三大植物区系类型所呈现的迥然不同的自然景观，并感受到其间植物种类分布的显著变化。

本书介绍了青海省常见植物72科249属509种（包括种下类型），约占青海省截至目前已知野生和露天栽培的维管植物2900余种（包括种下类型）的17.6%，对于青海省常见植物的识别具有重要的参考价值。植物种类的选择除了考虑“常见”之外，还遴选了一些虽非常见但却属于青海特有、珍稀、濒危以及具有重要生态和经济价值的植物。另外，为了便于读者比较鉴别，本册还收录了个别青海省周边地区的植物种类，如直茎红景天和马蹄黄等。

书中所载的每一种植物都配有花果期的图例（蕨类植物则为孢子期），方便您对照比较。本册所载种类的花果期资料大多来自本书作者多年在青海的野外经验积累。

正文部分，在每一个详细介绍的植物种后通常都附有1个相似种，以便读者比较鉴别。需要特别指出的是，这里所谓的“相似”，仅仅是植物外在形态上而非亲缘关系上的相近。本书选择相似种的范围比较宽泛，只要在花、果、叶的任何一方面具有相似之处，即予以收录。

希望本书能为您在青海的旅行带来更多的快乐，以及欣赏、鉴别植物的方便，使您能够认识更多的花草树木。更希望您能对本书提出宝贵的意见和建议，以便我们今后进一步完善本书。

使用说明 How to use this book

本书的检索系统采用目录树形式的逐级查找方法。先按照植物的生活型分为三大类：木本、藤本和草本。

木本植物按叶形的不同分为三类：叶较窄或较小的为针状或鳞片状叶，叶较宽阔的分为单叶和复叶。藤本植物不再作下级区分。草本植物首先按花色分为七类，由于蕨类植物没有花的结构，禾草状植物没有明显的花色区分，列于最后。每种花色之下按花的对称形式分为辐射对称和两侧对称*。辐射对称之下按花瓣数目再分为二至六；两侧对称之下分为蝶形、唇形、有距、兰形及其他形状；花小而多，不容易区分对称形式的单列，分为穗状花序和头状花序两类。

正文页面内容介绍和形态学术语图解请见后页。

* **注：**为方便读者理解和检索，本书采用了“辐射对称”与“两侧对称”这种在学术上并不严谨的说法。

乔木和灌木(人高1.7米)
Tree and shrub (The man is 1.7 m tall)

草本和禾草状草本(书高18厘米)
Herb and grass-like herb (The book is 18 cm tall)

植株高度比例 Scale of plant height

上半页所介绍种的生活型、花特征的描述
Description of habit and flower features of the species placed in the upper half of the page

叶、花、果期(空白处表示落叶)
Growing, flowering and fruiting seasons (Blank indicates deciduousness)

上半页所介绍种的图例
Legend for the species placed in the upper half of the page

在中国的地理分布
Distribution in China

属名 Genus name

科名 Family name

别名 Chinese local name

中文名 Chinese name

拼音 Pinyin

学名(拉丁名) Scientific name

英文名 Common name

主要形态特征的描述
Description of main features

在青海的分布
Distribution in Qinghai

生境
Habitat

在形态上相似的种
(并非在亲缘关系上相近)
Similar species in appearance rather than in relation

识别要点
(识别一个种或区分几个种的关键特征)
Distinctive features
(Key characters to identify or distinguish species)

相似种的叶、花、果期
Growing, flowering and fruiting seasons of the similar species

页码 Page number

草本植物 花白色 辐射对称 花瓣四

菥蓂 遏蓝菜 十字花科 菥蓂属
Thlaspi arvense
Boor's Mustard | xīmì

一年生草本；高18～40厘米②；基生叶长圆状倒卵形、倒披针形或披针形，长4～5厘米，宽1～1.5厘米，基部箭形，抱茎，全缘或有疏齿①；总状花序顶生；萼片具宽膜质边缘；花瓣长2～2.5毫米③；短角果近圆形，长约1.5厘米，宽约1.4厘米，扁压，周围具翅③；种子倒卵形。

产青海全境。生于田林路边、宅旁、沟边荒地。

相似种：光锥果葶苈【*Draba lanceolata* var. *leiocarpa*，十字花科 葶苈属】多年生草本；茎直立，多单一，茎上部无毛；基生叶莲座状，窄披针形；花序花时伞房状，萼片长圆形；花瓣白色，倒卵状楔形，长3～4毫米；短角果卵形或长卵形④；种子淡黄褐色，种脐端色较深，卵形。产互助、乐都、门源、刚察；生于河滩林缘灌丛、高山草原。

菥蓂短角果近圆形，扁压，周围具翅；光锥果葶苈短角果卵形或长卵形，无翅。

1 2 3 4 5 6 7 8 9 10

1 2 3 4 5 6 7 8 9 10

刺果猪殃殃 茜草科 拉拉藤属
Galium aparine var. *echinospermum*
Tender Catchweed Bedstraw | cìguǒzhūyāngyāng

一年生蔓生或攀缘草本，全株有倒刺毛①；茎具4棱；叶6～8枚轮生，线状倒披针形，长0.8～3厘米，宽1～3毫米，全缘②；聚伞花序腋生，1～3花；花小，黄绿色，裂片4，卵圆形，长0.5毫米，镊合状排列；果近球形或双球形，密被钩毛③。

产祁连山地、青南高原及德令哈。生于海拔2200～4300米的高寒草甸、沟谷疏林灌丛、田埂。

相似种：硬毛砧草【*Galium boreale* var. *ciliatum*，茜草科 拉拉藤属】茎四棱，直立；叶4枚轮生，披针形或卵状披针形，长1～2.7厘米，宽2～5毫米，背面中脉和边缘被短硬毛④；聚伞花序组成圆锥花序；花小，白色；花冠4裂，裂片近圆形⑤；果双球形，密被白色钩毛。产祁连山地、青南高原；生于疏林灌丛，河滩沙砾质草甸、田埂路边。

刺果猪殃殃为蔓生或攀缘草本，全株有倒刺毛，叶6～8枚轮生；硬毛砧草为多年生直立草本，叶4枚轮生。

1 2 3 4 5 6 7 8 9 10

1 2 3 4 5 6 7 8 9 10

168 中国常见植物野外识别手册——青海册

花辐射对称，花瓣二

花两侧对称，蝶形

植株禾草状，花序特化为小穗

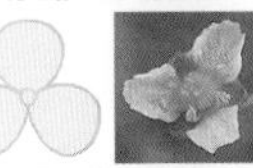
花辐射对称，花瓣三

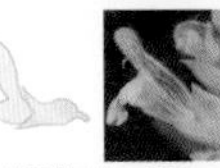
花两侧对称，唇形

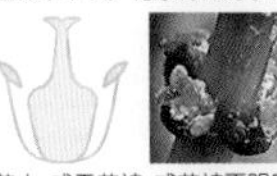
花小 或无花被 或花被不明显

花辐射对称，花瓣四

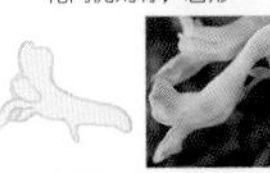
花两侧对称，有距

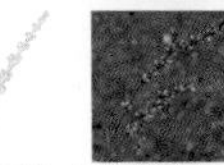
花小而多，组成穗状花序

花辐射对称，花瓣五

花两侧对称，兰形或其他形状

花小而多，组成头状花序

花辐射对称，花瓣六*

花辐射对称，花瓣多数

* **注：** 花瓣分离时为花瓣六，花瓣合生时为花冠裂片六，花瓣缺时为萼片六或萼裂片六，正文中不再区分，一律为"花瓣六"；其他数目者亦相同。

花的大小比例(短线为1厘米)
Scale of flower size (The band is 1 cm long)

下半页所介绍种的生活型、花特征的描述
Description of habit and flower features of the species placed in the lower half of the page

下半页所介绍种的图例
Legend for the species placed in the lower half of the page

上半页所介绍种的图片
Pictures of the species placed in the upper half of the page

图片序号对应左侧文字介绍中的①②③...
The numbers of pictures are counterparts of ①, ②, ③, etc. in left descriptions

下半页所介绍种的图片
Pictures of the species placed in the lower half of the page

术语图解 Illustration of Terminology

叶 Leaf

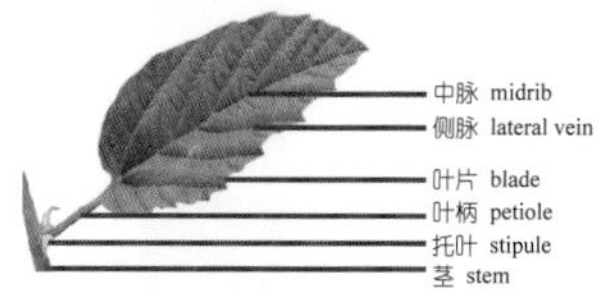

禾草状植物的叶 Leaf of Grass-like Herb

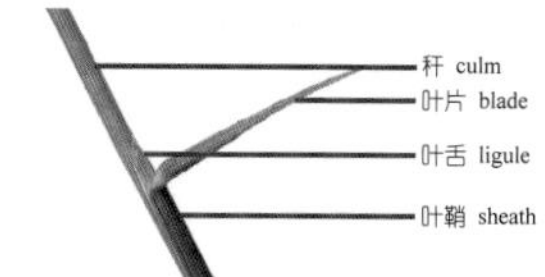

叶形 Leaf Shapes

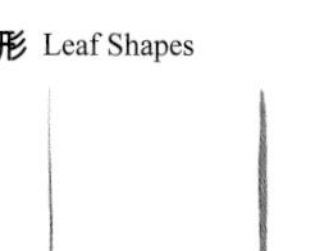

针状 acerose

条形 linear

披针形 lanceolate

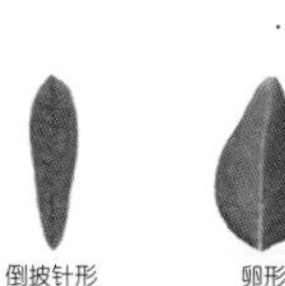

倒披针形 oblanceolate

卵形 ovate

倒卵形 obovate

鳞片状 scale-like

椭圆形 elliptic

圆形 rounded

箭形 sagittate

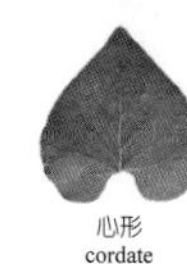

心形 cordate

肾形 reniform

叶缘 Leaf Margins

全缘 entire

锯齿 serrate

重锯齿 biserrate

圆齿 crenate

波状 undulate

刺状锯齿 spiny-serrate

叶的分裂方式 Leaf Segmentation

不裂 entire

羽状分裂 pinnatifid

大头羽状分裂 lyrate

二回羽状分裂 bipinnatifid

掌状分裂 palmatifid

鸟足状分裂 pedate

单叶和复叶 Simple Leaf and Compound Leaves

单叶 simple leaf

奇数羽状复叶 odd-pinnately compound leaf

偶数羽状复叶 even-pinnately compound leaf

二回羽状复叶 bipinnately compound leaf

掌状复叶 palmately compound leaf

单身复叶 unifoliate compound leaf

叶序 Leaf Arrangement

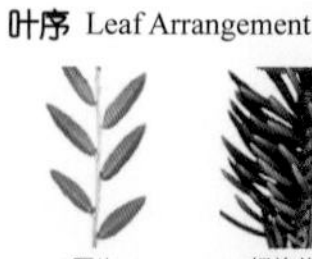

互生 alternate

螺旋状着生 spirally arranged

对生 opposite

轮生 whorled

簇生 fasciculate

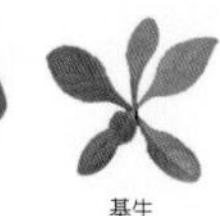

基生 basal

花 Flower

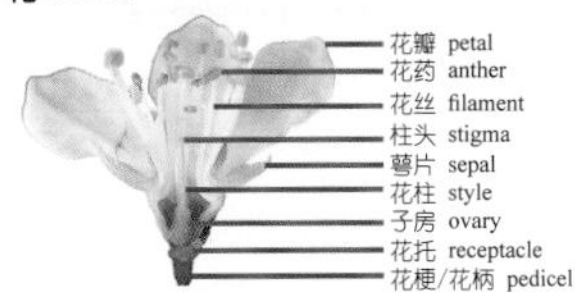

花梗/花柄 pedicel
花托 receptacle
萼片 sepal } 统称 花萼 calyx
花瓣 petal } 统称 花冠 corolla } 花被 perianth
花丝 filament, 花药 anther } 雄蕊 stamen } 统称 雄蕊群 androecium
子房 ovary, 花柱 style, 柱头 stigma } 雌蕊 pistil } 统称 雌蕊群 gynoecium
} 花 flower

花序 Inflorescences

总状花序 raceme

穗状花序 spike

伞形花序 umbel

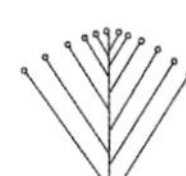

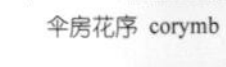
伞房花序 corymb

柔荑花序 catkin

头状花序 head

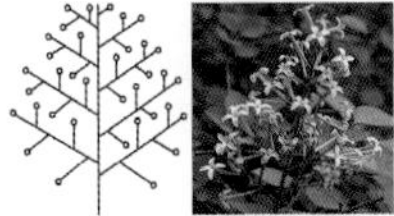
圆锥花序/复总状花序 panicle

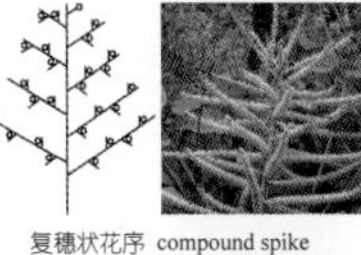
复穗状花序 compound spike

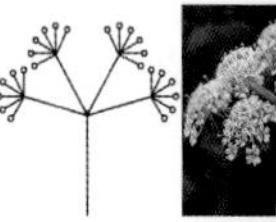
复伞形花序 compound umbel

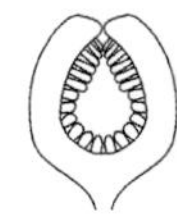
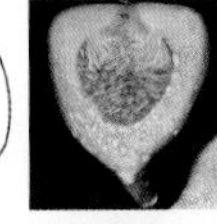
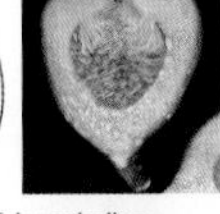
隐头花序 hypanthodium

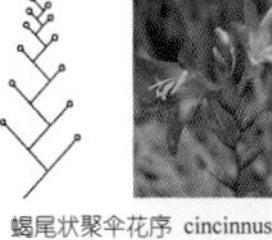

蝎尾状聚伞花序 cincinnus

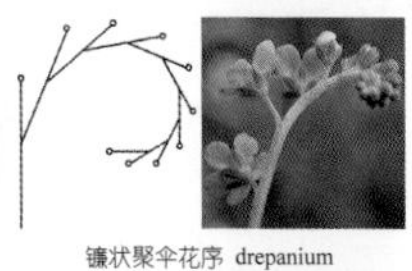
镰状聚伞花序 drepanium

二歧聚伞花序 dichasium

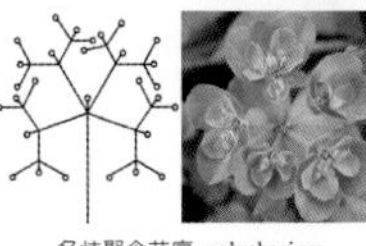
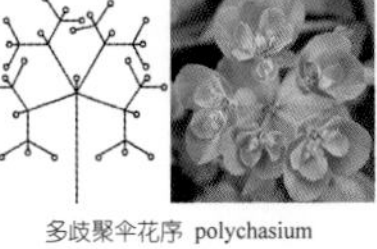
多歧聚伞花序 polychasium

轮状聚伞花序/轮伞花序 verticillaster

果实 Fruits

浆果 berry

核果 drupe

梨果 pome

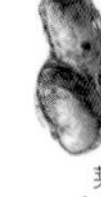
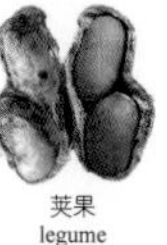
荚果 legume

蓇葖果 follicle

蒴果 capsule

长角果，短角果 silique, silicle

瘦果 achene

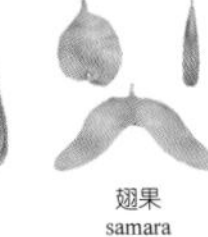
翅果 samara

坚果 nut

聚合果 aggregate fruit

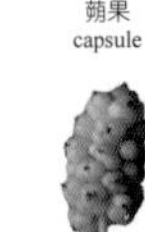
聚花果/复果 multiple fruit

膜果麻黄　麻黄科 麻黄属

Ephedra przewalskii

Przewalsk's Ephedra | móguǒmáhuáng

灌木；木质茎明显①。叶对生或轮生，常3裂，偶有2裂，褐色，膜质，裂片三角形或长三角形。雄球花常数个簇生于节上，褐色，近圆球形，苞片4轮，每轮3片，膜质，淡褐色。种子常3粒，长卵形，顶端细窄，干后表面常有皱缩纹②。

柴达木盆地。生于海拔2700～3300米荒漠草原、戈壁沙滩。

相似种：中麻黄【*Ephedra intermedia*，麻黄科麻黄属】茎直立或匍匐斜上③。叶3裂，下部2/3合生，白色或淡黄褐色，薄膜质；种子在苞片内，不外露，2～3粒④。产祁连山地、柴达木盆地；生于海拔1650～3800米干山坡、岩石缝中，及戈壁荒漠、荒漠草原。

膜果麻黄的雌球花成熟时，苞片增大呈半透明的薄膜质；中麻黄的雌球花为肥厚的肉质。

单子麻黄　麻黄科 麻黄属

Ephedra monosperma

Oneseed Ephedra | dānzǐmáhuáng

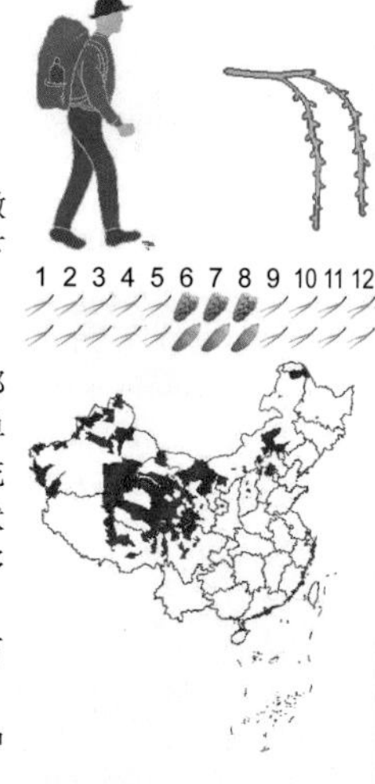

常绿草本状矮小灌木；木质茎短小，多分枝，弯曲并有节结状突起；绿色小枝开展或稍展，常微曲，细弱，直径约1毫米①。叶膜质鞘状，2裂，下部1/3～1/2合生，裂片短三角形，先端钝或尖。雄球花生于小枝上下各部，单生枝顶或对生节上，苞片3～4对，广圆形，两侧膜质边缘较宽，合生部分近1/2②。雄蕊7～8，花丝完全合生；雌球花单生或对生节上，无梗，苞片3对，基部合生。雌花通常1，雌球花成熟时肉质红色，卵圆形或矩圆状卵圆形，最上一对苞片约1/2分裂。种子外露，多为1粒，三角状卵圆形③。

产青海全境。生于海拔3100～4900米的山顶石缝、砾石滩。

单子麻黄植株矮小，贴地生长，小枝细弱，种子1粒。

1
3
2
4
1
3
2

油松　松科 松属

Pinus tabuliformis

Chinese Pine | yóusōng

乔木；树皮裂成不规则较厚的鳞状块片。针叶2针一束，粗硬，长8～12厘米，边缘有细锯齿①。球果广卵形或卵圆形（②左下），有短梗，向下弯垂，熟时淡黄色或淡褐黄色②。种子卵圆形或长卵圆形，淡褐色。

产祁连山地。生于海拔2000～2800米的山地阳坡、半阳坡、河岸沟边。

相似种：华山松【*Pinus armandii*，松科 松属】乔木；树皮裂成块状，固着于树干上或脱落；针叶5针一束。球果圆锥状长卵圆形③，成熟时黄色或黄褐色，种鳞张开，种子脱落；种子黄褐色、暗褐色或黑色，倒卵圆形。产民和、循化；生于海拔2200～2600米的沟谷林中、山地阳坡和半阳坡。

油松针叶2针一束；华山松针叶5针一束。

青杄　松科 云杉属

Picea wilsonii

Wilson's Spruce | qīngqiān

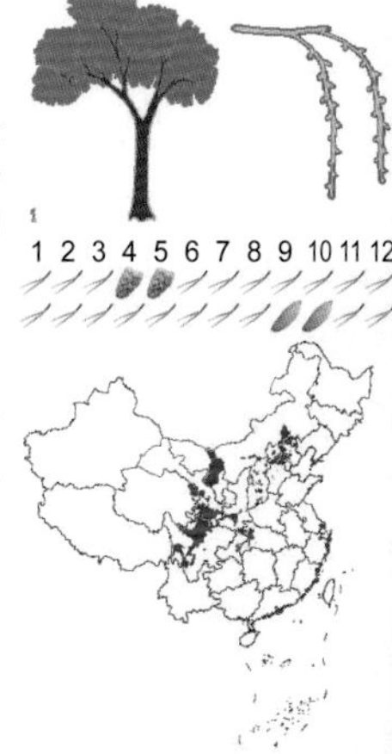

乔木；树皮灰色到暗灰色，裂成不规则鳞状块片脱落①；叶枝呈扁平状，叶排列较密，四棱状条形，先端尖②。球果卵状圆柱形或圆柱状长卵圆形；种子倒卵圆形，种翅倒宽披针形，先端圆。

产祁连山地；生于海拔1800～3600米的山地阴坡中下部、沟谷河岸云杉林中。

相似种：青海云杉【*Picea crassifolia*，松科 云杉属】叶螺旋状排列③。球果圆柱形或近卵状圆柱形④，种翅倒卵状长圆形，先端圆。产青南高原、祁连山地和柴达木盆地；生于海拔2400～3800米的河谷阶地、山地阴坡、半阴坡。

青杄冬芽卵圆形，小枝基部宿存的芽鳞紧贴小枝；球果成熟前绿色；青海云杉冬芽圆锥形，芽鳞开展或反曲，球果成熟前边缘紫红色。

1
2
3
1
2
3
4

祁连圆柏　柏科 圆柏属

Sabina przewalskii

Przewalsk's Juniper | qíliányuánbǎi

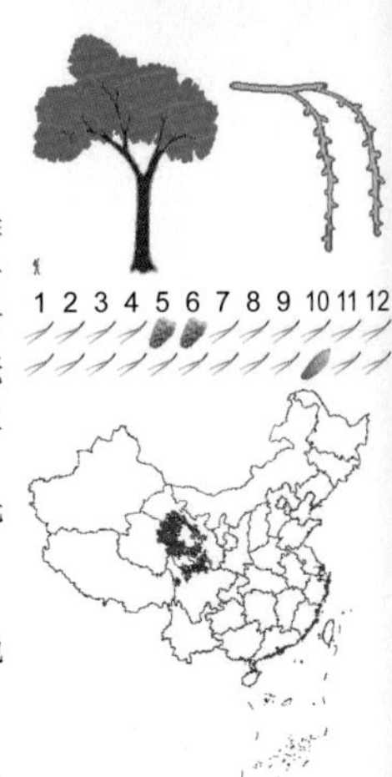

乔木；稀灌木状②，雌雄同株。树干通常直，树皮灰褐色，外层树皮条片状剥落；枝条开展，排列密集，直立或稍弯曲，圆柱形或近四棱形①，叶有刺形叶和鳞片状叶两种，刺形叶普遍生于幼树上，三叶轮生，三角状披针形或披针形，长5～7毫米，开展或斜展，鳞片状叶生于大树上，交错对生③。雄球花近圆形或宽卵形，褐色，珠鳞宽卵形；球果卵圆形或近圆形，暗褐色或黑褐色，稍带光泽④，含1种子。种子近圆形，具明显突起的棱，有不明显的浅沟槽。

产祁连山地、青南高原、柴达木盆地以东地区。生于海拔2250～4300米的山地阳坡、半阳坡、山顶岩隙、沟谷河岸。

祁连圆柏叶两型，刺形和鳞片状；刺形叶多生于幼树上，在萌生的抽出条上也可见。

山生柳　杨柳科 柳属

Salix oritrepha

Mountaineer Willow | shānshēngliǔ

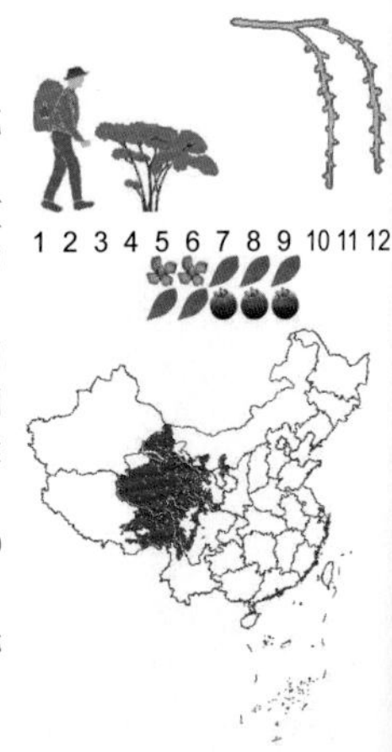

矮小灌木①；叶椭圆形或宽长圆形，先端钝或急尖，基部宽楔形或近圆形，全缘，两面光滑②。花与叶近同时开放；雄花序短圆柱形，长1～1.4厘米②。具短花序梗，梗上具1～3枚小叶，苞片倒卵状长圆形，全缘，两面有疏柔毛；雄蕊2，离生，花丝的中下部有柔毛，花药黄色；雌花序卵状长圆形，有短花序梗、少数小叶；苞片卵状长圆形或倒卵形，被毛③；果实卵状长圆形，有白色或褐色柔毛④，无柄；花柱明显，先端微裂，柱头2裂。

产青南高原、祁连山地。生于海拔2000～4700米的沟谷山坡林缘、阴坡高寒灌丛、峡谷石缝。

山生柳叶椭圆形或宽长圆形，全缘，两面光滑，嫩时可有疏柔毛，叶柄无毛。

1
2
3
4
1
3
2
4

中国沙棘　胡颓子科 沙棘属

Hippophae rhamnoides* subsp. *sinensis

Chinese Seabuckthorn | zhōngguóshājí

落叶灌木、小乔木或乔木；枝刺较多且粗壮①。叶通常对生或近对生，叶片披针形至狭披针形，下面密被银白色鳞片状鳞毛②；果实近球形，或横径稍大于纵径或横径稍小于纵径，黄色、橘红色或深橘红色③。

产青海全境。生于海拔1800～4020米的河滩砾地、干山坡、河谷阶地。

相似种：西藏沙棘【*Hippophae tibetana*，胡颓子科 沙棘属】矮小灌木；整体呈扫帚状⑤。叶3枚轮生，稀对生，叶片条形，果实圆球形或长圆球形，橘红色或暗橘红色④。产青南高原、祁连山地；生于海拔2800～5100米的高寒草地、沙砾河漫滩灌丛。

中国沙棘为灌木，小乔木或乔木，高1～4米，叶对生或近对生；西藏沙棘为矮小灌木，高4～50厘米，叶3枚轮生，稀对生。

沙枣　胡颓子科 胡颓子属

Elaeagnus angustifolia

Russian Olive | shāzǎo

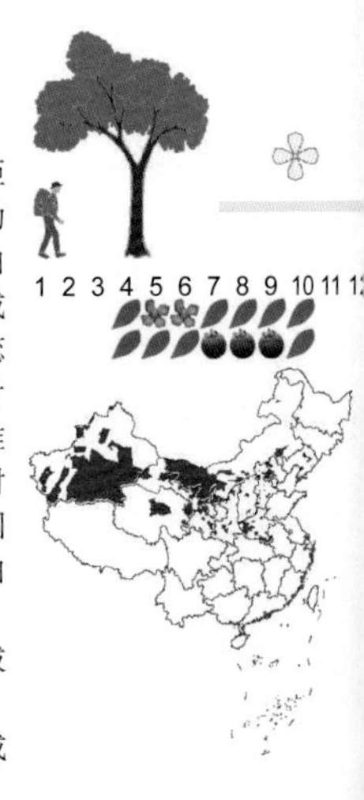

落叶小乔木或乔木；常具刺。叶片薄纸质，矩圆状披针形至条状披针形，全缘，上面暗绿色，幼时被银白色盾形鳞片，成熟后部分脱落，下面灰白色，有光泽，密被白色鳞片①；叶柄细。花直立或近直立，芳香；花萼筒状钟形或宽钟形②；雄蕊4，花丝极短，花药淡黄色，矩圆形，与花萼裂片互生；花柱纤细，无毛或生数根柔毛，基部被圆锥形、无毛的花盘包围，柱头细棒状，褐黄色，花时稍伸出喉部，常在中部折曲或弯曲③。果实椭圆形，浅红色④，幼时密被银白色鳞片；果肉乳白色，粉质；果核矩圆形、卵状矩圆形。

产祁连山地、柴达木盆地。生于海拔2080～2900米的田边、路旁、河谷阶地。

沙枣为落叶小乔木或乔木，常具刺；花直立或近直立，芳香；花萼筒状钟形或宽钟形。

1
3
4
2
5
1
3
2
4

甘肃山梅花 绣球科/虎耳草科 山梅花属

Philadelphus kansuensis

Kansu Mock-orange | gānsùshānméihuā

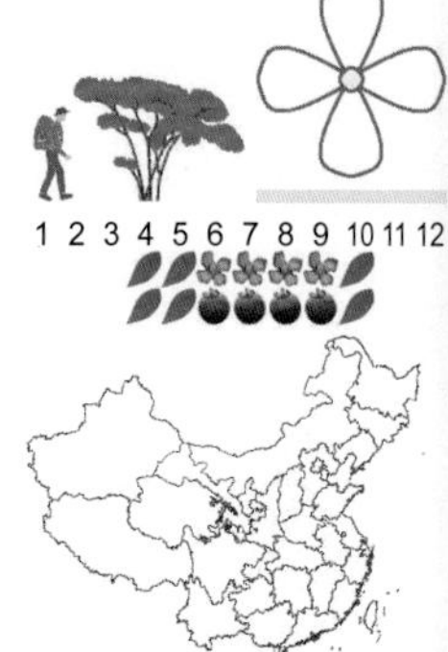

落叶灌木；叶对生①；叶片卵形至狭卵形，长1.5～8厘米，先端渐尖，边缘有锯齿，基部圆形②。总状花序生于枝顶，具5～9花；花瓣4，白色，椭圆形至倒阔卵形，长10毫米，宽8毫米，先端钝圆，基部无爪，背面被柔毛③。

产祁连山地。生于海拔2300～2500米的山沟林下、林缘灌丛、河谷两岸。

相似种：毛柱山梅花【*Philadelphus subcanus*，绣球科/虎耳草科 山梅花属】高1.5～2米。叶对生；叶片卵形，先端渐尖，边缘有锯齿，基部圆形④；总状花序具7～9花；花瓣4，白色⑤。产互助、西宁；生于海拔2240～2600米山沟林缘灌丛、河岸道旁、村舍庭院。

1 2 3 4 5 6 7 8 9 10 11 12

甘肃山梅花幼枝无毛，花柱先端4裂；毛柱山梅花幼枝被毛，花柱先端2裂。

霸王 蒺藜科 驼蹄瓣属

Zygophyllum xanthoxylum

Common Beancaper | bàwáng

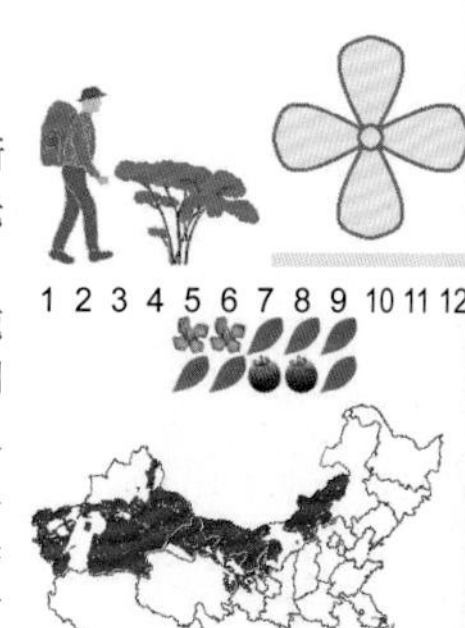

灌木；枝弯曲开展，木质部黄色，顶端2节渐狭成刺状，无叶①。叶在当年生枝上对生，在老枝上簇生，每节具对生的2簇，每簇有叶2～4片；叶有1对小叶；小叶肉质，细圆柱状条形，先端钝②。花生于叶腋，每簇叶中有1～2朵；萼片4，倒卵形，宽倒卵形或近圆形，绿色，具窄的膜质边缘；花瓣4，倒卵形或近扇形，淡黄色；雄蕊8，长于花瓣；鳞片狭卵状长圆形，顶端有裂齿③。蒴果下垂，近球形或椭球形，翅宽4～10毫米④。种子舟形。

产祁连山地、柴达木盆地。生于海拔1600～2800米的戈壁荒漠、阳干山坡、河滩沙砾地。

霸王为灌木；叶对生，偶数羽状复叶，肉质，小叶扁平或棒状；蒴果具3宽翅。

1
3
2
4
5
1
3
2
4

八宝茶 中亚卫矛 卫矛科 卫矛属

Euonymus przewalskii

Przewalsk's Burningbush | bābǎochá

小灌木；高1～2米；茎枝常具4棱栓翅①。叶窄卵形、窄倒卵形或长圆状披针形，侧脉3～5对②。聚伞花序多为1次分枝，3花或达7花；花序梗细长丝状；苞片与小苞片披针形，多脱落，花深紫色；萼片近圆形，花瓣卵圆形；果序梗及小果梗均细长③。

产祁连山地及班玛。生于海拔2300～3600米左右的沟谷山地、林缘灌丛。

相似种：紫花卫矛【*Euonymus porphyreus*，卫矛科 卫矛属】高1.5～3米。叶卵形，长卵形或阔椭圆形④；聚伞花序具细长花序梗，梗端有3～5分枝，每枝有3出小聚伞；花4数，深紫色；花瓣长方椭圆形或窄卵形。产祁连山地及班玛；生于海拔2200～3700米左右的河谷山坡林缘灌丛。

八宝茶叶片卵状披针形至披针形，蒴果无翅；紫花卫矛叶片卵形或长卵形，蒴果具翅。

栓翅卫矛 卫矛科 卫矛属

Euonymus phellomanus

Cork-winged Burningbush | shuānchìwèimáo

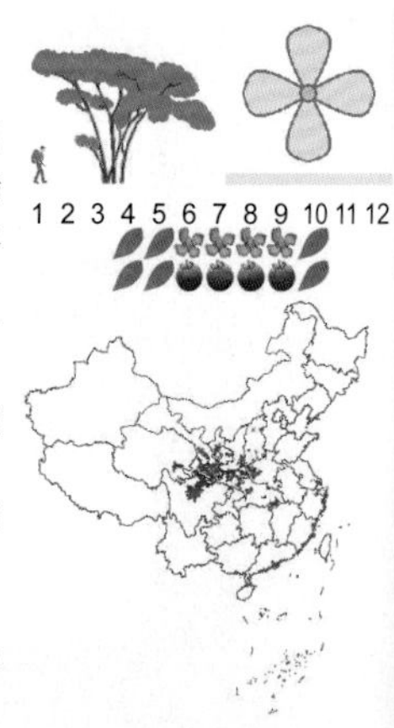

灌木或小乔木；高可达6米。枝硬直，四棱，棱上常有长条状木栓质厚翅①。叶片长圆形或椭圆状倒披针形，长4～8厘米，宽2～4.5厘米，先端锐尖或渐尖，基部楔形，边缘具细锯齿；叶柄长8～15毫米②。聚伞花序1～2次分枝，有3至多花；总花梗长约1厘米；花白绿色，直径约8毫米；萼片4，近圆形；花瓣4，狭倒卵形；雄蕊较花瓣稍短，着生在花盘上；花盘褐色，4浅裂；子房4室，花柱长约1.5毫米③。蒴果近倒心形，粉红色，具4棱，顶端微凹，直径约1厘米；种子椭圆形，褐色，被橘红色假种皮④。

产西宁。栽培。

栓翅卫矛叶柄长8～15毫米；蒴果粉红色，4浅裂，4心皮全发育。

1
3
2
4
1
2
3
4

直茎红景天　景天科 红景天属

Rhodiola recticaulis

Straightstem Rhodiola | zhíjīnghóngjǐngtiān

多年生草本；根颈粗，多分枝；花茎直立，叶片长圆状披针形或长圆形，边缘有粗锯齿①；头状伞房花序，密集多花；花瓣4，黄色或红色；蓇葖有短喙；种子栗色②。

产帕米尔高原、喀喇昆仑山、西昆仑山。生于海拔3800～4700米的高山流石坡、沟谷草甸、山地石隙。

相似种：喜马红景天【*Rhodiola himalensis*，景天科 红景天属】多年生草本，高13～50厘米；叶狭卵形至披针形，边缘具乳头状突起；雌雄异株；聚伞花序具9～13花，雌花花瓣5，紫红色；雄花雄蕊10③；产青南高原及祁连山地；生于海拔3000～4500米的高山岩石隙、高山草甸、灌丛下。

直茎红景天的叶缘有粗锯齿，花瓣4；喜马红景天叶缘无锯齿，花瓣5。

唐古特瑞香　瑞香科 瑞香属

Daphne tangutica

Tangut Daphne | tánggǔtèruìxiāng

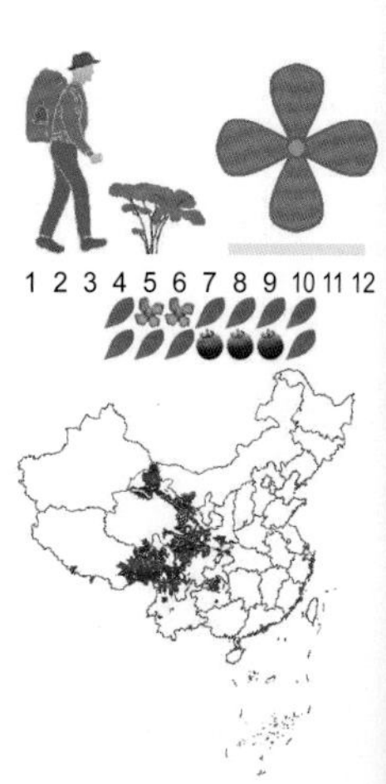

常绿灌木；近肉质，高15～60厘米①；枝条黄褐色；叶多生于枝上部，互生，狭椭圆形、长圆形或倒披针长圆形，先端圆钝、急尖，全缘，基部狭楔形，边缘反卷，上面深绿色，下面淡绿色，表面具皱纹，主脉背面突起；叶柄无或有短柄③；花数朵似簇生于枝顶②，有极短的花序梗，被柔毛；单被花，近漏斗状，花被筒高脚碟状，外面紫红色或浅紫色，里面白色，有香气，花被裂片4，卵状三角形，先端急尖或钝尖；雄蕊8，2轮，花丝无或极短，花药长圆形；花盘小，边有齿。浆果卵形，肉质，红色④。

产祁连山地、青南高原。生于海拔2700～3800米的沟谷山地林缘灌丛。

唐古特瑞香为常绿植物，花被筒外面紫红色或浅紫色，里面白色，有香气，花被裂片4。

1
2
3
1
3
2
4

红椋子　山茱萸科 梾木属

Swida hemsleyi

Hemsley cornel Dogwood | hóngliángzi

灌木或小乔木；高1.5～2米①；叶对生；叶片阔卵形、卵形至椭圆形，长4.8～9.5厘米，宽3.1～6.3厘米，先端短渐尖，全缘，基部圆形至稍心形，两面被丁字形糙伏毛，背面密被白色微乳头突起且脉腋具丛毛，具侧脉7～9对；花瓣4，白色，狭卵形②；核果球形，有光泽③，成熟时黑色。

产循化、民和、贵德、西宁。生于海拔2200～2600米的沟谷山地林缘灌丛，西宁有栽培。

相似种：沙梾【*Swida bretschneideri*，山茱萸科梾木属】叶片卵形、阔卵形、狭卵形至椭圆形，两面被丁字形糙伏毛，侧脉5～6对。花瓣4，白色至淡黄色④。核果蓝黑色，球形，外被丁字形毛⑤。产循化、民和、互助；生于海拔1800～2560米的沟谷山地林缘灌丛。

红椋子叶片具侧脉7～9对，萼齿在花期开展至反曲；沙梾叶片侧脉5～6对，萼齿在花期近直立。

小叶鼠李　鼠李科 鼠李属

Rhamnus parvifolia

Littleleaf Buckthorn | xiǎoyèshǔlǐ

灌木；高1.5～4米；小枝对生或近对生，灰褐色，枝端及分叉处有针刺；叶对生或近对生，在短枝上簇生；叶片先端钝尖，基部楔形，边缘具圆齿状细锯齿，齿端有黑色腺点，腹面深绿色，被疏短柔毛或无毛，背面浅绿色，干时灰白色，仅脉腋窝孔内有疏微毛①；花单性，雌雄异株，黄绿色，通常数朵簇生于短枝上；雄花萼片4，三角形，较花瓣长，花瓣4，雄蕊4，花丝与花瓣对生；核果球形②，基部有宿存的萼筒；种子褐色，背侧面有长为种子4 / 5的纵沟。

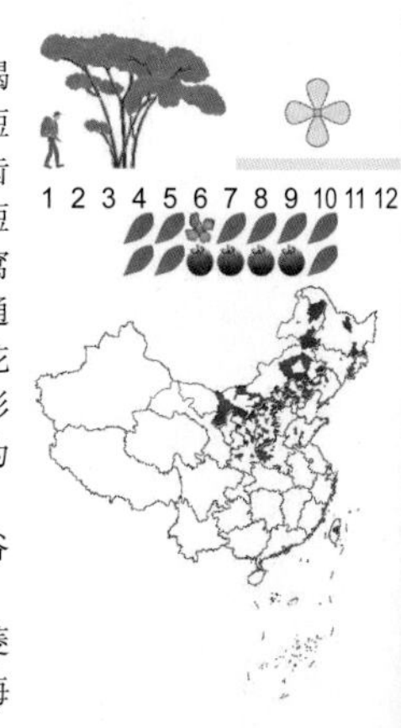

产循化、民和。生于海拔2200～2900米的沟谷山坡林下、林缘灌丛。

小叶鼠李幼枝被短柔毛；叶片菱状倒卵形或菱状椭圆形，长1.5～4厘米，宽0.8～2厘米，侧脉每边2～4条。

1
3
2
4
5
1
2

暴马丁香　木樨科 丁香属

Syringa reticulata* subsp. *amurensis

Manchurian Lilac | bàomǎdīngxiāng

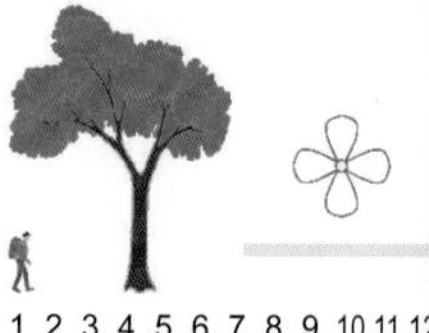

乔木；高4～8米；树皮灰红或灰紫褐色，片状剥落；叶厚纸质，宽卵形、卵形或卵状披针形，先端尾状渐尖至急尖；叶柄细，长至3厘米；圆锥花序1～3对；花冠白色，辐状，冠筒与萼等长，裂片长圆形①；蒴果椭圆形，先端钝②。

产祁连山地。常见栽培于海拔1650～2800米的寺院、学校、园林小区。

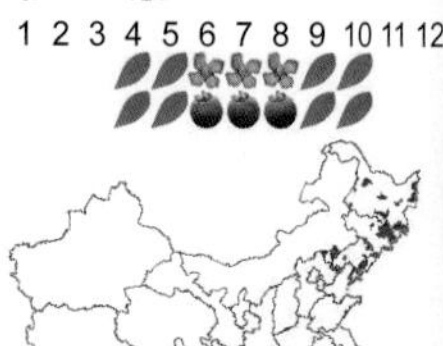

相似种：香荚蒾【*Viburnum farreri*，五福花科/忍冬科 荚蒾属】灌木；叶椭圆形或菱状倒卵形，上面散生细短毛，下面通常在叶腋有簇状毛；花冠白色，高脚杯状③，裂片5；果实扁圆形，紫红色④。产祁连山地；栽培于海拔1650～2600米的园林庭院。

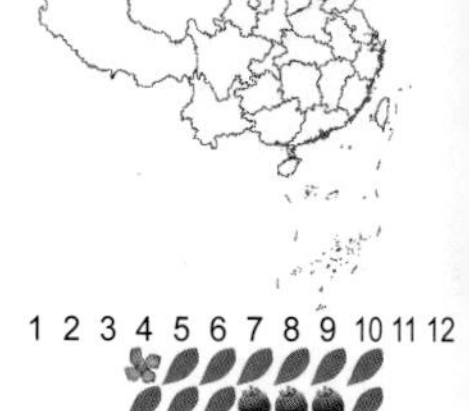

暴马丁香为乔木，叶宽卵形、卵形或卵状披针形，全缘；香荚蒾为灌木，叶椭圆形或菱状倒卵形，先端急尖，边缘有三角形锯齿。

华丁香　花叶丁香　木樨科 丁香属

Syringa protolaciniata

Protolaciniate Lilac | huádīngxiāng

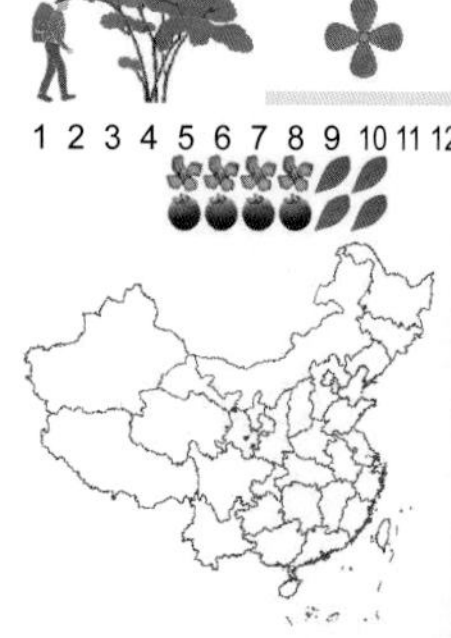

灌木；高1～3米；叶在老枝上3～6枚丛生，在当年生枝上对生；叶片椭圆形或卵形，长1～1.5厘米；圆锥花序侧生，无毛；花萼钟形；花冠紫红色，漏斗形①，长约1.5厘米，裂片长约4毫米，先端内弯，兜状；蒴果圆柱状，具4棱。

产循化。生于海拔2100米左右的沟谷山坡、干河滩。

相似种：小叶巧玲花【*Syringa pubescens* subsp. *microphylla*，木樨科 丁香属】高约2米；叶卵形、卵状椭圆形或披针形，稀近圆形②；花冠紫红色，冠筒细，在开放时内面白色③；蒴果长椭圆形，先端渐尖，常外弯，密生皮孔。产民和、互助；生于海拔2000～2310米的沟谷山坡林缘灌丛。

华丁香的叶在老枝上丛生，且部分叶羽状或不规则分裂；小叶巧玲花的叶对生，全缘。

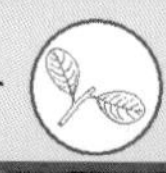

1
3
2
4
1
2
3

紫丁香　木樨科 丁香属

Syringa oblata

Purple Early Lilac | zǐdīngxiāng

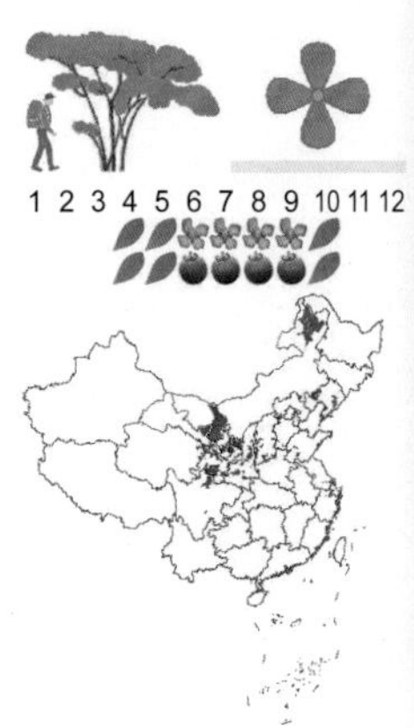

灌木，高1～3米①；老枝灰褐色，幼枝紫褐色，被稀疏腺体；叶宽卵形，先端急尖，全缘，基部近圆形或呈浅心形，上面无毛③，下面中脉上具短柔毛；圆锥花序侧生近塔形，长9～23厘米，宽至15厘米；花序轴及花梗密生腺体；花萼钟形，萼齿三角形，先端急尖或渐尖，外面被腺体；花冠紫色，冠筒圆筒形，裂片卵形或倒卵形，先端钝圆，开花时斜展②；雄蕊着生冠筒喉部下方；蒴果卵形至椭圆形，长于13毫米，先端渐尖。

产循化、民和。生于海拔2050～2500米的沟谷、山坡灌丛中。

紫丁香叶较大，长可达7.5厘米，宽卵形，基部圆形或浅心形；花序轴及花梗被腺体。

四裂红景天　景天科 红景天属

Rhodiola quadrifida

Foursplit Rhodiola | sìlièhóngjǐngtiān

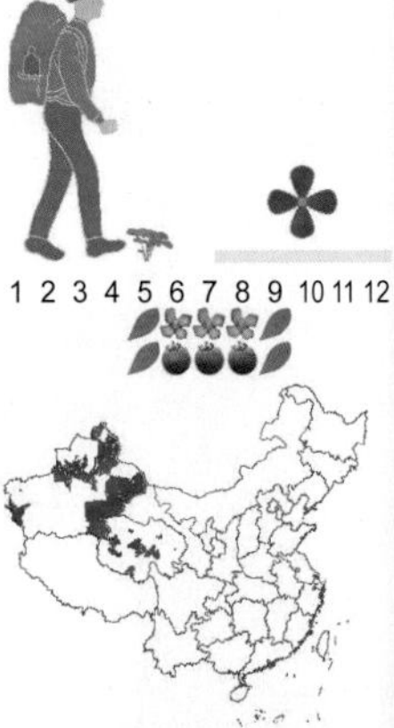

多年生半灌木，高5～20厘米；茎密丛生；叶互生，肉质，线形，先端急尖，全缘，无柄①；雌雄异株；聚伞花序具3～7花或单花②；雌花花瓣4～5，紫红色，具羽状脉；雄蕊无，鳞片4，黑紫色；雄花雄蕊8～10。

产青海全境。生于高寒草甸裸地、砾石山坡、高山流石坡、山坡岩隙。

相似种：唐古红景天【*Rhodiola tangutica*，景天科 红景天属】多年生草本，高6～24厘米，无毛；叶线形至条形③，长4～8毫米，先端急尖，全缘，无柄；雌雄异株；苞片叶状；雌花：萼片5，紫红色，先端钝④；花瓣5，浅红色，长椭圆形，长约5～5.5毫米；蓇葖果披针形。产青南高原、祁连山地；生于高山流石坡、河滩。

四裂红景天为半灌木，花瓣紫红色；唐古红景天为多年生草本，花瓣浅红色。

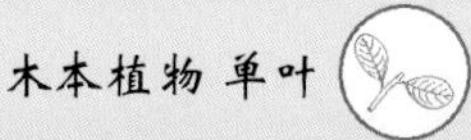

1
2
3
1
2
3
4

华瑞香　瑞香科 瑞香属

Daphne rosmarinifolia

Rosemaryleaf Daphne | huáruìxiāng

常绿灌木；高10～40厘米。植株多分枝，叶片倒披针形或宽条形，纸质，长1.5～2.1厘米，先端圆；穗状花序顶生，或2～3花腋生，无花梗；花黄色①；核果革质，椭圆形，无毛。

产循化。生于海拔2500～3000米的沟谷山坡林缘灌丛、石砾山麓、河漫滩上。

相似种：黄瑞香【*Daphne giraldii*，瑞香科 瑞香属】落叶灌木；叶片倒披针形，长2.5～5厘米。头状花序顶生，具3～5花；花梗短，无毛；花黄色，花被筒高脚碟状②，裂片4；核果卵形，红色。产祁连山地；生于海拔2200～2500米的沟谷林下、林缘灌木丛。

华瑞香为常绿灌木，花被筒裂片5，雄蕊10，着生在花被筒中部以下；黄瑞香为落叶灌木，花被筒裂片4，雄蕊8，着生于花被筒中部及以上。

矮生虎耳草　虎耳草科 虎耳草属

Saxifraga nana

Dwarf Rockfoil | ǎishēnghǔěrcǎo

多年生草本①；叶交互对生，密集，肉质，倒卵形至椭圆形，先端钝，具软骨质狭边，对生的两叶基部合生呈筒状，下延而抱茎；最上部叶片先端具1分泌钙质窝孔，边缘中下部具腺睫毛，以下叶片具3分泌钙质窝孔，无毛②；花单生于茎顶；苞片2，对生，肉质，倒卵形至椭圆形，长2～2.5毫米；花梗长0.4毫米，无毛；萼片4，直立，肉质，近半圆形，长约1.3毫米，宽约2毫米，先端钝，边缘下部疏生腺睫毛，5脉于先端一部分汇合；花瓣4，淡黄色，倒卵形至倒阔卵形③，长2.1～2.6毫米，宽1.6～2毫米，先端钝，近无爪，3～4脉；雄蕊8，4长4短；子房卵球形，下位，围以环状花盘，花柱长约1毫米④。

产互助、湟中、玛沁。生于高山冰斗、高山碎石隙、山地高寒草甸裸地岩缝。

矮生虎耳草叶片腹面具窝孔，对生的两叶片基部合生呈筒状，下延而抱茎；萼片、花瓣均为4，雄蕊8。

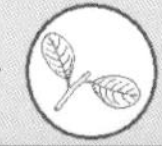

1
2
1
3
2
4

冰川茶藨子　茶藨子科/虎耳草科 茶藨子属

Ribes glaciale

Nepal Currant | bīngchuānchábiāozi

落叶灌木，高1～2米；枝灰色无毛；叶片近卵形，长2～4厘米，宽2～4厘米，3～5裂①；雌花序总状，长3.3～4厘米，花瓣近扇形，单脉；雄花花瓣紫红色；幼果黄绿色②，成熟后变红色，球形，无毛。

产青南高原、祁连山地。生于高寒灌丛、沟谷河岸岩隙、河边砾石地。

相似种：香茶藨子【*Ribes odoratum*，茶藨子科/虎耳草科 茶藨子属】落叶灌木，高1～2米；小枝无刺；叶圆状肾形至倒卵圆形，长宽2～5厘米，基部楔形，掌状3～5深裂，先端稍钝；总状花序长2～5厘米，常下垂；花萼黄色③；花瓣近匙形或近宽倒卵形，浅红色，无毛；果实球形或宽椭圆形，熟时黑色，无毛。西宁栽培；生于沟谷林缘、河谷灌丛。

冰川茶藨子叶片近卵形，萼片紫红色，果成熟后变红色；香茶藨子叶圆状肾形至倒卵圆形，花萼黄色，果实熟时黑色。

窄叶鲜卑花　蔷薇科 鲜卑花属

Sibiraea angustata

Narrowleaf Sibiraea | zhǎiyèxiānbēihuā

灌木，高0.5～2.4米；小枝幼时微被短柔毛，暗紫色，老时光滑无毛，黑紫色③；叶在当年生枝条上互生，在老枝上通常丛生，叶片窄披针形、倒披针形，先端急尖或突尖，全缘，近于无毛；叶柄短，无托叶；顶生穗状圆锥花序②，长2.5～10厘米；总花梗和花梗均密被短柔毛；苞片披针形，先端渐尖，全缘，两面被柔毛①；花直径约5毫米，萼筒浅钟状，外被柔毛；萼片宽三角形，先端急尖，全缘，两面被疏柔毛；花瓣宽倒卵形，白色④；蓇果直立，萼片宿存直立；果梗具柔毛。

产祁连山地、青南高原。生于海拔2500～4300米的沟谷山坡林缘、高寒灌丛、河漫滩灌丛。

窄叶鲜卑花单叶全缘；花杂性，雌雄异株，总花梗与花梗被短柔毛，心皮基部合生。

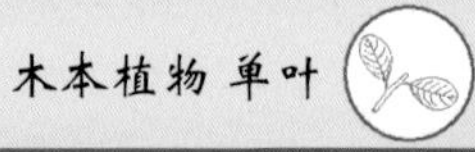

1
2
3
1
2
3
4

水栒子 蔷薇科 栒子属

Cotoneaster multiflorus

Cotoneaster | shuǐxúnzi

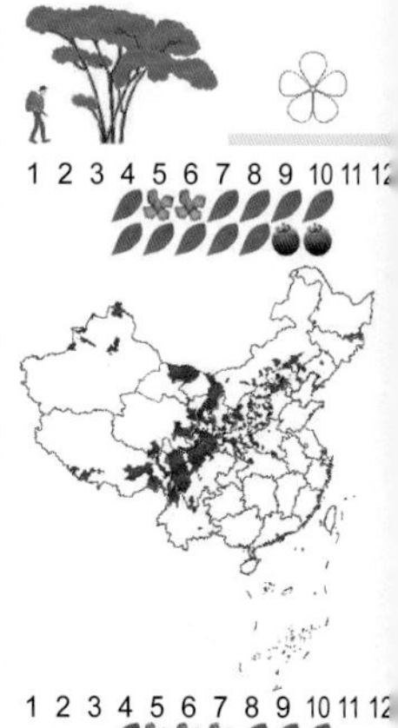

落叶灌木；枝条细瘦，常呈弓形弯曲①，小枝圆柱形，红褐色或棕褐色，无毛；叶片卵形或宽卵形②；花多数，直径1～1.2厘米；萼筒钟状，无毛；花瓣近圆形，直径4～5毫米；雄蕊约20，稍短于花瓣；果实近球形或倒卵形，直径约8毫米，红色②。

产青南高原、祁连山地。生于海拔1800～3800米的林缘灌丛、河谷阶地。

相似种：匍匐栒子【*Cotoneaster adpressus*，蔷薇科 栒子属】匍匐灌木；茎不规则分枝，平铺地上，幼嫩时红褐色至暗灰色；叶片宽卵形或倒卵形③；花单生或聚伞花序2～3朵；雄蕊约10～15；果实近球形，鲜红色④，通常有2小核。产青南高原、祁连山地；生于多石山坡、沟谷岩隙、河谷沙砾地。

水栒子聚伞花序5～20花，白色，果具1小核；匍匐栒子花单生或聚伞花序2～3花，红色，果具2～3小核。

杜梨 蔷薇科 梨属

Pyrus betulifolia

Birch-leaf Pear | dùlí

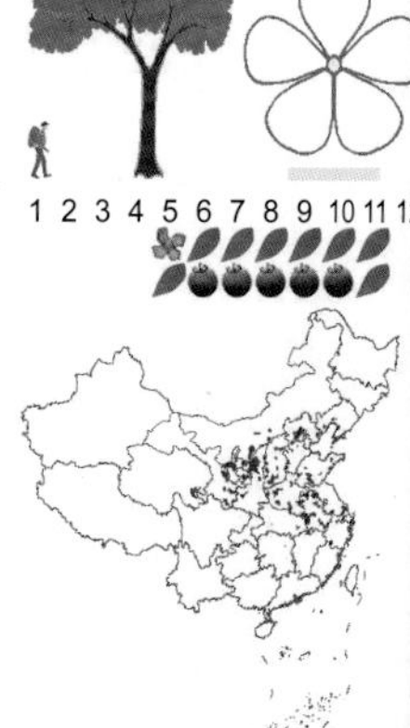

乔木，高3～8米；枝条开展，常具刺；叶片菱状卵形、长圆状卵形或卵状披针形①；伞形总状花序具8～12花；花梗被灰白色茸毛；花直径1.5～2厘米，花瓣白色（①左上）；果近球形，长5～10毫米，褐色，被茸毛②。

产祁连山地。多栽培于海拔2300米以下的园林庭院。

相似种：木梨【*Pyrus xerophila*，蔷薇科 梨属】乔木，高5～8米；叶片卵形至长卵形④；伞形总状花序具3～6花；花直径2～2.5厘米；花瓣宽卵形，白色③；果卵球形，径1.5～2厘米，黄褐色④。产循化，西宁有栽培；栽培于海拔1700～2600米的园林庭院。

杜梨花小果小，果径5～10毫米，无萼片，花柱2～5；木梨花大果大，果径1.5～2厘米，萼片宿存，花柱4～5。

1
3
2
4
1
3
2
4

甘肃山楂 蔷薇科 山楂属

Crataegus kansuensis

Gansu Hawthorn | gānsùshānzhā

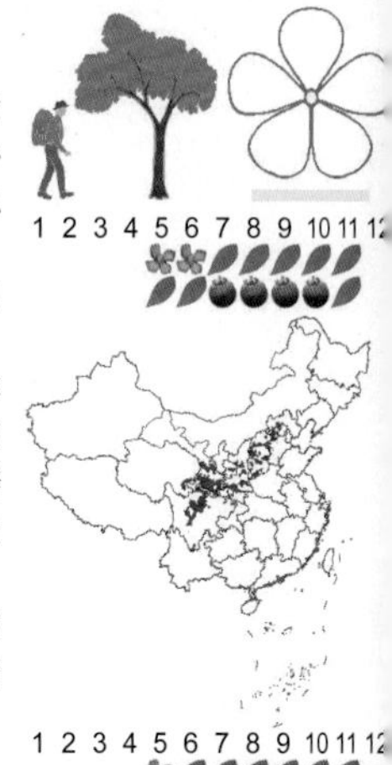

灌木或乔木；叶片宽卵形，边缘有尖锐重锯齿及羽状浅裂片①；伞房花序具8～20花；苞片与小苞片膜质，早落；花萼筒钟状，无毛；花瓣白色②；果近球形，红色③，萼片宿存；小核2～3。

产祁连山地。生于海拔2100～2800米的沟谷山坡、林缘，庭园有栽培。

相似种：楸子【*Malus prunifolia*，蔷薇科 苹果属】小乔木④；叶片卵形或椭圆形，边缘具细锐锯齿；伞形花序具4～8花；花径4～5厘米；花瓣白色；果卵圆形，紫红色⑤；果梗细长。产祁连山地；栽培于海拔2500米以下的园林庭院。

甘肃山楂叶片宽卵形，边缘有尖锐重锯齿及羽状浅裂片；楸子叶片卵形或椭圆形，边缘具细锐锯齿。

山荆子 蔷薇科 苹果属

Malus baccata

Siberian Crabapple | shānjīngzi

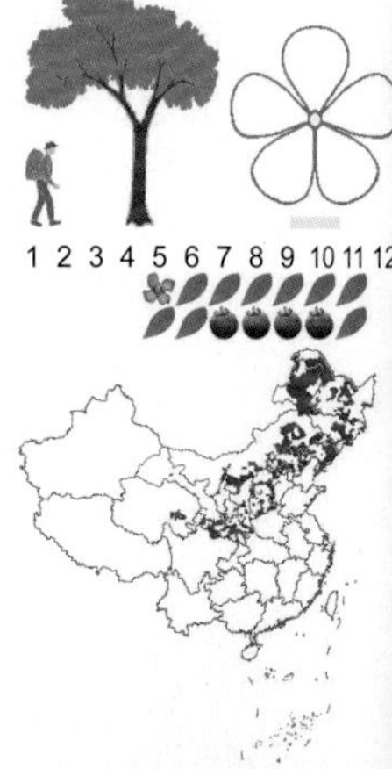

乔木，高4～5米；小枝细圆柱形，红褐色，无毛②；叶片卵状披针形或椭圆形，长3～8厘米，宽2～3.5厘米，先端渐尖，稀尾状渐尖，边缘具细锐锯齿，无毛③；伞形花序具4～6花；花白色（①右上）；果近球形，红色或黄色②③。

产循化、西宁。生于山坡杂木林下、沟谷灌丛。

相似种：山桃【*Amygdalus davidiana*，蔷薇科 桃属】乔木，高3～6米；树皮光滑，暗紫红色；叶片卵状披针形，无毛，基部楔形，边缘有细锐锯齿⑤；花单生，先叶开放；花瓣倒卵形或近圆形，粉红或白色，雄蕊多数，与花瓣等长或稍短（④左上）；果淡黄色，近球形，径约3厘米，密被短柔毛⑤。产循化；生于海拔1800～2000米的沟谷山坡。

山荆子伞形花序具4～6花，白色，花梗长2.5～5厘米，果径8～10毫米；山桃花单生，粉红或白色，花梗极短，果径约3厘米。

1
3
2
4
5
1
3
2
4
5

稠李　蔷薇科 稠李属

Padus racemosa

European Bird Cherry | chóulǐ

落叶乔木，高1.5～8米；小枝红褐色；叶片椭圆形或长圆状倒卵形，先端尾尖，边缘具细锯齿①；总状花序疏松，长达13厘米，下垂；花径1～1.5厘米；花瓣白色，先端波状②；核果卵球形，黑色。

产循化、民和。生于海拔2200～2600米的沟谷山坡、林缘灌丛。

相似种：花叶海棠【*Malus transitoria*，蔷薇科 苹果属】灌木或小乔木，高1～6米；叶片卵形至广卵形，具深裂片，边缘有疏锯齿；花序近伞形，具花3～6朵，密被茸毛；花径约1.5厘米；苞片线状披针形；花瓣白色，卵形③；果实近球形，萼片脱落，外被茸毛。产祁连山地；生于海拔2000～2600米的沟谷山坡林缘灌丛。

稠李叶无裂片，叶缘具细锯齿；花叶海棠叶有深裂片，叶缘具稀疏不整齐锯齿。

糖茶藨子　茶藨子科/虎耳草科 茶藨子属

Ribes himalense

Himalayan Currant | tángchábiāozi

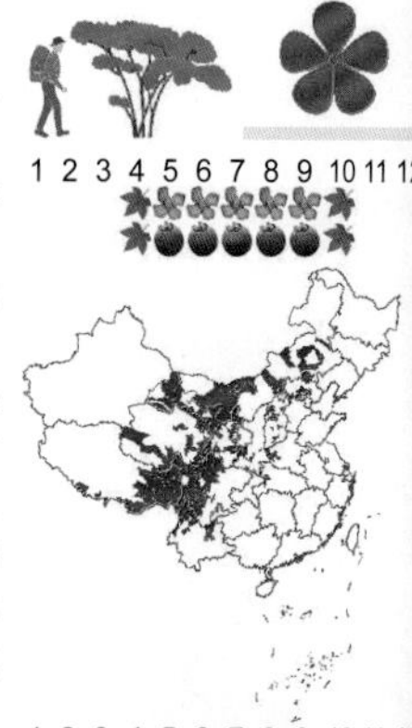

落叶小灌木，高1～2米；叶卵圆形或近圆形，基部心形，边缘具粗锐重锯齿或杂以单锯齿①；总状花序长5～10厘米，花较密集；花萼紫红色②；花瓣边缘微有睫毛，红色或绿色带浅紫红色；果球形，红色或熟后变为紫黑色，无毛③。

产祁连山地、青南高原。生于海拔2300～4100米的沟谷林缘灌丛、山坡林下、河沟石隙。

相似种：腺毛茶藨子【*Ribes longiracemosum* var. *davidii*，茶藨子科/虎耳草科 茶藨子属】高1.5～2米；枝灰色，疏生皮刺④；叶簇生；叶边缘具锯齿，3浅裂；雌花序总状，具5～8花；花瓣宽卵形，具3脉；雄花序长3～7厘米；幼果椭圆球形，疏生腺毛。产大通、互助、门源；生于海拔2000～2500米的沟谷林缘灌丛、河沟边石隙。

糖茶藨子枝无刺，叶较大；腺毛茶藨子枝具刺，叶小。

1
2
3
1
2
3
4

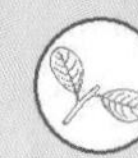

榆叶梅 蔷薇科 桃属

Amygdalus triloba

Flowering Almond | yúyèméi

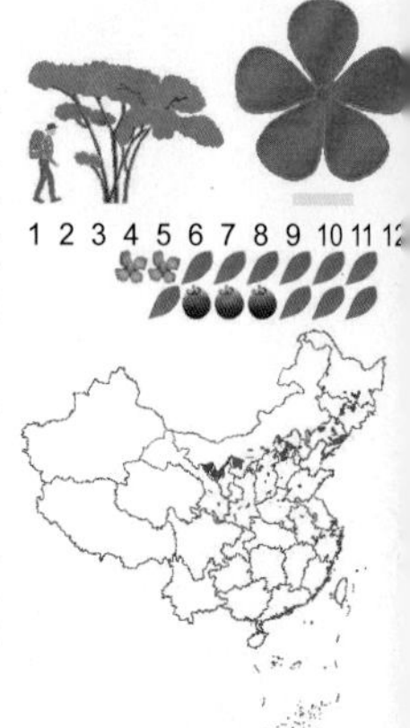

灌木、稀小乔木，高2～5米；枝条开展，具多数短小枝；短枝上的叶常簇生，一年生枝上的叶互生；叶片宽椭圆形至倒卵形，叶边具粗锯齿或重锯齿①；花单瓣，近圆形或宽倒卵形②，径2～3厘米，先于叶开放；果实近球形，红色③，外被短柔毛。

西宁和海东地区多有栽培。栽培于海拔2300米以下的园林庭院。

相似种：重瓣榆叶梅【*Amygdalus triloba* f. *multiplex*，蔷薇科 桃属】灌木、稀小乔木，高2～5米；枝紫褐色或灰褐色；萼片通常10，稀5；花重瓣，粉红色④；果近球形，红色，外被短柔毛。西宁和海东地区有栽培。栽培于海拔2300米以下的园林庭院。

榆叶梅花瓣为单瓣，萼片5；重瓣榆叶梅花重瓣，萼片通常10，稀5。

白刺 白刺科/蒺藜科 白刺属

Nitraria tangutorum

Tangut Nitraria | báicì

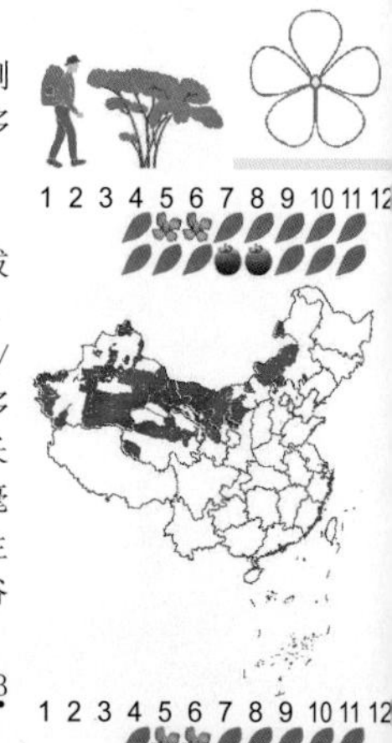

灌木，高1～2米；茎斜上升，不育枝先端针刺状，聚伞花序蝎尾状，生于当年生枝顶端①，花多数；花瓣5，黄白色；核果卵形，熟时深红色②；果核狭卵形或卵形，顶端尖，长5～6毫米。

产祁连山地和柴达木盆地东部。生于海拔1900～3500米的荒漠戈壁、沙砾河滩、干旱山坡。

相似种：小果白刺【*Nitraria sibirica*，白刺科/蒺藜科 白刺属】灌木，高0.5～1米；茎散铺，多分枝；叶4～6枚簇生，倒披针形或倒卵状匙形，长6～15毫米；花瓣5，白色③；果近球形，长6～8毫米，熟时暗红色④。产柴达木盆地和海东地区；生于海拔1850～3700米的荒漠戈壁、河滩砾地、河谷阶地、土崖。

白刺核果大，长8～13毫米，叶被毛，常2～3枚簇生；小果白刺核果小，长6～8毫米，叶无毛，常4～6枚簇生。

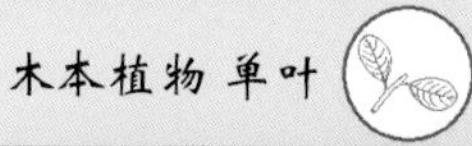

1
3
2
4
1
3
2
4

锐枝木蓼　蓼科 木蓼属

Atraphaxis pungens

Sharp Goatwheat | ruìzhīmùliǎo

灌木；高20～50厘米；老枝顶端无叶，呈刺状①；叶互生，革质；叶片长1～1.5厘米，边全缘或有不明显的浅齿②；短总状花序；花被片淡红色，5枚，2轮，内轮3片在果期增大，外轮2片，果期向下反折③；瘦果3棱卵形，黑褐色，有光泽。

产柴达木盆地。生于海拔2700～3060米的荒漠平原、戈壁砾地、山麓沙丘、河谷阶地、干旱河滩、山前洪积扇。

相似种：沙木蓼【*Atraphaxis bracteata*，蓼科 木蓼属】旱生灌木，高40～100厘米，分枝多；一年生枝条伸长，顶端常有花序；叶互生，革质，藓绿色；瘦果卵状三棱形，深褐色，有光泽④；产柴达木盆地；生于海拔2800～3300米的荒漠平原沙地。

锐枝木蓼花序侧生，老枝顶端刺状；沙木蓼花序顶生和侧生，老枝顶端具叶或无叶，但不为刺状。

沙拐枣　蓼科 沙拐枣属

Calligonum mongolicum

Mongolian Calligonum | shāguǎizǎo

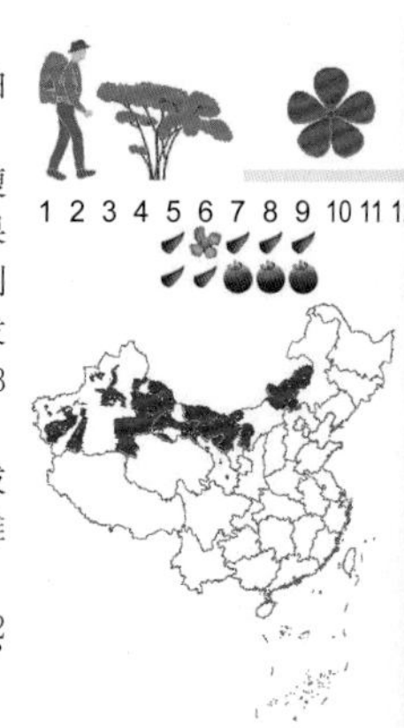

灌木，高30～60厘米；木质老枝灰白色，膝曲状弯拐①；叶线形或锥形②；花白色或淡红色，2～3朵生于叶腋③；果期通常向下反折，宿存；瘦果宽椭圆形或卵圆形，黄褐色，有时先端伸长，果肋棱直或稍向右扭转，沟槽较宽深，每肋有3行刺毛，有时有1列不发育；刺等长或长于瘦果，毛发状，较密，细弱，易折断，下部不加宽，中部2～3回叉状分枝，末枝细尖④。

产都兰、格尔木、大柴旦。生于海拔2800～3000米的山前洪积扇、荒漠戈壁、沙砾滩地、固定沙丘。

沙拐枣老枝灰白色，瘦果宽椭圆形，长8～12毫米，每肋具刺毛3行，有时1行发育不良。

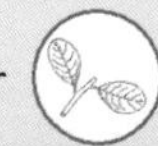

1
3
2
4
1
3
2
4

具鳞水柏枝 柽柳科 水柏枝属

Myricaria squamosa

Squamate Falsetamarisk | jùlínshuǐbǎizhī

直立灌木；二年生枝黄褐色或红褐色①；叶披针形或长圆形；总状花序侧生于老枝上，花前密集呈球形，开花后穗轴伸长，花较疏松②；花瓣5，倒卵形或长椭圆形，紫红或粉红色，宿存③；蒴果窄圆锥形。

产全省大部分地区。生于海拔2200～4000米的河漫滩、山间沟谷、河床、湖边沙地。

相似种：匍匐水柏枝【*Myricaria prostrata*，柽柳科 水柏枝属】匍匐矮灌木；小枝纤细，红棕色，匍匐枝具不定根固着地面④；总状花序圆球形，密集；萼片5；花瓣5，淡紫或粉红色；蒴果圆锥形。产玉树、果洛及祁连山哈拉湖地区；生于海拔3600～5200米的河滩沙砾地、高山河谷砂砾地、河漫滩、高原湖边沙地。

具鳞水柏枝为直立灌木，高0.4～3米；匍匐水柏枝为匍匐矮灌木，高2～14厘米。

五柱红砂 柽柳科 红砂属

Reaumuria kaschgarica

Kashgar Reaumuria | wǔzhùhóngshā

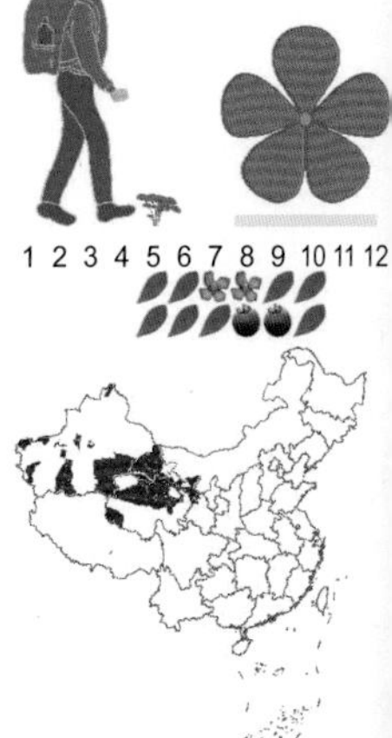

矮小半灌木，高10～20厘米；老枝灰棕色，一年生枝淡红色或绿色①；叶窄条形或略近圆柱形，稍扁，肉质；花单生枝顶或上部叶腋；花瓣5②；蒴果椭圆形③；种子密被淡黄色绢状毛。

产柴达木盆地以及治多、同德。生于海拔2600～3900米的荒漠化草原、盐土荒漠、砂砾质山坡及河滩。

相似种：红砂【*Reaumuria songarica*，柽柳科 红砂属】小灌木，高达10～60厘米；树皮不规则薄片剥裂；花萼钟形，花瓣5，白色略带淡红④；蒴果纺锤形或长椭圆形。产柴达木盆地和西宁、海东地区；生于海拔1800～3000米的荒漠和荒漠草原地带的河滩、沙砾干山坡。

五柱红砂花柱5，叶扁平，蒴果5瓣裂；红砂花柱3，叶短圆柱形，蒴果3瓣裂。

1
3
2
4
1
2
3
4

红毛五加 五加科 五加属

Eleutherococcus giraldii

Girald's Acanthopanax | hóngmáowǔjiā

灌木，高1～2米；小枝暗灰色，密生直刺，节处尤密①；叶多与花序簇生，掌状复叶具5小叶，小叶倒卵状披针形或倒卵状长圆形，稀倒卵形；伞形花序单一顶生，含小花10～30朵；花瓣5，白色，反折①；果近球形，黑色，具5棱。

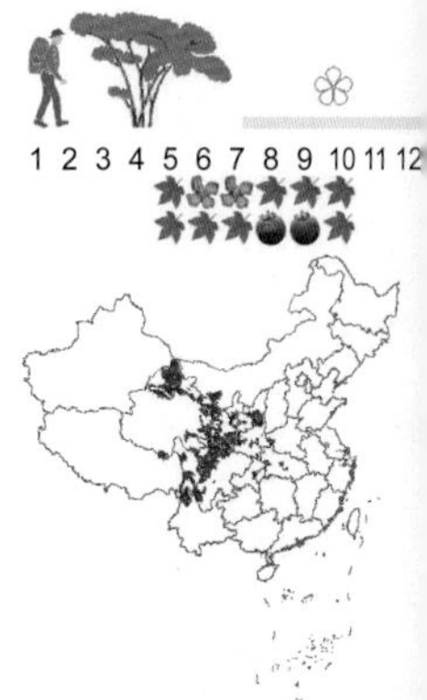

产祁连山地及班玛。生于海拔2300～3700米的林缘灌丛。

相似种：狭叶五加【*Eleutherococcus wilsonii*，五加科 五加属】灌木，高0.5～2米；幼枝细瘦，节间较长，无毛，节处无硬刺；掌状复叶具5小叶，互生或与花序疏族生，伞形花序单一顶生；花瓣5，土黄色②；果近球形，黑色，干后有棱③。产班玛、玉树、囊谦；生于海拔3300～3900米的山坡林缘灌木林中。

红毛五加小枝常密生直刺，稀无刺；狭叶五加小枝无刺或仅在节上有皮刺。

白麻 夹竹桃科 白麻属

Poacynum pictum

Common Poacynum | báimá

直立半灌木或草本，高0.5～1米；茎黄绿色，有条纹；小枝倾向茎的中轴，幼嫩部分外部均被灰褐色柔毛①；叶坚纸质，互生，稀在茎的上部对生，先端渐尖，基部楔形，边缘具细齿，叶柄长2～5毫米②；圆锥状聚伞花序一至多数，顶生；花冠粉红色③，径约1.2厘米；蓇葖果2枚，平行或略叉开，倒垂，长17～25厘米，直径3～4毫米，外果皮灰褐色，有细纵纹；种子红褐色，长圆形，长3～4毫米，顶端具一簇白色绢质毛，毛长约2厘米。

产茫崖、格尔木、都兰。生于海拔2700～3000米的荒漠戈壁沙地。

白麻叶狭披针形至线状披针形，长1.5～3.5厘米，宽0.2～0.8厘米。

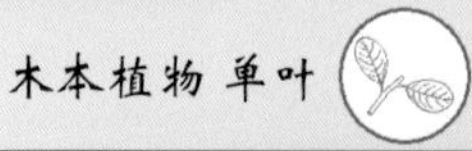

1
2
3
1
2
3

地梢瓜 夹竹桃科/萝藦科 鹅绒藤属

Cynanchum thesioides

Thesim-like Swallow-wort | dìshāoguā

直立半灌木③；根圆柱状，横生；茎自基部多分枝，上被黄色茸毛；叶对生，线形，长2.5～4.5厘米，宽1.5～3.5毫米，先端具小尖头，基部渐狭，叶背中脉略隆起，两面均被短毛①；伞状聚伞花序腋生；花梗及花萼外均被毛；花萼裂片三角状披针形；花冠黄绿色②，直径约5毫米，裂片长圆形；副花冠杯状，先端5裂，裂片披针形，渐尖，有高过药隔的膜片；蓇葖果纺锤状，先端渐尖，中间膨大②，长约6.5厘米，直径约1.5厘米，表面具疣突；种子扁圆状，暗褐色，长约8毫米，种毛白色绢质，长约2厘米。

产祁连山地。生于海拔1850～2700米的沟谷山坡、河滩沙砾地、半荒漠化草原。

地梢瓜为直立半灌木，根圆柱状横生；叶线形；花黄绿色。

陇蜀杜鹃 杜鹃花科 杜鹃花属

Rhododendron przewalskii

Przewalsk's Rhododendron | Lǒngshǔdùjuān

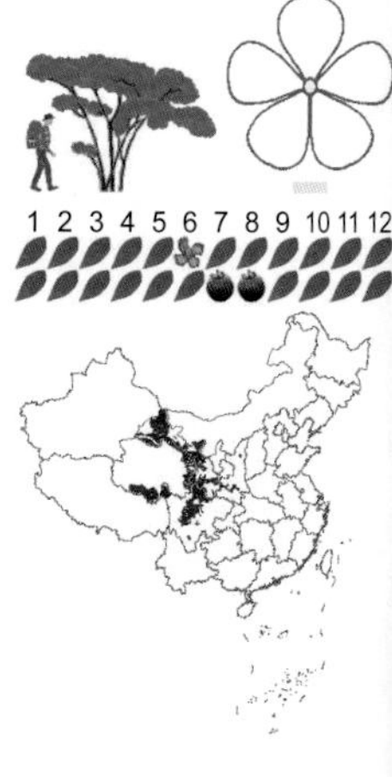

常绿灌木①，高1～3米；幼枝粗，无毛②；叶椭圆形或长圆形，长5～10厘米，宽2.5～5厘米，先端钝或急尖，有小尖头，基部浅心状圆形或宽楔形，上面光滑，仅幼叶未展开时疏被白色短茸毛，下面光滑或被一层灰白色至淡红褐色的辐射状毛，毛被薄，常不连续，且脱落；叶柄长1～2厘米，光滑③；伞房状花序具5～15花；花梗长至2厘米，光滑；花萼长约1毫米，无毛，裂片三角形；花冠钟形，白色，或带粉红色，具紫红色斑点②，长2～3厘米；雄蕊10，花丝基部有微毛；子房光滑；蒴果圆柱形，长2～2.5厘米，弯曲，黑褐色。

产祁连山地及泽库。生于海拔2800～3800米的山地阴坡灌丛。

陇蜀杜鹃的植体不被鳞片；叶长达5厘米，下面密被淡红褐色毛；花大。

1
2
3
1
3
2

头花杜鹃 杜鹃花科 杜鹃花属

Rhododendron capitatum

Head Flowers Rhododendron | tóuhuādùjuān

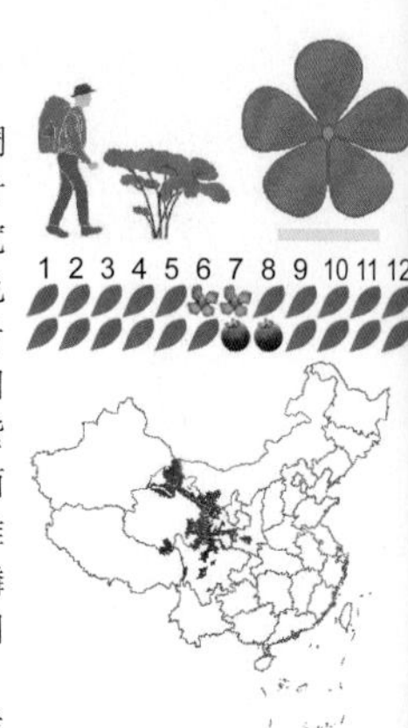

常绿灌木，高达1米；分枝多，枝条伸直，稠密，褐色至黑色，密被鳞片①；叶芽鳞早落，叶芳香；叶片长圆形或椭圆形，长6～26毫米，宽3.5～10毫米，先端圆钝，基部楔形，表面灰绿色至暗绿色，密被鳞片，背面被二色鳞片，浅色鳞片淡黄绿色，深色鳞片褐色，两者均匀混生，对比明显；叶柄长1～3毫米，被鳞片②；花冠紫色或淡紫色，宽漏斗状，长1～1.7厘米，外面无鳞片，内面喉部密被短柔毛，冠檐展开，裂片长于花冠管；雄蕊10，伸出，花丝基部密生白色绵毛②；子房被鳞片，花柱通常长于雄蕊，下部被微毛②；蒴果长圆形，长4～5毫米，被鳞片②。

产祁连山地、青南高原东南部。生于海拔2900～4330米的山地阴坡灌丛或灌丛草甸。

头花杜鹃花3～5，蓝紫色或淡紫红色，簇生呈头状。

烈香杜鹃 杜鹃花科 杜鹃花属

Rhododendron anthopogonoides

Strong Fragrance Rhododendron | lièxiāngdùjuān

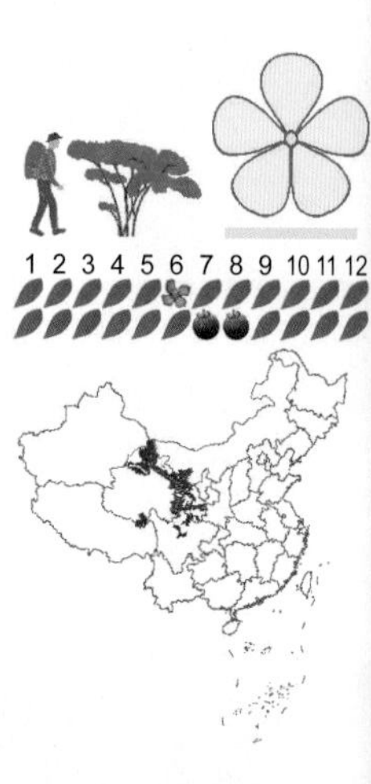

常绿灌木，高60～160厘米；小枝淡黄色，密被鳞片和毛，老枝灰白色，无毛；芽鳞早落；叶卵状椭圆形或宽椭圆形，长15～42毫米，宽9～20毫米，先端圆形或钝，边缘略反卷，基部圆形，上面无或有稀疏的鳞片，深绿色，下面黄褐色，密被中心突起、边缘撕裂的圆形鳞片①；花序头状，多花密集，顶生；花梗短，有鳞片；花萼长3～4.5毫米，裂片长圆形，背部有或无鳞片，边缘有缘毛；花冠淡黄色或绿白色，狭筒形②，长10～12毫米，裂片小，半圆形，长至3毫米，冠筒内面喉部有长毛，外面无毛；雄蕊5；子房有鳞片；蒴果有鳞片。

产祁连山地及泽库。生于海拔3000～4100米的山地阴坡高寒灌丛、沟谷石隙。

烈香杜鹃花淡黄色或黄绿色。

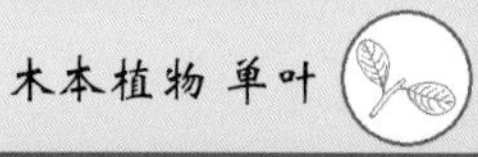

1
2
1
2

宁夏枸杞 茄科 枸杞属

Lycium barbarum

Barbary Wolfberry | níngxiàgǒuqǐ

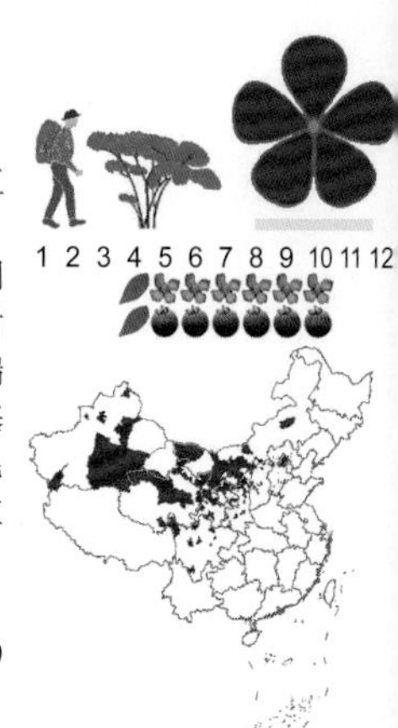

灌木；茎较粗，具纵条纹，灰白色或灰黄色，有生叶与花的长棘刺和不生叶的短棘刺②；单叶互生或簇生，披针形或矩圆状披针形，长2～3厘米，全缘；花在长枝上1～2朵腋生，在短枝上2～6朵同叶簇生；花萼钟状，长5～6毫米，通常2裂，有时其中1裂片再2齿裂；花冠漏斗状，淡紫红色，先端5裂，冠筒不到裂片的2倍，裂片无缘毛①；花丝基部稍下处及花冠内壁同一水平上具1圈较密的长毛环；浆果形状及大小多变化，通常宽椭圆形，红色，长10～20毫米，宽5～10毫米，先端凸起③；种子近肾形。

产祁连山地及玛沁、玉树。生于海拔1900～3650米的河谷水沟边、沟谷河滩及干旱山坡。

宁夏枸杞花萼通常2中裂，花冠筒远长于花萼，向上部渐扩大，裂片无缘毛。

普通小檗 欧洲小檗 小檗科 小檗属

Berberis vulgaris

Common Barberry | pǔtōngxiǎobò

落叶灌木，高1.5～2米①；幼枝黄色、黄褐色，老枝灰色；刺三叉或单生，长0.5～2厘米；叶簇生，椭圆状倒卵形或倒卵形，长1～2厘米，宽0.5～1厘米，基部楔形，具短柄，先端钝，边缘具细刺状齿或全缘②，背面不具网状脉纹；总状花序，具数花至多花③；小花梗长2～10毫米；苞片卵形，橘红色，基部较宽，先端具细长尖；萼片6，花瓣状，宽卵形或近圆形；花瓣6，深黄色，椭圆形，基部具二蜜腺，先端钝；雄蕊6，黄褐色；子房椭圆形，具2胚珠；浆果椭圆形，红色④。

产祁连山地、青南高原。生于海拔2240～4100米的沟谷林下、山麓、河谷。

普通小檗幼枝黄色或黄褐色；叶无毛，叶背不具网状脉；总状花序，小花梗长2～10毫米。

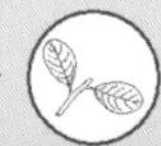

1
2
3
1
3
2
4

西北小檗 匙叶小檗 小檗科 小檗属

Berberis vernae

Verna Barberry | xīběixiǎobò

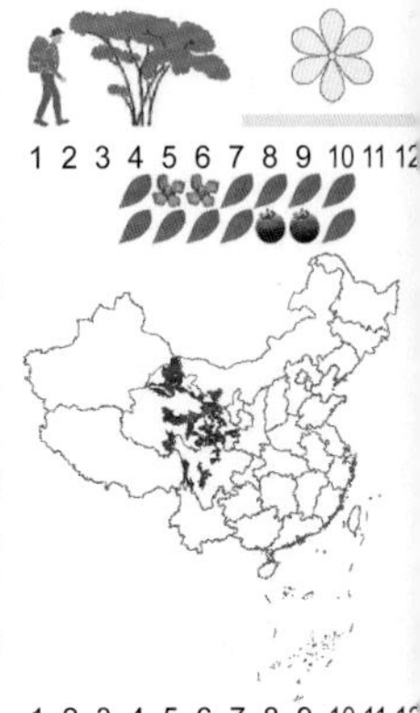

落叶灌木，高1～2米；幼枝紫色①，具槽；刺单生，有时三分叉；叶簇生，叶片匙形、椭圆形或倒披针形，全缘②；穗形总状花序密集多花；萼片6，黄色；花瓣6，黄色③；浆果椭圆形，红色。

产祁连山地以及称多、玉树。生于海拔2700～3850米的阳坡山麓、河床、河谷渠岸、沙砾河滩、土崖。

相似种：鲜黄小檗【*Berberis diaphana*，小檗科小檗属】落叶灌木，高1.5～2米；茎刺三分叉，粗壮，淡黄色；叶长圆形或倒卵状长圆形，边缘具刺齿，偶全缘；花2～5朵簇生，黄色⑤；花瓣具2腺体；浆果红色，卵状长圆形④。产祁连山地、青南高原；生于海拔2395～3850米的山坡林缘、沟谷林下、河谷灌丛。

1 2 3 4 5 6 7 8 9 10 11 12

西北小檗幼枝紫色，叶全缘，无毛，花序细长密集，通常下垂，花较小；鲜黄小檗花单生或2～5朵，簇生。

唐古特莸 唇形科/马鞭草科 莸属

Caryopteris tangutica

Tangut Bluebeard | tánggǔtèyóu

小灌木，高20～50厘米①；植株基部分枝，全株被短毛；叶卵形或卵状披针形，边缘具齿②；聚伞花序顶生或腋生；花冠蓝紫色，筒状，檐部5裂，其中1裂片较大，先端有流苏状小裂片，其余裂片全缘③；蒴果球形，光滑。

产祁连山地。生于海拔1850～3500米左右的河谷干山坡、阳坡灌丛。

相似种：蒙古莸【*Caryopteris mongholica*，唇形科/马鞭草科 莸属】落叶灌木；单叶对生，狭长圆状披针形或线状披针形，全缘或几全缘④；聚伞花序顶生或腋生，多花密集；花冠蓝紫色，筒状，5裂，下裂片前缘有齿⑤；果球形。产乌兰、兴海、共和、循化；生于海拔2200～3200米的河谷及干旱山坡。

1 2 3 4 5 6 7 8 9 10 11 12

唐古特莸叶为卵形或卵状披针形，缘具齿，花冠下裂片前缘流苏状；蒙古莸叶狭长圆状披针形或线状披针形，全缘。

1
3
2
4
5
1
2
4
3
5

百里香　唇形科 百里香属

Thymus mongolicus

Mongolian Thyme | bǎilǐxiāng

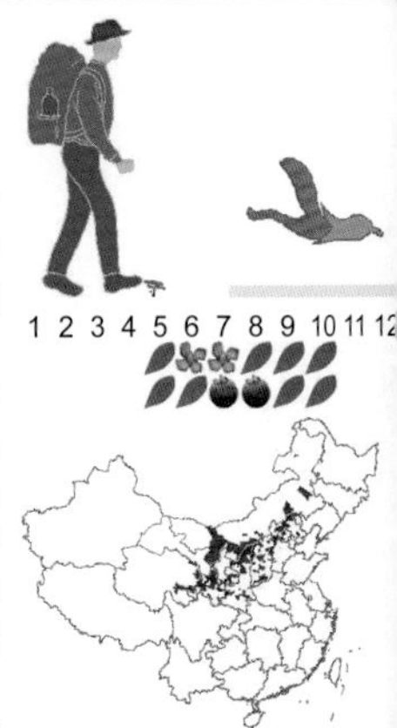

半灌木，高7～10厘米；根茎粗，顶部多分枝；茎多数，丛生，匍匐或直立①，被短柔毛；叶对生，叶片椭圆形或狭卵形，长2.5～10毫米，宽1～3毫米，两面无毛，下面有腺点，叶脉在下面凸起；花序头状，生枝顶，长1～2厘米；花萼狭钟形，长4～5毫米，外面被短毛及腺点，口部有毛环，二唇形，唇齿两侧边缘具整齐的缘毛；花冠淡紫色②，长6～8毫米，外面被短毛，二唇形，上唇直立，近全缘，下唇3裂，裂片近等大，卵形；雄蕊均外露；小坚果近圆形，扁压，褐色，长约1毫米，光滑。

产祁连山地。生于海拔1900～3000米的河滩荒地、干山坡。

百里香为半灌木，叶小，长至10毫米；花萼口部具密毛环。

刚毛忍冬　忍冬科 忍冬属

Lonicera hispida

Hispid Honeysuckle | gāngmáorěndōng

落叶灌木；幼枝常带紫红色，连同叶柄和总花梗均具刚毛或兼具微糙毛和腺毛②，很少无毛，老枝灰色或灰褐色；叶较厚，椭圆形，卵状长圆形或近圆形①；苞片宽卵形，长至2.5厘米，常紫红色②；花冠淡黄色，漏斗状，近整齐，外面有短糙毛或刚毛或几无毛（②右下）；果实先黄色后变红色，卵圆形至长圆形，长1～1.5厘米③。

产祁连山地、青南高原。生于沟谷山地林中、山坡林缘灌丛、河谷石隙。

相似种：*葱皮忍冬*【*Lonicera ferdinandi*，忍冬科 忍冬属】落叶灌木，高2～3米；幼枝有刚毛和红褐色腺体；叶厚纸质，卵形或矩圆状披针形；花白色，后变淡黄色，外面密被反折短刚伏毛、开展的微硬毛及腺毛④；果实红色，卵圆形。产民和、循化、西宁；生于山地阳坡、林缘灌丛。

刚毛忍冬枝无腺体，花冠漏斗状；葱皮忍冬枝有红褐色腺体，花冠唇形。

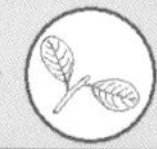

1
2
1
3
2
4

红花岩生忍冬 忍冬科 忍冬属

Lonicera rupicola* var. *syringantha

Lilac-like Honeysuckle | hónghuāyánshēngrěndōng

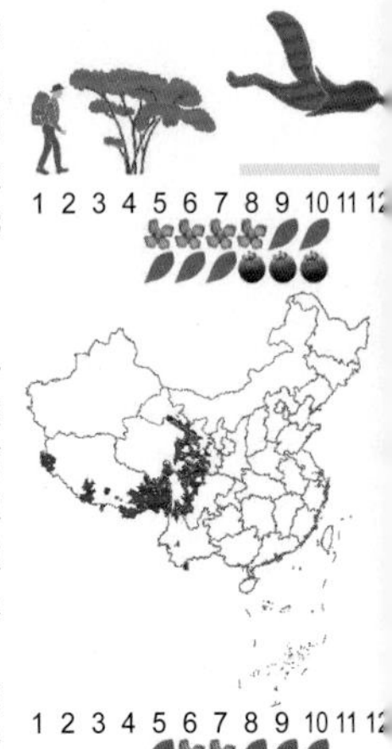

落叶灌木，高达1.5米；叶脱落后小枝顶常呈针刺状；叶纸质，3～4枚轮生，条状披针形、矩圆状披针形至矩圆形，背面无毛或疏生短柔毛①；花冠淡紫色或紫红色②；果实红色，椭圆形，长约8毫米。

产尖扎、同仁。生于山谷、山坡灌丛、林下。

相似种：红脉忍冬【*Lonicera nervosa*，忍冬科 忍冬属】落叶灌木；叶对生，先端急尖，基部楔形或近圆形，两面无毛，网脉紫红色，突起；叶柄短，无毛③；总花梗长约1厘米，紫红色有微毛；双花萼筒分离，齿具腺缘毛；花冠白色，带粉红色或紫红色，二唇形④；果黑色，圆形；产祁连山地及泽库；生于沟谷山地林下、林缘灌丛中。

红花岩生忍冬叶轮生或对生，条状披针形、矩圆状披针形至矩圆形，花冠筒形；红脉忍冬叶对生，椭圆形、卵状椭圆形或菱形，花冠唇形。

金花忍冬 忍冬科 忍冬属

Lonicera chrysantha

Coralline Honeysuckle | jīnhuārěndōng

落叶灌木，高达2.5米；叶菱形状卵形至卵状披针叶形或近圆形，先端渐尖或尾状渐尖，全缘，有缘毛，两面有短毛②；双花的萼筒分离，密被腺体；花冠先白色后变黄色，长约1.5厘米，外面被短毛，二唇形，冠筒短①；浆果红色，圆形③。

产祁连山地。生于海拔2230～2700米的河谷山坡林下、林缘灌丛。

相似种：小叶忍冬【*Lonicera microphylla*，忍冬科 忍冬属】灌木，高1～2米；叶纸质，倒卵形、倒卵状椭圆形至长圆形，被短毛；双花的萼合生；花冠淡黄色④，长约1厘米；果实成熟时红色或橙黄色，圆形（④右下）。产祁连山地、柴达木盆地；生于海拔2300～3900米的沟谷山地阳坡、河谷砾石滩。

金花忍冬花冠外有毛，叶大，长2～8.5厘米，两面有毛；小叶忍冬花冠无毛，叶小，长2厘米以下，被短毛。

1
2
3
4
1
2
3
4

矮生忍冬　忍冬科 忍冬属

Lonicera minuta

Minute Honeysuckle | ǎishēngrěndōng

落叶多枝矮灌木，高5～30厘米；多分枝近似帚状，老枝灰褐色，小枝淡黄褐色，叶脱落后枝顶呈针刺状②；叶对生，线状长圆形或线状倒披针形，短枝上的叶常较宽而呈条状矩圆形至卵状矩圆形，长5～14毫米，宽2～5毫米，先端钝，基部楔形或圆形至近截形；叶柄长约1毫米；花生于幼枝基部，几无总花梗；花冠淡紫红色，长8～13毫米，裂片长约3毫米，冠筒内面及裂片基部有毛③；果实较大，卵圆形或近圆形，长达10毫米①。

产青海全境。生于海拔2780～4550米的高原河滩草甸、沟谷山麓石隙、沙丘。

矮生忍冬为矮小灌木，在高海拔地区有时呈垫状，帚状分枝，小枝先端棘刺状。

岩生忍冬　忍冬科 忍冬属

Lonicera rupicola

Cliff Honeysuckle | yánshēngrěndōng

落叶灌木，高达1.5米，在高海拔地区有时仅10～20厘米；小枝纤细，叶脱落后小枝顶常呈针刺状；叶纸质，3～4枚轮生，少对生，条状披针形、矩圆状披针形至矩圆形，基部楔形至圆形或近截形，两侧不等，边缘背卷，上面无毛或有微腺毛，下面全被白色毡毛状屈曲短柔毛；花生于幼枝基部叶腋；相邻两萼筒分离；无毛，萼齿狭披针形，长超过萼筒；花冠淡紫色或紫红色，筒状钟形，外面常被微柔毛和微腺毛，内面尤其上端有柔毛，裂片卵形，长3～4毫米，开展；花药达花冠筒的上部；花柱高达花冠筒之半，无毛；果实红色，椭圆形①，长约8毫米；种子淡褐色，矩圆形，扁，长4毫米。

产青南高原及循化、西宁。生于海拔2400～3750米的沟谷山坡灌丛、河谷阶地、河滩。

岩生忍冬叶下面被白色毡毛状屈曲短柔毛；红花岩生忍冬（见62页）叶背疏生短柔毛或无毛。

1
2
3
1

合头草　苋科/藜科 合头草属

Sympegma regelii

Regel's Sympegma | hétóucǎo

半灌木，茎直立，高20～50厘米①，茎多分枝，下部木质化，通常具条状裂隙②；叶互生，圆柱形，长4～10毫米，径1～2毫米，直或稍弧曲，基部缢缩易断③；花两性，通常1～3朵簇生于具单节间小枝的顶端，花簇下具1对基部合生的苞叶④，状如头状花序；花被片5，直立，草质，具膜质狭边，先端稍钝，脉显著浮凸；果时背面的近顶端生横翅，翅宽卵形至近圆形，不等大，淡黄绿色，具纵脉纹；胞果两侧稍扁，圆形，果皮淡黄色；种子直立，直径1～1.2毫米。

产柴达木盆地及西宁、共和、兴海。生于海拔2300～3600米的干旱砾石质阳坡、荒漠戈壁、河谷山麓盐碱滩地。

合头草小枝有纵裂隙；花1～3朵簇生于具单节间小枝的顶端，状如头状花序。

两色帚菊　菊科 帚菊属

Pertya discolor

Bicolor Pertybush | liǎngsèzhǒujú

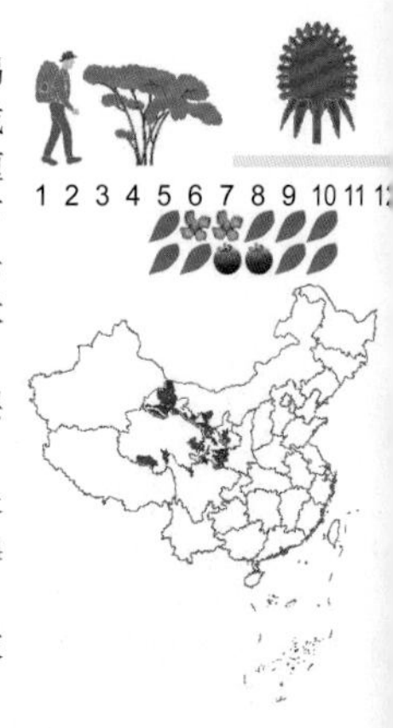

灌木，高50～150厘米；老枝棕褐色或灰褐色，树皮条裂，幼枝密被灰白色短柔毛；叶互生或簇生，披针形，倒披针形或椭圆形，长0.5～3.5厘米，宽0.2～1厘米，先端具小尖头，上面无毛，下面密被灰白色短柔毛；头状花序单生叶簇中；雄头状花序短而宽，总苞钟形，含4～5小花；雌头状花序细而长，总苞筒状或狭钟形，长8～10毫米，宽约2毫米，常含2小花；全部总苞片7～10，外层短，卵形，内层长，狭长圆形，长为外层的2倍，先端急尖，背部被灰白色短柔毛；小花冠状，长5～7毫米，紫红色，常5深裂；瘦果长圆形，长约4毫米，被毛；冠毛白色①，与花冠等长。

产同仁、泽库、循化、民和。生于海拔2000～3300米的沟谷林下、林缘灌丛、干旱山坡。

两色帚菊头状花序具管状小花，单生叶腋。

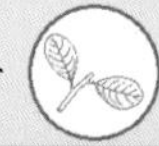

1
2
3
4
1

中亚紫菀木　菊科 紫菀木属

Asterothamnus centraliasiaticus

Central Asian Asterothamnus | zhōngyàzǐwǎnmù

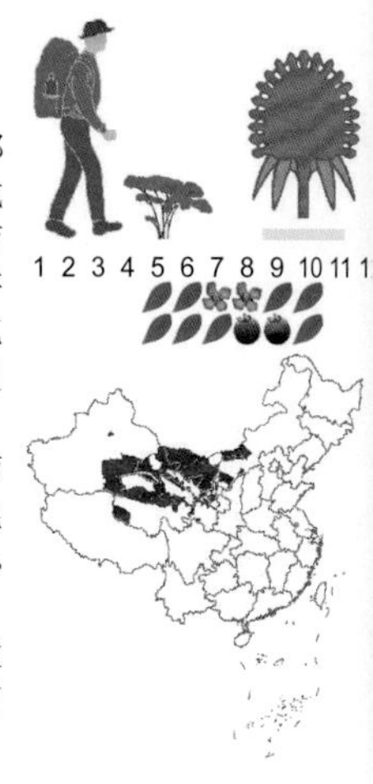

半灌木，高20～50厘米；茎多数，簇生，基部木质化，多分枝①；叶较密集斜上或直立，线形或线形长圆状，先端尖，基部渐狭，边缘反卷，上面无毛，下面密被短毛，具1明显的中脉；头状花序在茎顶排成疏的伞房状花序；总苞宽倒卵形，覆瓦状，外层较短，卵圆形或披针形，内层长圆形，通常紫红色，边缘膜质，背面被蛛丝状毛和短腺毛；舌状花7～10，舌片淡紫色，长7～10毫米；中央两性花管状，黄色②，长约5毫米；冠毛白色，糙毛状，与花冠等长；瘦果长圆形，长约5毫米，具小环。

产柴达木盆地、祁连山地。生于海拔2900～3600米的沟谷山地草原、荒漠草原、阳坡石隙。

中亚紫菀木为半灌木，叶线形或线形长圆状；舌状花冠毛为糙毛状；瘦果被长伏毛。

灌木小甘菊　菊科 小甘菊属

Cancrinia maximowiczii

Maximowicz's Cancrinia | guànmùxiǎogānjú

小灌木，高20～50厘米，呈帚状①；多分枝，通常分枝细长，枝条具细棱，被白色柔毛；叶线状长圆形，长1.5～3.5毫米，宽0.5～1.2毫米，羽状深裂，裂片镰刀状下弯，先端急尖，边缘常反卷，叶上面几无毛，下面被灰白色短柔毛，叶两面有红棕色腺点②；头状花序2～5，伞房状，稀单生④；全部小花管状，黄色③，长约2毫米，冠檐5裂，有腺点；瘦果长约2毫米，具5条纵肋，有棕色腺点；冠毛膜片状，5裂达基部，不等大，有时边缘撕裂，顶端常具芒尖。

产祁连山地、柴达木盆地及玛沁。生于海拔1850～3900米的沟谷山地荒漠草原、干旱山坡、砾石地。

灌木小甘菊的头状花序小，盘状；冠毛具5～8个膜片。

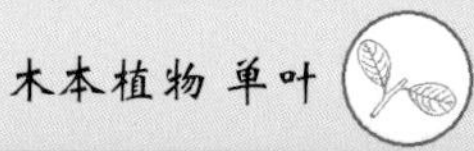

1
2
1
3
2
4

花椒　芸香科 花椒属

Zanthoxylum bungeanum

Bunge Pricklyash | huājiāo

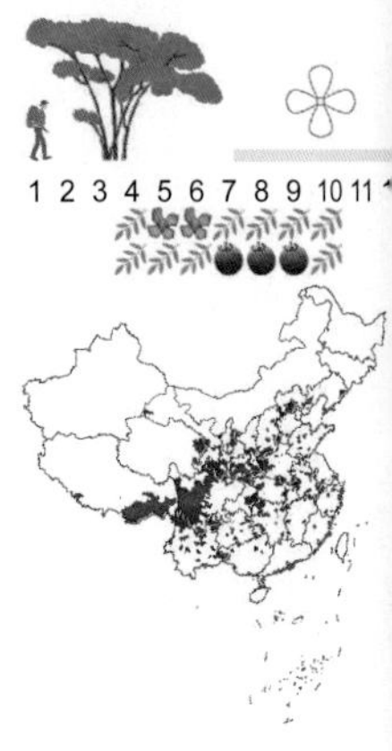

灌木或小乔木②，高2～4米，有香气；茎常有增大的皮刺；奇数羽状复叶互生，叶轴两侧有狭窄的叶翼③；小叶5～9，纸质，侧生者对生，卵形或卵状长圆形，长1.5～8.5厘米，宽1～4.5厘米，先端急尖或短渐尖，基部近圆形，边缘具细钝锯齿，齿缝处有透明的油点，背面中脉基部两侧被锈褐色长柔毛，近无柄④；花序长2～6厘米，花序轴被短柔毛；花单性，花被片4～8枚为一轮，长1～2毫米；雄蕊5～7；心皮4～6，子房无柄；蓇葖果近球形，红色至紫红色，密生疣状突起的油点①；种子卵圆形，黑色，有光泽。

产祁连山地。生于海拔1650～2400米的山坡、山沟林缘及河边，或庭院栽培。

花椒植株有香气，花被片4～8枚为一轮，无萼片与花瓣之分。

羽叶丁香　木樨科 丁香属

Syringa pinnatifolia

Pinnateleaf Lilac | yǔyèdīngxiāng

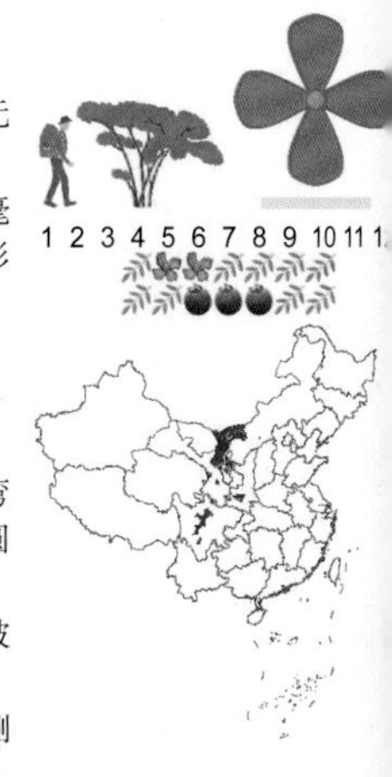

灌木，高至2米；老枝灰褐色，幼枝褐色，无毛；羽状复叶，长2～4.5毫米，具5～7叶，无毛；小叶对生，卵形，长圆形或椭圆形，长5～15毫米，宽至6毫米，先端钝或急尖，全缘，基部楔形①；复聚伞花序侧生，具少数花，长3～4.5厘米，无毛，花梗长2～5毫米；花萼钟形，长约2毫米，无毛，萼齿不明显或三角形，先端钝；花冠白色、淡红色，略带淡紫色，漏斗形②，长约1.5厘米，裂片长圆形，长约4毫米，先端钝或急尖，略内弯呈兜状；雄蕊着生冠筒喉部，花药黄色；蒴果长圆形，具4棱，长约1.5厘米，先端渐尖。

产循化（孟达）。生于海拔2100米左右的山坡或干河滩。

羽叶丁香的羽状复叶具5～7小叶；圆锥花序侧生。

1
2
3
4
1
2

金露梅 蔷薇科 委陵菜属

Potentilla fruticosa

Bush Cinquefoil | jīnlùméi

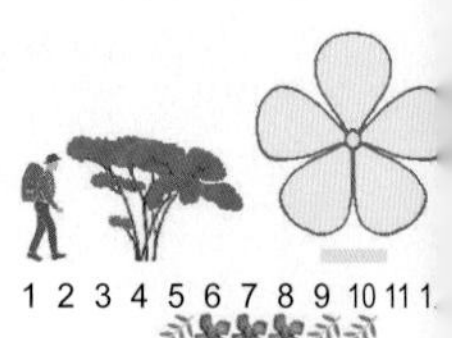

灌木，高0.5～2米①；羽状复叶，有小叶2对，稀3小叶②；单花或数朵生于枝顶；花瓣黄色，宽倒卵形，先端圆钝，比萼片长，花直径2.2～3厘米③；瘦果近卵形，褐棕色，外被长柔毛。

产青海全境。生于海拔2500～4200米的沟谷山坡高寒灌丛、林缘、河滩。

相似种：小叶金露梅【*Potentilla parvifolia*，蔷薇科 委陵菜属】基部两对小叶呈掌状或轮状排列，长3～10毫米，宽1～4毫米；花瓣黄色，宽倒卵形，先端微凹或圆钝④，花径0.8～2厘米；瘦果表面被毛。产青海全境；生于海拔2230～5000米的高山灌丛、高山草甸、林缘、河滩、山坡。

金露梅小叶5或3，羽状排列，长7～20毫米，花大；小叶金露梅小叶5～7或3，密集排列呈掌状或轮生，长3～10毫米，花小。

峨眉蔷薇 蔷薇科 蔷薇属

Rosa omeiensis

Omei Mountain Rose | éméiqiángwēi

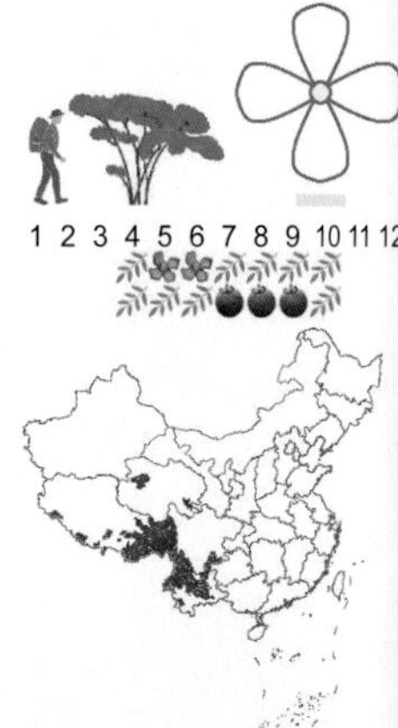

直立灌木，高0.5～2米；小枝细弱，紫红色①，有扁而基部膨大皮刺或无；花单生于叶腋，无苞片；萼片4，三角状披针形，全缘，背面近无毛，腹面有稀疏柔毛；花瓣4，白色②，花直径2.5～3.5厘米；果倒卵球形或椭圆形，亮红色。

产祁连山地及班玛、泽库。生于海拔2300～3900米的阴坡林内、林缘、灌丛、河谷山坡。

相似种：银露梅【*Potentilla glabra*，蔷薇科 委陵菜属】灌木，高0.3～2米；羽状复叶有小叶2对，上面一对小叶基部下延与轴汇合③；顶生单花或数朵；花瓣白色，倒卵形，径1.5～2.5厘米④；瘦果表面被毛③。产祁连山地、青南高原；生于海拔2400～4200米的山坡、河漫滩、林缘灌丛。

峨眉蔷薇羽状复叶具小叶9～17枚，花瓣4；银露梅羽状复叶具小叶5～7枚，花瓣5。

1
2
3
4
1
3
2
4

黄刺玫 蔷薇科 蔷薇属

Rosa xanthina

Manchuria Rose | huángcìméi

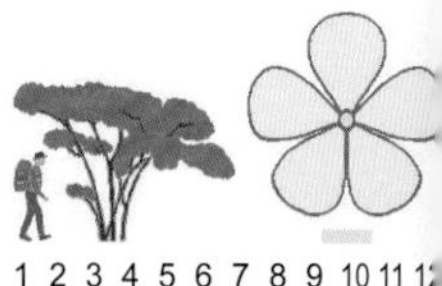

直立灌木，高达3米①；奇数羽状复叶具小叶7～13；小叶近圆形或宽卵形，稀椭圆形③；花单生于叶腋，直径约4厘米，无苞片；花瓣重瓣或半重瓣，黄色，倒卵形，先端微凹；雄蕊多数，黄色②；花柱离生；果近球形或倒卵圆形，紫褐色，长8～12毫米，宿存萼片反折②。

产西宁。栽培于海拔2300米以下的园林庭院。

相似种：单瓣黄刺玫【*Rosa xanthina* f. *normalis*，蔷薇科 蔷薇属】花单瓣，黄色④。产循化，西宁有栽培；生于海拔2300米左右的林下及林缘灌丛中。

黄刺玫花为重瓣或半重瓣；单瓣黄刺玫的花为单瓣。

小叶蔷薇 蔷薇科 蔷薇属

Rosa willmottiae

Lobular rose | xiǎoyèqiángwēi

灌木；小叶倒卵形或椭圆形，边缘有单锯齿，近基部全缘；小叶柄和叶轴被短柔毛、腺毛和小皮刺；花单生或2花；苞片卵状披针形，先端尾尖，边缘具带腺锯齿，无毛；花梗常具腺毛；花直径2～3厘米；萼片三角状披针形，全缘，被毛；花瓣粉红色，倒卵形，先端微凹①；果红色，近球形或长圆形②。

产祁连山地、青南高原。生于海拔2200～3600米的沟谷林缘、山坡灌丛、河岸溪边疏林中。

相似种：玫瑰【*Rosa rugosa*，蔷薇科 蔷薇属】灌木；小叶片椭圆形或椭圆状倒卵形，上面无毛，下面密被茸毛和腺毛；叶柄和叶轴密被茸毛和腺毛③；花单生或数朵簇生；花梗密被茸毛和腺毛；花瓣倒卵形，紫红色至白色④；果球形，红色，萼片宿存。产祁连山地、柴达木盆地；栽培于海拔1650～2600米左右的园林庭院。

小叶蔷薇小叶薄纸质，花单瓣，果近球形或长圆形；玫瑰小叶厚纸质，花重瓣，果球形。

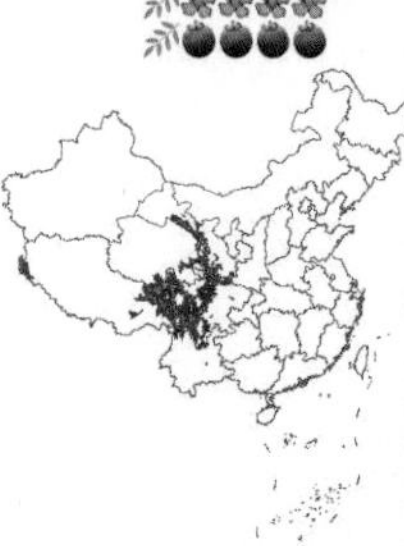

1
3
2
4
1
3
2
4

西北沼委陵菜 蔷薇科 沼委陵菜属

Comarum salesovianum

Shrubby Cinguefoll | xīběizhǎowěilíngcài

亚灌木，高30～120厘米；茎直立，红褐色④；奇数羽状复叶，叶柄长1～1.5厘米，小叶片7～11，纸质，互生或近对生，长圆披针形或卵状披针形，向下渐小，边缘有锐锯齿，上面无毛，下面有粉质蜡层及贴生柔毛③；聚伞花序顶生或腋生，有数朵疏生花；花梗长1.5～3厘米；萼片三角形，长1～1.5厘米，带红紫色；副萼片线状披针形，紫色，先端渐尖，外被柔毛；花瓣倒卵形，长1～1.5厘米，白色或红色，无毛，先端圆钝，基部有短爪②；瘦果多数，长圆卵形，长约2毫米，有长柔毛，包藏在花托长柔毛内①。

产祁连山地、柴达木盆地及泽库、兴海。生于海拔1900～3700米的河滩灌丛、河谷及山坡。

西北沼委陵菜为亚灌木；花瓣白色，先端渐尖，约和萼片等长。

文冠果 无患子科 文冠果属

Xanthoceras sorbifolium

Shinyleaf Yellowhorn | wénguānguǒ

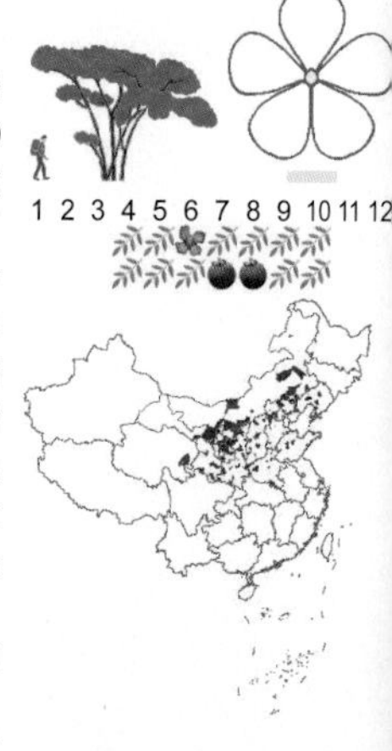

落叶灌木或小乔木，植株高2～5米；树皮灰褐色；小枝粗壮，无毛①；奇数羽状复叶，长15～30厘米；小叶9～19，对生或互生，膜质，披针形或狭椭圆形，长2～6厘米，宽1～2厘米，先端渐尖，基部楔形且稍偏斜，边缘有锐利锯齿，顶端小叶常3深裂②；两性花的花序顶生，雄花序腋生，长10～30厘米；花梗纤细，长12～20毫米；萼片两面被灰色茸毛；花瓣白色，基部红色或黄色，有清晰的脉纹，爪两侧被毛；花盘的角状附属体橙黄色③，长4～5毫米；子房被茸毛；蒴果长3.5～6厘米④；种子近球形，长1.5～1.8厘米，黑色，有光泽。

产循化；都兰、乐都、西宁有栽培。生于海拔2200米左右的沟谷林缘、黄土台塬、田埂。

文冠果具总状花序，萼片两面被灰色茸毛；花丝无毛；果皮厚而硬，革质或木质。

1
2
3
4
1
2
3
4

刺叶柄棘豆 豆科 棘豆属

Oxytropis aciphylla

Spinyleaf Crazyweed | cìyèbǐngjídòu

丛生矮小半灌木③；叶轴宿存呈硬刺状，长2～4厘米；偶数羽状复叶；小叶2～4对，条形；花冠蓝紫色或紫红色；旗瓣倒卵形②；荚果矩圆形，硬革质，长1～1.5厘米，密被白色贴伏柔毛①。

产柴达木盆地及共和、兴海、海晏、循化。生于砾石山坡、荒漠沙丘、戈壁沙砾滩地。

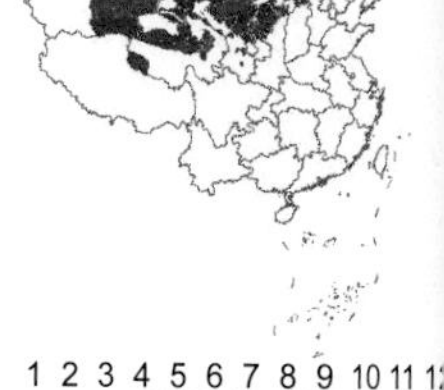

相似种：胶黄芪状棘豆【*Oxytropis tragacanthoides*，豆科 棘豆属】丛生矮小半灌木，高5～20厘米；老枝粗壮，密被红褐色针刺状宿存叶轴；叶轴粗壮，花冠紫红色；旗瓣倒卵形，先端稍圆，爪稍短于瓣片④。产玛多、格尔木、大柴旦、共和、祁连；生于山坡草地、砾石山麓、阳坡、沟谷石隙。

刺叶柄棘豆小叶2～4对，先端具刺，荚果矩圆形，不膨胀；胶黄芪状棘豆小叶7～13枚，先端不具刺，荚果卵球形，膨胀成膀胱状。

甘蒙锦鸡儿 豆科 锦鸡儿属

Caragana opulens

Kansu-mongolian Peashrub | gānměngjǐnjīr

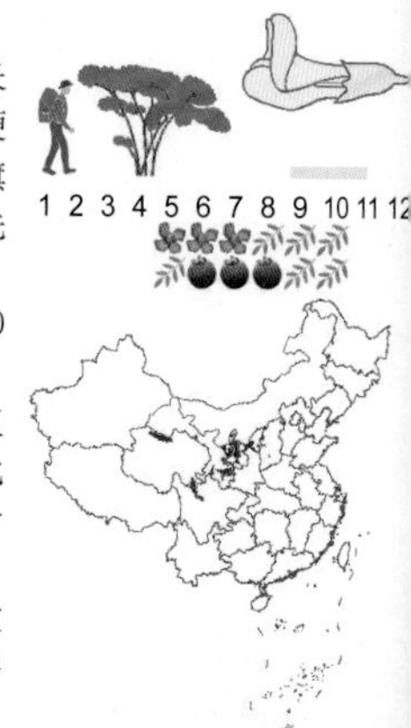

直立灌木，高1～2米；多细长分枝，托叶在长枝者硬化成针刺，在短枝者脱落；叶轴在长枝者硬化成针刺①；花单生；花冠黄色，有时带紫色；旗瓣近圆形；翼瓣矩圆形，爪稍短于瓣片，龙骨瓣先端钝②；荚果圆筒形，紫褐色或有时黑色③。

产祁连山地、青南高原。生于海拔1800～3600米的草原石质坡地、河谷林缘灌丛、干旱山坡。

相似种：短叶锦鸡儿【*Caragana brevifolia*，豆科 锦鸡儿属】灌木，高达1.5米；托叶宿存并硬化成针刺状；叶密集；长枝上的叶轴宿存并硬化成针刺状④，花单生于叶腋；通常有白霜（④左上）；荚果圆柱形，成熟后黑色或呈棕黄色，含种子数枚。产祁连山地、青南高原；生于山坡草地、沟谷林缘、灌丛中。

甘蒙锦鸡儿花梗长6～22毫米，中部以上具关节；短叶锦鸡儿花梗长3～10毫米，近基部具关节。

1
2
3
4
1
2
3
4

川青锦鸡儿　　豆科　锦鸡儿属

Caragana tibetica

Tibet Peashrub　|　chuānqīngjǐnjīr

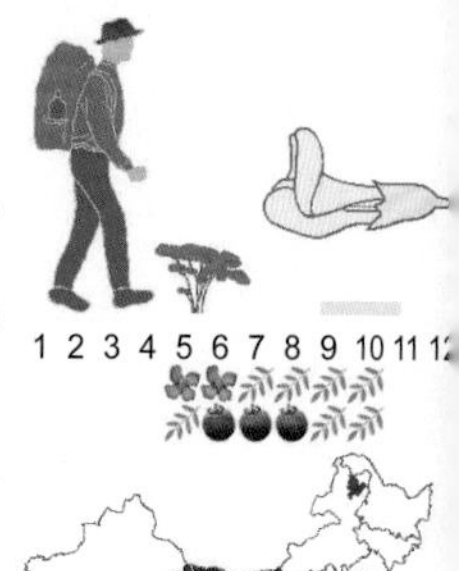

丛生矮灌木，高20～40厘米，通常呈垫状；小叶6～10，条形，常对折，先端刺尖①；花单生，近无花梗；花萼筒状，长10～14毫米，宽4～5毫米，密被长柔毛，花冠黄色②，长约22～25毫米；荚果椭圆形，长8～12毫米，先端具尖头。

产西宁、乐都、玉树、格尔木及海南州。生于草原和半荒漠地带的干旱阳坡和河滩地。

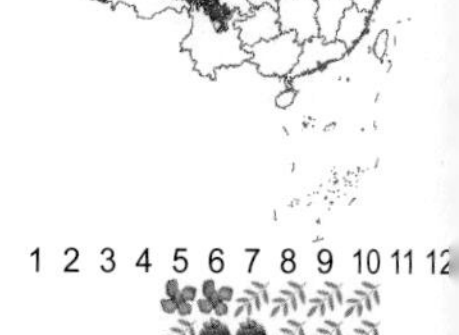

相似种：荒漠锦鸡儿【*Caragana roborovskyi*，豆科　锦鸡儿属】灌木，高20～80厘米；小叶3～5对，宽倒卵形或矩圆形；花冠黄色，有时带紫色，长26～28毫米；旗瓣倒卵形，外面有毛③；荚果圆柱形，长2.5～3.5厘米，外被长柔毛④。产西宁、乐都、民和、平安、循化、化隆；生于荒漠带和半荒漠带的草原干山坡、沙砾地。

川青锦鸡儿小叶条形，花黄色，长22～25毫米，无毛；荒漠锦鸡儿小叶宽倒卵形，花黄色，长26～28毫米，旗瓣内面常带橙红色，背面有毛。

青海锦鸡儿　　豆科　锦鸡儿属

Caragana chinghaiensis

Qinghai Peashrub　|　qīnghǎijǐnjīr

灌木；托叶披针形，先端硬化成针刺状；4小叶假掌状着生，狭倒披针形，常呈镰刀状弯曲，具刺尖①；花单生；花梗长4～5毫米，基部具关节；花冠淡黄色，旗瓣宽倒卵形，短于翼瓣和龙骨瓣，有红晕②；荚果圆筒形③，长3～4厘米，宽3～4厘米。

产玛沁、河南、同德、兴海、贵南。生于海拔2600～3600米的阳坡灌丛、针叶林缘、河岸台地。

相似种：柠条锦鸡儿【*Caragana korshinskii*，豆科　锦鸡儿属】灌木或小乔状，高1～4米；老枝金黄色，有光泽；羽状复叶有6～8对小叶；托叶在长枝者硬化成针刺，宿存；小叶披针形或狭长圆形，有刺尖；花梗长6～15毫米，关节在中上部；花冠长20～23毫米；荚果扁，披针形④。产祁连山地及同德；生于干旱山坡、戈壁沙地、荒漠沙丘。

1 2 3 4 5 6 7 8 9 10 11 12

青海锦鸡儿花梗长4～5毫米，基部具关节；柠条锦鸡儿为羽状复叶，花梗长6～15毫米，中上部具关节。

1
3
2
4
1
3
2
4

鬼箭锦鸡儿　豆科 锦鸡儿属

Caragana jubata

Shagspine Peashrub | guǐjiànjǐnjīr

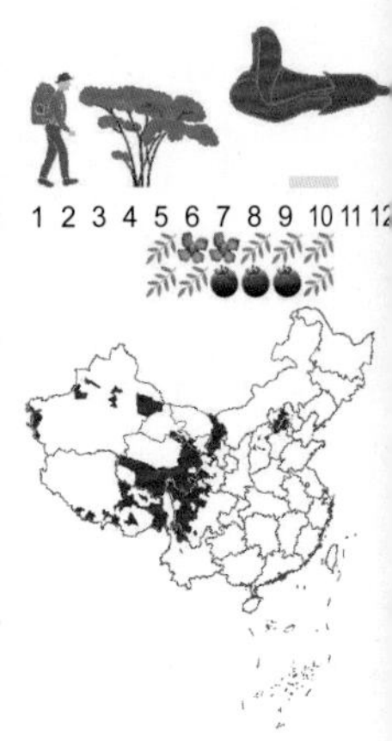

多刺落叶矮灌木，高0.2～1.5米；茎直立或横卧①；树皮绿灰色，深灰色或黑色；叶长2～6厘米，密集于枝条上部；小叶通常4～6对，羽状排列，长椭圆形至条状长椭圆形，长5～18毫米，宽2～6毫米，先端具针尖，两面被柔毛，边缘密生长柔毛②；花单生于叶腋；花梗长2～5毫米，基部具关节；花萼筒状钟形，长10～18毫米，基部常偏斜；花冠浅红色，长2～3.5厘米；旗瓣倒卵形，长于翼瓣和龙骨瓣，皆具爪与耳；子房长椭圆形，密生短柔毛③；荚果长椭圆形，长约22毫米，宽约5毫米，密生丝状长柔毛，先端具尖头④。

产祁连山地、青南高原。生于海拔3000～4700米的沟谷山地阴坡高寒灌丛中。

鬼箭锦鸡儿为密丛生灌木，几无分枝，茎极密被硬化成针刺状的叶柄和宿存叶柄，状如刺猬。

牛枝子　豆科 胡枝子属

Lespedeza potaninii

Potanin's Bushclover | niúzhīzǐ

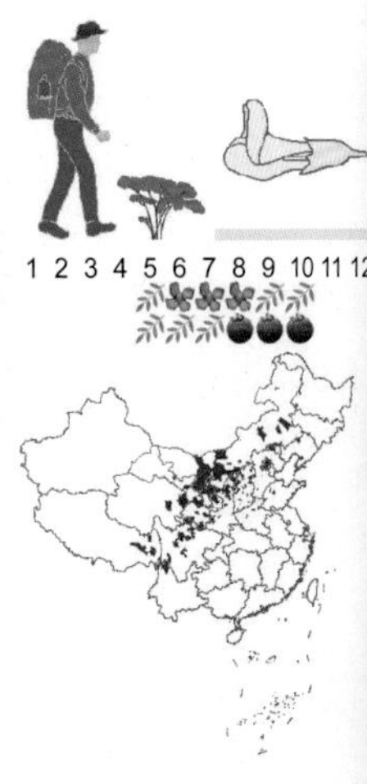

小半灌木，高20～50厘米；茎簇生，稍斜升或铺散①；托叶2，刺芒状，褐色，长3～5毫米，被毛；叶轴长4～12毫米，上面有沟槽；小叶矩圆形、狭矩圆形或披针状矩圆形，长8～24毫米，宽3～10毫米，先端钝圆，稀微凹，有短刺尖，基部圆形，腹面无毛，背面伏生短柔毛②；总状花序腋生，稍密集，长于叶，无冠花簇生于下部枝条的叶腋；花萼钟状，密被白色柔毛，萼齿披针状钻形，先端刺芒状，与花冠近等长；花冠淡黄色，长约9毫米；旗瓣椭圆形，常稍带紫色；翼瓣短；龙骨瓣长于翼瓣而等长于旗瓣，有时先端具褐斑③；荚果倒卵形或长倒卵形，长3～4毫米，宽2～3毫米，两面凸起，表面伏生白色柔毛④。

产祁连山地及同德、兴海。生于海拔1800～2900米的干山坡、灌丛石隙、河滩砾石地。

牛枝子的枝条匍匐地面；花序多长于叶，花淡黄色至白色，旗瓣内芯常稍带紫色。

1
3
2
4
1
3
2
4

唐古特铁线莲　甘青铁线莲　毛茛科　铁线莲属

Clematis tangutica

Tangut Clematis　|　tánggǔtètiěxiànlián

草质藤本，高0.4～2米；茎具棱①；一回羽状复叶，具5～7小叶；小叶片基部常裂，边缘有缺刻状锯齿，上面无毛，下面被短柔毛；叶柄长2～6厘米；花单生；萼片4，黄色②，窄卵形或椭圆状长圆形，长1～3厘米，宽0.7～1.1厘米，外面边缘密被短茸毛，具褐色细脉纹；心皮多数，被较密的白色柔毛；瘦果倒卵形，长3～4毫米，有长柔毛③。

产青海全境。生于山坡林缘、河滩砾地、河谷阶地。

相似种：灰绿铁线莲【*Clematis glauca*，毛茛科　铁线莲属】叶灰绿色，一至二回羽状复叶；小叶具柄，裂或不裂，中间裂片较大，基部圆形或宽楔形，全缘或有齿裂，侧裂片短小；萼片4，外面带紫色，卵形④；心皮多数，子房倒卵形，花柱较长均被白色柔毛。产祁连山地；生于山坡草地、田埂、沟边。

1 2 3 4 5 6 7 8 9 10 11 12

唐古特铁线莲小叶片或裂片有锯齿；灰绿铁线莲则为全缘或有少数裂片。

长瓣铁线莲　毛茛科　铁线莲属

Clematis macropetala

Bigpetal Clematis　|　chángbàntiěxiànlián

木质藤本，长1～2米；幼枝被毛；二回三出复叶，小叶片9枚，卵状披针形或菱状椭圆形，长1～4厘米，宽0.6～1.4厘米，两侧小叶片偏斜，小叶片边缘有锯齿或分裂①；花单生于当年分枝顶端；花梗长6～11厘米，嫩时有毛②；花萼钟状，径3～5厘米；萼片4，蓝色或淡紫色，窄卵形或卵状披针形，长3～4厘米，宽0.7～1.5厘米，两面被短柔毛，边缘密被柔毛，具褐色网状细脉；退化雄蕊花瓣状披针形或线状披针形③；瘦果被毛，宿存花柱被淡灰色长柔毛。

产祁连山地及同仁。生于海拔1800～2600米的阴坡林下、林缘、灌丛、河边岩隙。

长瓣铁线莲花紫色，退化雄蕊花瓣状或条形，与萼片等长或稍短。

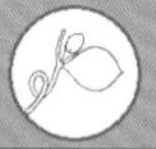

1
2
3
4
1
2
3

猕猴桃藤山柳　猕猴桃科 藤山柳属

Clematoclethra actinidioides

Common Vineclethra | míhóutáoténgshānliǔ

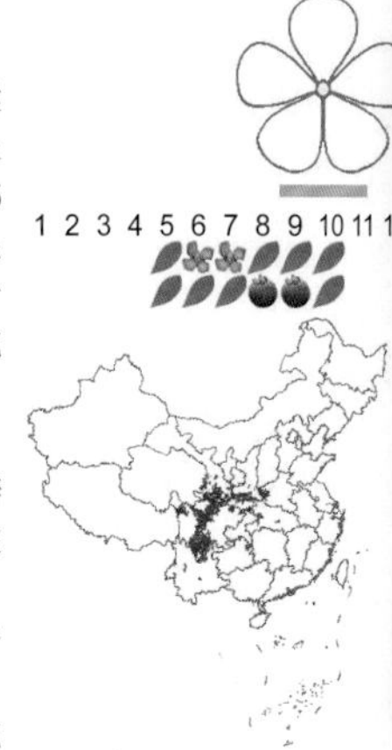

攀缘灌木，长3～8米；幼枝黄褐色，稍被短柔毛或无毛，老枝黑褐色，髓实心，淡褐色；叶片长圆形、卵圆形或椭圆形，长4～9厘米，宽1.5～5.5厘米，先端渐尖，基部圆形或近心形，边缘有刺毛状细齿，腹面绿色，背面淡绿色，脉腋与粗毛；叶柄长2～6厘米，无毛；聚伞花序通常具3花；总花梗短于叶柄，和花梗被短柔毛或无毛①；苞片2；线形，被短柔毛；花瓣5，白色，直径8～10毫米；萼片卵圆形，长2～4毫米，被短柔毛，宿存；花瓣宽卵圆形，长5～7毫米；雄蕊10，花药黄色；花柱伸出于花冠之外②，子房5室；浆果球形。

产循化、民和。生于海拔2100～2600米的沟谷山坡林中。

猕猴桃藤山柳单叶互生；边缘有锯齿，白色花单生或组成腋生聚伞花序。

田旋花　旋花科 旋花属

Convolvulus arvensis

European Glorybind | tiánxuánhuā

多年生草本，高4～60厘米；茎平卧或缠绕，有条纹及棱角，无毛①；叶卵状长圆形至线形，长2～10.5厘米，宽0.3～5厘米，先端钝，基部戟形、箭形或心形，全缘或3裂，侧裂片展开，中裂片卵状椭圆形，狭三角形或披针状长圆形，微尖或圆②；苞片2枚，线形，着生于花梗基部或总梗的顶端；花萼片5，长圆形或椭圆形，长3～4毫米，不等大，边缘膜质；花冠宽漏斗形，长15～26毫米，白色或粉红色③④，或白色而于外面瓣中带淡红或淡紫红色，5浅裂，裂片宽三角形③；花盘黄色；蒴果卵形，光滑，种子4，卵圆形，无毛，长3～4毫米，暗褐色或黑色。

产青海全境。生于海拔1650～3900米的田林路边、林缘草甸、半荒漠化草地。

田旋花茎缠绕；叶及萼片无毛，叶基部戟形。

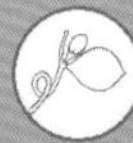

1
2
1
3
2
4

淫羊藿　小檗科 淫羊藿属

Epimedium brevicornu

Short-horned Epimedium | yínyánghuò

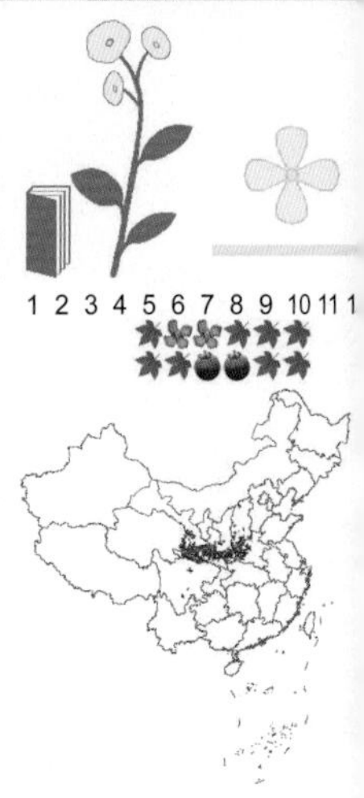

多年生草本，高30～50厘米，具木质化的地下茎，地上茎常丛生，稀单生，无毛，基部常包被鳞片；叶为二回三出复叶，具长柄，小叶心形，先端急尖，基部斜心形，边缘具密而细的刺齿①；圆锥花序，其分枝常具三花；小苞片2，暗紫色，极小；萼片8，排列成二轮，呈花瓣状，外轮的4枚暗紫色或淡紫色，长2～3毫米，内轮的4枚白色，长5～6毫米；花瓣4，黄色，有矩，长2～3毫米，瓣片很小；雄蕊4，离生；果狭长圆形②。

产循化、民和。生于海拔2200～2500米的沟谷山坡林缘灌丛下。

淫羊藿具二回三出复叶，有长柄，小叶心形，先端急尖，基部斜心形，叶缘具密细齿。

秃疮花　罂粟科 秃疮花属

Dicranostigma leptopodum

Slenderstalk Dicranostigma | tūchuānghuā

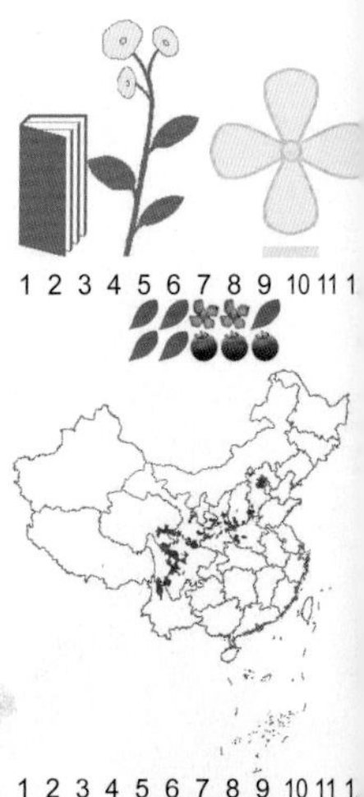

多年生草本，植体含淡黄色液汁，被短柔毛，稀无毛①；基生叶丛生，叶片狭倒披针形，羽状深裂，裂片4～6对，疏被白色短柔毛；2～5花于茎和分枝先端排列成聚伞花序②；花瓣倒卵形至圆形，黄色③，长1～3厘米，宽1～1.2厘米；蒴果线形，绿色，无毛④；种子卵球形，红棕色，具网纹。

产兴海、同德、班玛。生于沟谷林缘、山坡灌丛。

相似种：山罂粟【*Papaver nudicaule* subsp. *rubroaurantiacum*，罂粟科　罂粟属】多年生草本；全株具白色乳汁；叶基生，具长柄，叶片羽状全裂；花单生茎顶，橘黄色⑤；花瓣4，倒卵形；蒴果倒卵形，长1～1.5厘米，孔裂。产祁连山地及泽库；生于山地阴坡、河谷山麓砾地、溪边石缝。

秃疮花柱头与胎座互生，蒴果线形；山罂粟柱头辐射状，蒴果倒卵形。

1
2
1
3
2
4
5

芝麻菜 十字花科 芝麻菜属

Eruca vesicaria* subsp. *sativa

Roquette | zhīmacài

一年生草本；茎直立，多分枝，疏生硬长毛；叶为大头羽裂或浅裂或不裂①；总状花序；花瓣黄色，有紫色脉纹，倒卵形②，长1.5～2厘米；长角果圆柱状，长约2～3.5厘米，粗约4毫米，果瓣无毛，有一隆起中脉，喙剑形，长5～10毫米，有5条纵脉。

产祁连山地及乌兰、尖扎。生于海拔1800～3000米的阴坡、田边荒地、河沟渠岸。

相似种：沼生蔊菜【*Rorippa palustris*，十字花科 蔊菜属】二年或多年生草本，茎高20～60厘米，光滑无毛或微具毛；叶片长圆形至狭长圆形，总状花序顶生或腋生，花小，多数③；萼片长圆形，稍带紫色，长1.2～2毫米，宽约0.5毫米；花瓣长倒卵形至楔形，淡黄色，等长或稍短于萼片；短角果椭圆形或长圆形④。产祁连山地；生于田边、河滩、山坡。

1 2 3 4 5 6 7 8 9 10 11 1

芝麻菜叶大头羽裂或浅裂，长角果；沼生蔊菜叶羽状深裂或具齿，短角果。

喜山葶苈 十字花科 葶苈属

Draba oreades

Mountainloving Draba | xǐshāntínglì

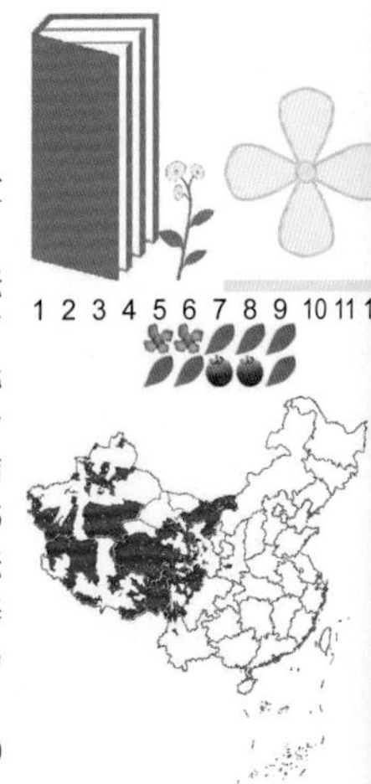

多年生草本，高2～8厘米；根茎多分枝，密被枯存残叶，有时呈垫状，上部有莲座状新叶丛①；叶片长圆形至倒披针形，长6～25毫米，宽3～6毫米，先端钝，基部渐窄成柄，全缘或稀有浅齿，下面和叶缘有单毛、叉状毛和少量分枝毛，上面近无毛或有疏毛；花序花时密集近头状②，结果时稍为疏松但不延伸；花梗长1～2毫米；萼片长卵形至椭圆形，边缘白色膜质；花瓣黄色，倒卵形，长3～5毫米，顶端微缺；短角果卵形或宽卵形，长4～6毫米，宽3～4毫米；果瓣不平，无毛，先端渐尖，基部圆；宿存花柱长0.3～0.5毫米；种子卵形，深褐色。

产祁连山地、青南高原。生于海拔3500～4950米的冰缘湿地、高山流石坡、山坡石隙、高寒灌丛草甸。

喜山葶苈莲座状叶丛生于残存枯枝叶上，花茎无叶；花黄色；短角果不扁平，卵形或宽卵形。

1
2
3
4
1
2

大花棒果芥 少腺爪花芥 十字花科 棒果芥属

Sterigmostemum grandiflorum

Bigflower Sterigmostemum | dàhuābàngguǒjiè

多年生草本，高4～18厘米，全株灰绿色，密被星状毛，杂有具粗柄的腺毛①；茎单一或数个，不分枝或于下部有少数分枝；基生叶莲座状，大，匙形或倒披针形，先端钝圆或有不明显的小尖头，基部渐窄成长柄，中脉宽，显著，全缘或有1～4对大齿；茎生叶线形或披针形，长1～3厘米②；花序花时伞房状，果时伸长成总状，下面1～2花有时有苞叶；萼片长圆形，基部略成囊状，膜质边缘窄；花瓣灰黄色或棕黄色，倒卵形③，长17～21厘米，顶端圆形，基部渐窄成长爪；花柱长约2毫米，柱头2裂；果实柱状，长2.5～3.5毫米，向顶端渐细，果梗粗，长7～10毫米；种子棕色，长圆形，长约1毫米。

产柴达木盆地。生于海拔3000～3200米的山前洪积扇、荒漠山坡、沙砾河谷、戈壁干山沟。

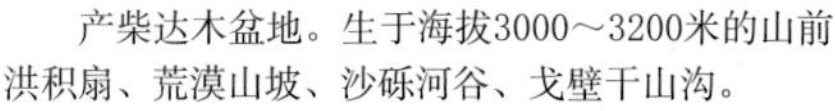

大花棒果芥基生叶莲座状，匙形或倒披针形；花瓣灰黄色或棕黄色，倒卵形。

四数獐牙菜 龙胆科 獐牙菜属

Swertia tetraptera

Four-winged Swertia | sìshùzhāngyácài

二年生草本；茎直立，四棱形，棱上有宽约1毫米的翅，从基部起分枝，枝四棱形①；圆锥状复聚伞花序或聚伞花序多花，稀单花顶生；花梗细长；花4数，呈明显的大小两种类型；大花的花萼绿色，叶状，裂片披针形或卵状披针形，花冠黄绿色，裂片卵形，长9～12毫米，基部具2个边缘具短裂片状流苏的腺窝；蒴果卵状矩圆形，长10～14毫米，先端钝；种子矩圆形，表面平滑；小花的花萼裂片宽卵形，长1.5～4毫米，先端钝，具小尖头；花冠黄绿色，常闭合②，闭花授粉，裂片卵形，先端钝圆；蒴果宽卵形或近圆形，长4～5毫米，先端圆形，有时略凹陷。

产祁连山地、青南高原。生于海拔2000～4000米的山坡草甸、河滩草甸、林缘灌丛。

四数獐牙菜茎基部有多数纤细小枝；花呈明显的大小两种类型，茎上部的花比基部小枝花大2～3倍。

1
3
2
1
2

蓬子菜 茜草科 拉拉藤属

Galium verum

Yellow Spring Bedstraw | péngzicài

多年生直立草本；根暗紫红色；茎4棱形，分枝④，被短柔毛，基部稍木质；叶6～10枚轮生，线形，长0.7～2.4厘米，宽0.5～2毫米，先端锐尖，具小尖头，基部渐狭，边缘反卷，两面光滑无毛，基出脉1，无柄①；聚伞花序顶生或腋生，在枝上部排成圆锥状花序②；花梗长1.5～6毫米，疏生短硬毛；苞片长线形；花萼小，无毛；花冠黄色，辐状，径3毫米，裂片4，卵形，长1.5～1.8毫米，外面及内面近喉部被短毛；雄蕊伸出花冠筒外，花药小，椭圆形；花柱2裂，柱头球形③；果小，无毛。

产祁连山地、青南高原。生于海拔2100～4300米的沟谷山坡高寒草甸、林缘灌丛草甸。

蓬子菜的叶6～10枚轮生，基出脉1；聚伞花序顶生或腋生。

甘青侧金盏花 毛茛科 侧金盏花属

Adonis bobroviana

Bobrov Adonis | gānqīngcèjīnzhǎnhuā

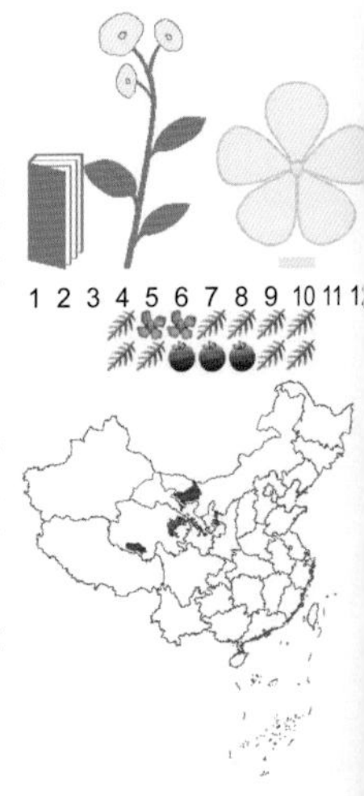

多年生草本；根状茎长约10厘米，深褐色；茎分枝①，具细棱，基部具膜质鳞片；茎中上部的叶发育，无柄或具极短的柄②；叶长4～8厘米，宽2～4厘米，卵形或窄卵形，二至三回羽状细裂，羽片3～4对，末回裂片披针形至线形，宽1～3毫米，先端锐尖，边缘有稀疏的小腺毛或无毛③；花大，直径2～4厘米；萼片5，卵形，长1～1.6厘米，带紫色，顶端尖；花瓣8～12，黄色，外面带紫褐色，椭圆形、倒卵形或倒披针形，具多数凸起的细脉，基部较窄，顶端钝；雄蕊多数，长3～4毫米，花药黄色，窄椭圆形；蒴果倒卵状球形，长约4毫米，疏被短柔毛，花柱宿存，向下弯曲④。

产西宁。生于阴坡疏林草地。

甘青侧金盏花的茎生叶无柄或近无柄，花瓣内黄外紫褐色。

1
2
3
4
1
3
2
4

花莛驴蹄草　毛茛科 驴蹄草属

Caltha scaposa

Scapose Marshmarigold | huātínglǘtícǎo

多年生小草本，全株无毛；茎直立或渐升①；基生叶3～10，具长柄，叶片心状卵形、三角状卵形或肾形，顶端圆形，基部深心形；花单生茎顶，稀具2花②，花瓣无；萼片黄色，倒卵形、椭圆形或卵形③；蓇葖果长1～1.5厘米，具横脉，喙长约1毫米。

产祁连山地、青南高原。生于沼泽草甸、冰缘湿地、高寒灌丛、河滩高寒草甸、湖滨湿地。

相似种：高原毛茛【*Ranunculus tanguticus*，毛茛科 毛茛属】多年生草本；基生叶和茎下部的叶具长柄，被长柔毛；叶片圆肾形或倒卵形，三出复叶，花单生，花瓣5，倒卵状圆形④，长3～8毫米，瘦果卵球形，喙直伸或稍弯。产祁连山地、青南高原；生于高山砾石坡、河滩沼泽草甸、高寒草甸。

花莛驴蹄草花大，花瓣无，胚珠多数，蓇葖果；高原毛茛花小，花瓣5，胚珠1，瘦果。

西藏虎耳草　虎耳草科 虎耳草属

Saxifraga tibetica

Tibet Rockfoil | xīzànghǔěrcǎo

多年生草本，密丛生④；茎密被褐色卷曲长柔毛②。基生叶具柄，叶片椭圆形至长椭圆形，长0.8～1厘米，宽2～6.5毫米，边缘具褐色卷曲柔毛③；单花生于茎顶，萼片在花期反曲，花瓣腹面上部黄色而下部紫红色，背面紫红色，卵形至狭卵形，先端钝①。

产青南高原。生于海拔4080～4550米的高山草甸、山前冲积扇、河谷阶地、山沟石隙。

相似种：狭瓣虎耳草【*Saxifraga pseudohirculus*，虎耳草科 虎耳草属】多年生草本，高4～17厘米，丛生；聚伞花序或单花生于茎顶；花梗被黑褐色短腺毛；花瓣黄色，披针形、线形至剑形，长4～11毫米⑤。产祁连山地、青南高原；生于高山碎石隙、河谷阶地高山草甸、高山灌丛草甸。

西藏虎耳草矮小密丛或呈垫状，花瓣腹面上黄下紫红，背面紫红；狭瓣虎耳草直立，花瓣黄色。

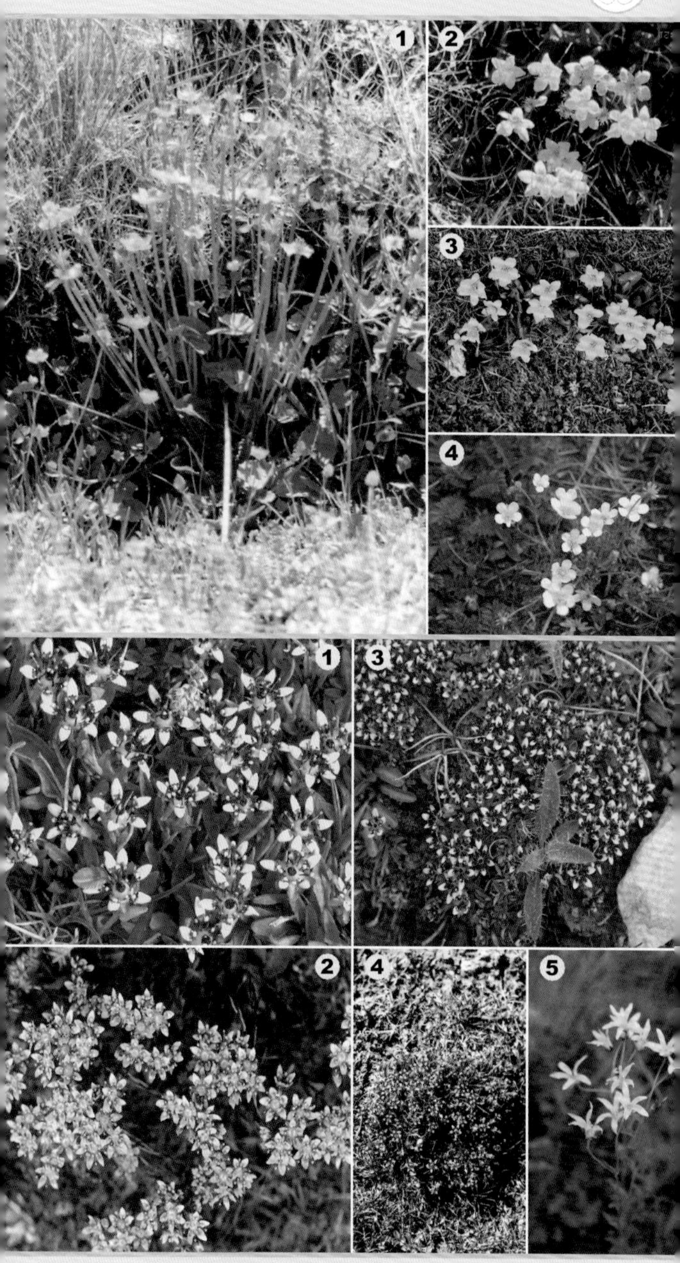
1
2
3
4
1
3
2
4
5

狭叶红景天 景天科 红景天属

Rhodiola kirilowii

Kirilow's Stonecrop | xiáyèhóngjǐngtiān

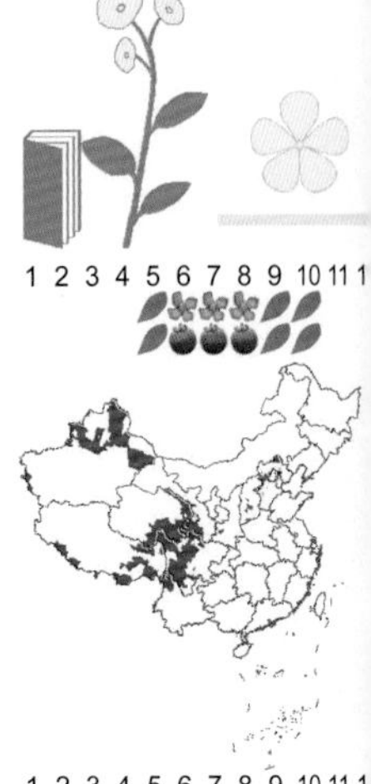

多年生草本，无毛①；茎单一或疏丛生；叶互生，线形，稀长圆形，长2～4.5厘米，宽3～7毫米，全缘或具齿②；雌雄异株；多歧聚伞花序具多花；雌花黄绿色，舌形至近长椭圆形；雄花雄蕊8～12，鳞片4～6，近长方形，先端微凹③。

产祁连山地、青南高原。生于沟谷山坡岩隙、高寒草甸砾石地、林下、林缘灌丛。

相似种：乳毛费菜【*Phedimus aizoon* var. *scabrus*，景天科 费菜属】多年生草本，直立，无毛，不分枝，被微乳头状突起；叶互生，坚实，近革质，长3.5～8厘米，狭，边缘有不整齐锯齿④；聚伞花序具多花，水平分枝；花瓣5，黄色，近披针形，长6～10毫米⑤。产祁连山地及泽库；生于山沟林缘、河边石隙。

狭叶红景天植丛密集，茎叶密集，种子具宽翅；乳毛费菜疏丛生，叶稀疏，种子无翅或具狭翅。

匍枝委陵菜 蔷薇科 委陵菜属

Potentilla flagellaris

Runnery Cinquefoil | púzhīwěilíngcài

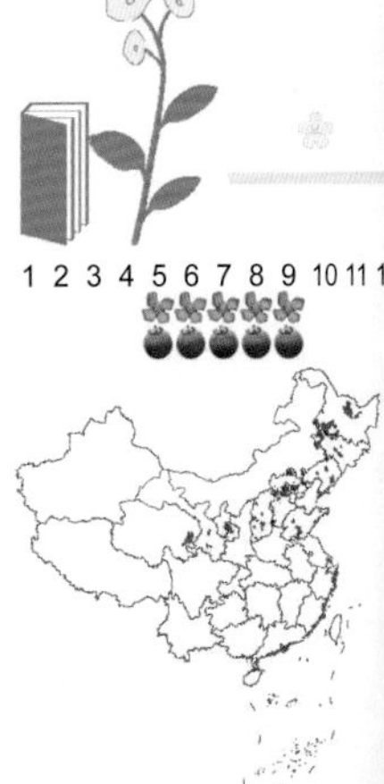

多年生匍匐草本②。基生叶掌状5出复叶，小叶无柄；小叶片披针形，卵状披针形或长椭圆形，两面绿色，伏生稀疏短毛；单花与叶对生；花瓣黄色，顶端微凹或圆钝，比萼片稍长①。

产民和、互助、兴海。生于海拔2200～3800米的水库岸旁，及山坡草地、沟谷渠岸、水沟边。

相似种：长叶无尾果【*Coluria longifolia*，蔷薇科 无尾果属】多年生草本，高5～50厘米③；基生叶为间断羽状复叶；花瓣倒卵形或倒心形，黄色，长5～9毫米，先端微凹，无毛④；瘦果长圆形，黑褐色，光滑无毛。产祁连山地、青南高原；生于高山草甸、高山砾石坡、阴坡灌丛草甸。

匍枝委陵菜小叶片披针形，卵状披针形或长椭圆形，单花与叶对生；长叶无尾果小叶片宽卵形或近圆形、卵形或长圆形，聚伞花序有2～4花生茎顶。

1
3
2
4
5
1
2
3
4

二裂委陵菜　蔷薇科 委陵菜属

Potentilla bifurca

Bifurcate Cinquefoil | èrlièwěilíngcài

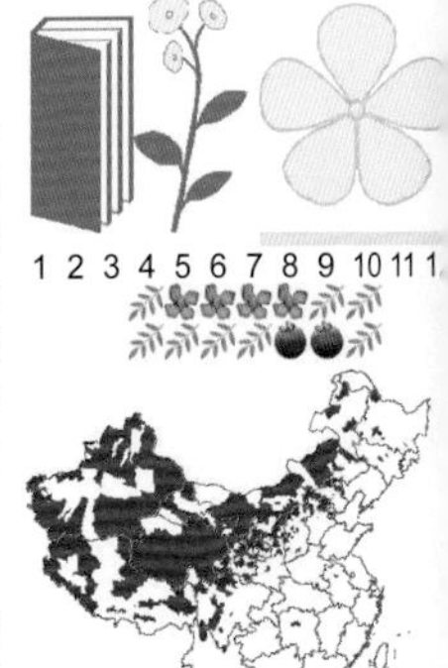

多年生草本；花茎直立或上升，密被疏柔毛或微硬毛②。羽状复叶，有小叶4～8对；小叶无柄，对生稀互生，椭圆形或倒卵椭圆形，先端常2裂，稀3裂，伏生疏柔毛①，有时具虫瘿，称“鸡冠草”；近伞房状聚伞花序顶生，疏散；萼片卵圆形，先端急尖，副萼片椭圆形，比萼片短或近等长，背面被疏柔毛；花瓣黄色，倒卵形，先端圆钝，比萼片稍长③。

产青海全境。生于山坡草地、灌丛、高寒草甸。

相似种：蕨麻【*Potentilla anserina*，蔷薇科 委陵菜属】多年生草本；茎匍匐，根延长，根皮棕褐色；基生叶为间断羽状复叶，下面密被紧贴银白色绢毛，单花腋生；花瓣黄色，倒卵形；花柱侧生，小枝状，柱头稍扩大④。产青海全境；生于高山草甸、河滩草甸、水沟边、畜圈周围。

二裂委陵菜茎直立或上升，不具匍匐茎，花序顶生；蕨麻茎平卧，具匍匐茎且常在节处生根，单花腋生。

朝天委陵菜　蔷薇科 委陵菜属

Potentilla supina

Carpet Cinquefoil | cháotiānwěilíngcài

一年生或二年生草本，茎平卧、上升或直立；基生叶为三出复叶或羽状复叶；小叶无柄，长圆形或倒卵状长圆形，边缘具钝圆或缺刻状锯齿③；伞房状聚伞花序顶生，或单花腋生；花瓣黄色，倒卵形④；瘦果长圆形，表面具脉纹。

产西宁；生于山坡湿地、田边荒地。

相似种：马蹄黄【*Spenceria ramalana*，蔷薇科 马蹄黄属】多年生草本；茎直立，通常不分枝，有长柔毛；基生叶为单数羽状复叶，小叶近无柄，长椭圆形或长倒卵形，先端2裂，少数3裂，基部近圆形，全朝天委陵菜缘，两面有绢状柔毛；叶柄翅状，茎生叶的小叶少或单叶①；总状花序顶生，总花梗和花梗均有长柔毛；副萼5，3大2小；雄蕊多数，顶端有长柔毛②。青海不产，提供比较。生于沟谷山坡高寒草甸、高寒灌丛草甸。

朝天委陵菜小叶先端钝圆或急尖，花径7毫米；马蹄黄小叶先端2裂，花径2厘米。

1
3
2
4
1
2
3
4

隐瓣山莓草 蔷薇科 山莓草属

Sibbaldia procumbens* var. *aphanopetala

Petalless Sibbaldia | yǐnbànshānméicǎo

多年生草本，茎直立或上升，根茎匍匐，粗壮，具残存的褐色托叶和叶柄；基生叶为三出复叶，先端有3个三角状卵形锯齿①；花两性，多花密集为顶生伞房花序；花小；萼片卵形或卵状披针形，副萼片狭披针形；花瓣黄色，先端钝圆，极小；雄蕊5；花柱侧生。

产青南高原、祁连山地。生于高寒草甸、河滩沼泽及高寒灌丛。

相似种：伏毛山莓草【*Sibbaldia adpressa*，蔷薇科 山莓草属】多年生草本；基生叶为羽状复叶，有小叶2对，倒披针形或倒卵长圆形；聚伞花序具数花，或单花顶生②；花两性，径5～7毫米；花瓣5，黄色或白色，倒卵长圆形②。产青海全境的高原、高山区；生于山坡砾石地、草甸砾地、田林路边草地。

隐瓣山莓草为三出复叶，小叶3；伏毛山莓草为羽状复叶，小叶5。

突脉金丝桃 金丝桃科/藤黄科 金丝桃属

Hypericum przewalskii

Przewalsk's St. John'swort | tūmàijīnsītáo

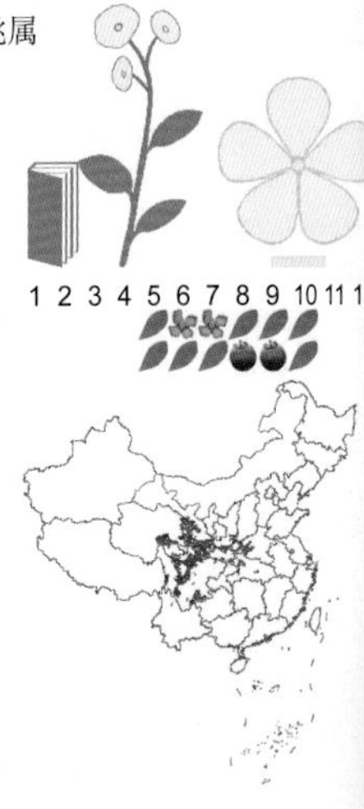

多年生草本；无毛；茎直立，圆柱形，常带紫色①；叶对生，下部叶较小，中上部叶大，卵形或卵状长圆形，表面绿色，背面淡绿色，先端钝至圆形，全缘，基部心形，抱茎，背部脉明显，两面具小的斑点；聚伞花序顶生，无苞片，花梗不等长，上部花梗短，下部花梗长，无毛；花黄色②；萼片长圆形，卵状长圆形或狭椭圆形，先端钝或圆形，具多数细脉；花瓣条形，先端钝，含多数细脉，一侧脉多，一侧脉少，故成熟干燥后旋转几成宽线形②；蒴果圆锥形，棕栗色，顶端有宿存花柱③；种子多数，长圆形，黑棕色，两端尖。

产祁连山地、青南高原。生于海拔2300～3600米的沟谷山坡林缘灌丛。

突脉金丝桃茎直立，圆柱形，常带紫色；叶对生，基部心形抱茎，背脉隆起；雄蕊多数。

1
2
1
3
2

熏倒牛 熏倒牛科/牻牛儿苗科 熏倒牛属

Biebersteinia heterostemon

Heterostemonous Biebersteinia | xūndǎoniú

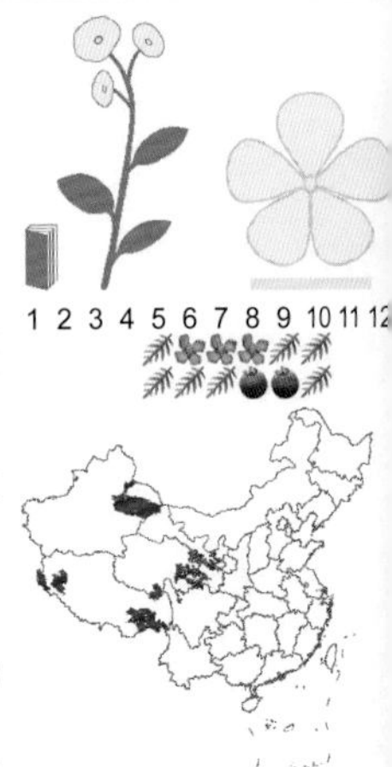

一年生草本；茎单一，直立①，全株被深棕色腺毛和白色短柔毛，鲜时搓碎有臭味；根直立，细圆柱形，红褐色；叶互生，长圆状披针形，三回羽状全裂，小裂片条状披针形，边有粗齿④，两面被疏微毛；叶柄长达10厘米④；聚伞状圆锥花序顶生，长达35厘米；花梗长3～7毫米③；苞片卵圆形，有短尖；萼片宽卵圆形，长约6毫米，内面2枚稍狭，先端尖；花瓣黄色，倒卵形，边缘波状②；蒴果不开裂，先端无喙，成熟时果瓣不向上反卷；种子肾形，具皱纹。

产祁连山地、青南高原。生于海拔1900～3700米的山坡草地、田林路旁、河滩砾地。

熏倒牛全株具腺毛；有浓烈的气味，三回羽状复叶细裂；顶生聚伞状圆锥花序长而花密集，花梗较长。

河西阿魏 伞形科 阿魏属

Ferula hexiensis

Hexi Ferula | héxī'āwèi

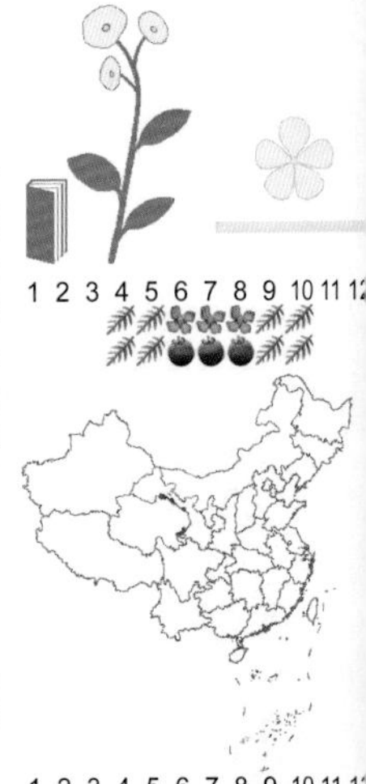

多年生草本；全株被短毛；茎单一，粗壮，分枝；二至三回羽状复叶；总叶柄基部具鞘；小叶近卵形，一至二回羽状全裂，具角状齿；茎生叶向上渐变小①；复伞形花序生于枝顶；总苞片狭卵形至线形，先端渐尖至尾状，背面被短毛；狭卵形；小伞形花序具8～14花②；萼齿狭三角形至钻形；花瓣淡黄色，倒卵形，长2.5毫米，先端渐尖且内折成小舌片；花柱基圆锥状；果狭倒卵形至倒卵形，背腹压扁。

产循化。生于海拔1850米左右的河谷林缘台地。

相似种：黄花狼毒【*Stellera chamaejasme* f. *chrysantha*，瑞香科 狼毒属】多年生草本；直立丛生，单叶互生③；头状花序顶生，花被筒高脚碟状，里面白色，外面黄色，花被筒长1～1.2厘米，先端5裂④。产祁连山地、青南高原；生于高寒草甸。

河西阿魏为二至三回羽状复叶，顶生复伞形花序；黄花狼毒为单叶，顶生头状花序。

1
2
3
4
1
2
3
4

羌活　伞形科 羌活属

Hansenia weberbaueriana

Incise Hansenia | qiānghuó

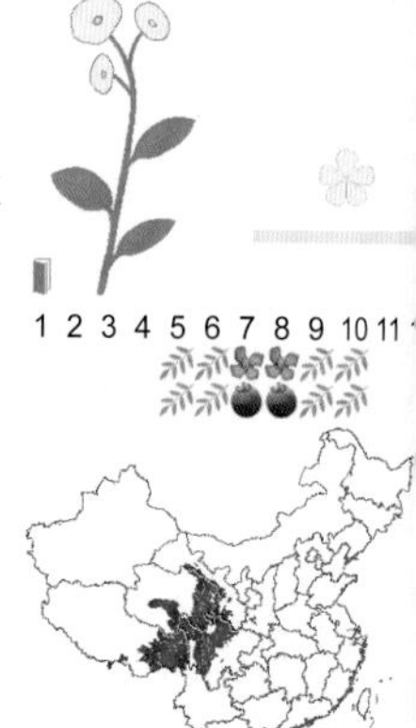

多年生草本；根状茎呈竹节状；圆柱形茎直立，中空，有纵直细条纹，带紫色①；基生叶及茎下部叶有柄，三回羽状分裂，边缘缺刻状浅裂至羽状深裂；茎上部叶常简化，叶鞘膜质；复伞形花序；花瓣黄白色，顶端内折②；分生果椭圆形③。

产祁连山地、青南高原。生于海拔2600～4200米的沟谷山坡林缘灌丛。

相似种：宽叶羌活【*Hansenia forbesii*，伞形科 羌活属】多年生草本，茎直立，中空，带紫色⑤；二回羽状复叶，总叶柄基部具鞘；茎上部仅3小叶，小叶3全裂至羽状全裂；复伞形花序顶生和腋生；花瓣淡黄色，狭卵形；果近圆形，长约5毫米④。产青南高原、祁连山地；生于沟谷山坡林缘灌丛、河沟山麓石隙。

羌活为三回羽状复叶，末回裂片小型，全缘，总苞片1～3；宽叶羌活为二回羽状复叶，裂片大型，缘具齿，总苞片无或1。

粗糙西风芹　伞形科 西风芹属

Seseli squarrulosum

Squarrose Seseli | cūcāoxīfēngqín

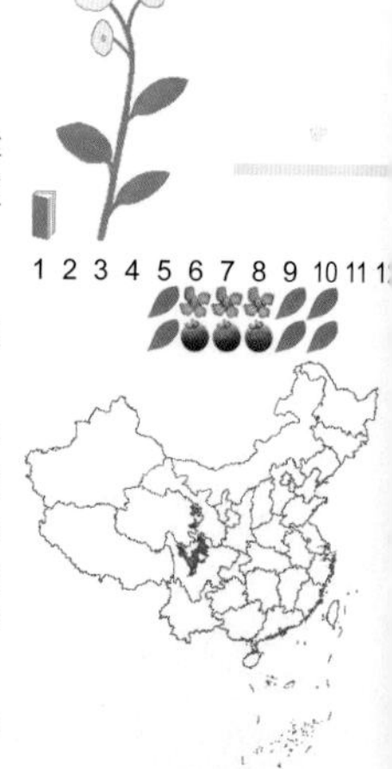

多年生草本；茎无毛；基生叶为一至二回羽状复叶，小叶一至二回羽裂；裂片狭卵形、披针形至线形；茎生叶向上渐变小并减化①；复伞形花序；花瓣黄色，狭卵形，先端渐尖，内折成小舌片②。

产祁连山地和黄南州。生于海拔2248～3200米的灌丛、山坡草甸、沟谷河滩。

相似种：簇生柴胡【*Bupleurum condensatum*，伞形科 柴胡属】多年生矮小丛生草本；基生叶多而密集，茎生叶无柄③④；复伞形花序，伞辐4～7；总苞片5～6，线形；花瓣黄色，卵状披针形，先端反折，2裂③④；果柄短，果小，红棕色，卵圆形。产青海全境；生于山坡草地、河滩荒地。

粗糙西风芹羽状复叶，小叶羽裂；簇生柴胡单叶，叶片全缘。

黄花补血草 白花丹科 补血草属

Limonium aureum

Gokden Sealavender | huánghuābǔxuècǎo

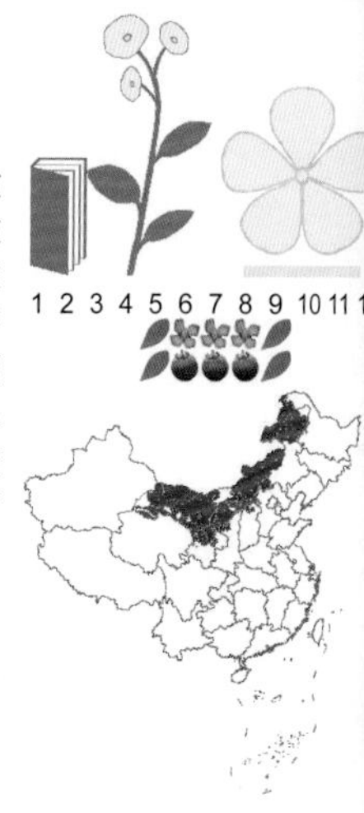

多年生草本；全株（除萼外）无毛；茎基部被有残存叶柄和红褐色芽鳞①；叶基生，匙形或倒披针形，先端圆形或急尖，基部渐窄成柄；花序圆锥状，花序轴多数丛生，灰绿色，多分枝，不育枝多数，小枝曲折②，有疣状突起；穗状花序生分枝顶端；外苞宽卵形，长2～3毫米，边缘膜质；萼长6～7毫米，漏斗状，5裂，裂片三角形，长约2毫米，先端具尖头、钩状小尖头或无尖头，萼筒近管状，脉上和脉间被毛；花冠金黄色③。

产青海全境。生于山前洪积扇、阳坡砾石地、河谷沙丘。

黄花补血草萼及花冠金黄色，开放后永不凋谢；萼裂齿先端急尖，有小尖头。

竹灵消 夹竹桃科/萝藦科 鹅绒藤属

Cynanchum inamoenum

Unpleasant Swallowwort | zhúlíngxiāo

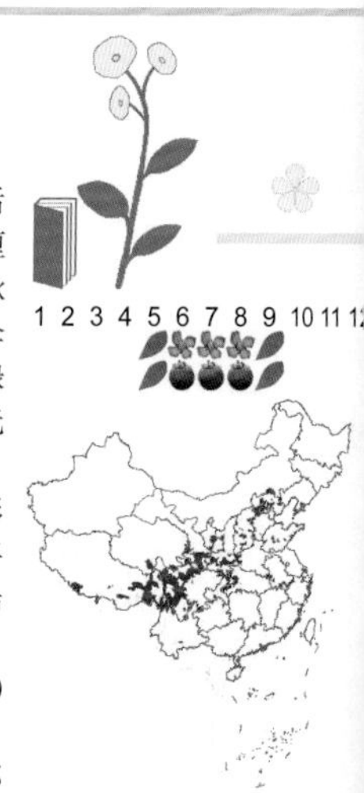

多年生直立草木；须根多数，土黄色；茎干后中空，被单列柔毛；叶对生，阔卵形，长4～7厘米，宽1.5～4厘米，先端急尖，基部近心形，脉上近无毛或仅被微毛，有缘毛；侧脉约5对①；伞状聚伞花序，近顶部互生，着花8～10朵；花黄绿色，径约3毫米②；花萼裂片披针形，急尖，近无毛；花冠无毛，裂片卵状长圆形；副花冠肉质，较厚，裂片三角形，短急尖；花药在顶端具1圆形膜片，花粉块每室1个，下垂，花粉块柄短，近平行，着粉腺近椭圆形；柱头扁平；蓇葖果双生，稀单生，狭披针形，长渐尖①。

产循化、民和、班玛、玉树。生于海拔2400～3650米的沟谷山坡林缘、河滩石隙。

竹灵消为直立丛生，根须状；叶阔卵形，基部近心形。

1
3
2
1
2

祁连獐牙菜 龙胆科 獐牙菜属

Swertia przewalskii

Przewalsk's Swertia | qíliánzhāngyácài

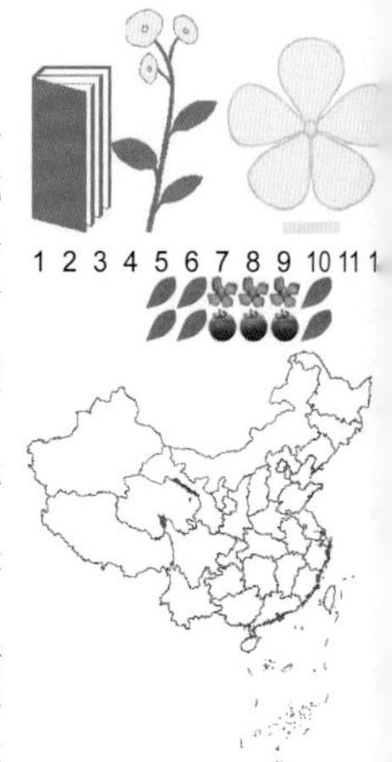

多年生草本；茎直立，近圆形，不分枝①；叶具长柄，叶片椭圆形、卵形或卵状椭圆形；聚伞或复聚伞花序狭窄；花冠黄绿色，裂片披针形，长9～15毫米，先端渐尖，背部中央蓝色，边缘具长柔毛状流苏②；花丝线形，花药蓝色③。

产祁连、门源。生于河漫滩草甸、沟谷山地灌丛、高山流石滩。

相似种：华北獐牙菜【*Swertia wolfangiana*，龙胆科 獐牙菜属】多年生草本；茎直立，近似花葶；叶对生；基生叶具柄；聚伞花序或单花顶生；花萼常带蓝色，5深裂，边缘白色膜质④；花冠黄绿色，深裂，裂片长圆形或椭圆形，先端钝，全缘，或啮蚀状；花丝线形，花药蓝色；蒴果与花冠等长。产青南高原及互助；生于高寒草甸砾地、高寒灌丛草甸。

祁连獐牙菜子房表面具横皱折；华北獐牙菜子房表面无横皱折。

麻花艽 龙胆科 龙胆属

Gentiana straminea

Strawcoloured Gentian | máhuājiāo

多年生草本；花枝多数，斜生；莲座丛叶宽披针形或卵状椭圆形①；聚伞花序顶生或腋生，排列成疏松的花序；花萼膜质，一侧开裂；花冠黄绿色，喉部具绿色斑点②，长3.5～4.5厘米，裂片卵形，长5～6毫米，褶偏斜，三角形③。

产祁连山地、青南高原及都兰、德令哈。生于海拔2000～4950米的高寒草甸、林缘灌丛、河滩草甸。

相似种：大花龙胆【*Gentiana szechenyii*，龙胆科 龙胆属】多年生草本，高5～7厘米；花枝丛生，斜升；叶常对折，花单生枝端；萼筒膜质，黄白色或上部带紫红色；花冠内面白色，外面具深蓝灰色宽条纹和斑点，筒状钟形④。产青南高原；生于海拔3400～4900米的高寒草甸草原、高山草甸、阳坡砾石地。

麻花艽植株较高，斜升，花冠淡黄色，喉部具绿色斑点；大花龙胆植株矮，直立，花冠白色，外面有深蓝灰色斑点。

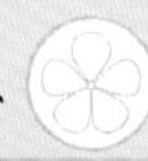

1
2
3
4
1
3
2
4

钟花报春　报春花科 报春花属

Primula sikkimensis

Sikkim Primrose | zhōnghuābàochūn

多年生草本；叶基生，叶片长圆形或倒披针形①，长5～15厘米，宽2～4厘米，边缘具锐尖或稍钝的牙齿，表面秃净，背面具短柄腺体，网脉显著；叶柄短，明显具翅；花莛粗壮，高10～60厘米，顶端被粉，伞形花序顶生，多花②；苞片狭披针形，长5～7毫米，先端渐尖，基部稍膨大；花梗纤细，长1～8厘米；花萼狭钟状，具明显的5棱，两面均被黄粉，分裂达全萼长的1/3；花冠黄色，有时干后为绿色，冠筒长约1毫米，冠檐直径1～1.5厘米；有长花柱花和短花柱花；蒴果长圆形，稍长于花萼。

产青南高原。生于海拔3500～4200米的高原河滩沼泽草甸，沟谷水流处。

钟花报春植株无毛；花冠黄色，钟形，裂片直立，花莛可高达60厘米。

马尿脬　茄科 马尿脬属

Przewalskia tangutica

Tangut Przewalskia | mǎsuīpao

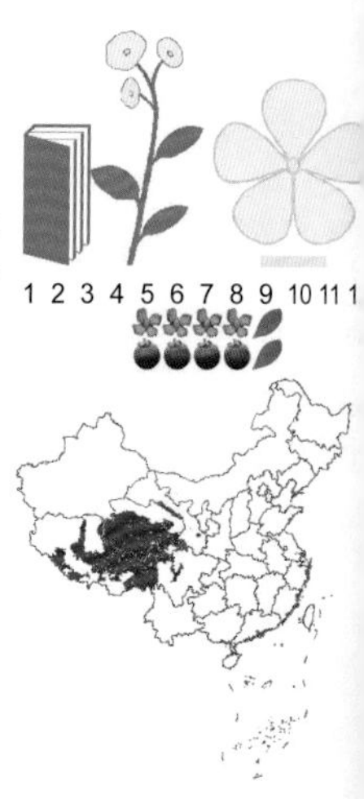

多年生草本，全体生腺毛，高4～30厘米①；叶生于茎顶端者密集，长椭圆状卵形至长椭圆状倒卵形②；花1～3朵；花萼筒状钟形，长约14毫米，径约5毫米，萼齿圆钝；花冠檐部黄色，筒部紫色，筒状漏斗形，长约25毫米，檐部5浅裂，裂片卵形，长约4毫米③；雄蕊生花冠喉部，花丝极短；花柱显著伸出于花冠④，柱头膨大，紫色；蒴果球状，直径1～2厘米；种子黑褐色，长3毫米，宽约2.5毫米。

产青南高原及格尔木、兴海。生于海拔3200～5000米的沟谷高山砂砾地及高寒草原。

马尿脬植体具埋于地下的短茎，呈莲座状；果期花萼近膜质具网纹，花冠筒状漏斗形。

1
2
1
3
2
4

天仙子　茄科 天仙子属

Hyoscyamus niger

Black Henbane | tiānxiānzǐ

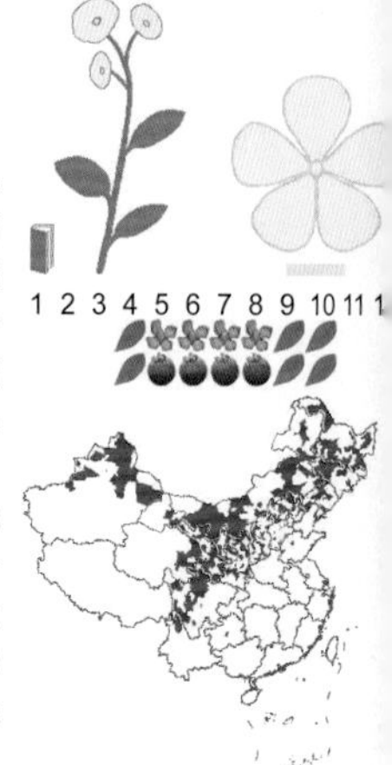

二年生草本，高可达1米，全体被黏性腺毛③；一年生的茎极短，叶丛莲座状；二年茎伸长而分枝，茎生叶卵形或三角状卵形，边缘羽状浅裂或深裂，长4～10厘米，宽2～6厘米①；花单生于叶腋或茎上端的苞状叶腋内而聚集成蝎尾式总状花序，通常偏向一侧；花萼筒状钟形，生细腺毛和长柔毛，长1～1.5厘米，5浅裂，花后增大成坛状，基部圆形，长2～2.5厘米，直径1～1.5厘米，有10条纵肋，裂片开张，先端针刺状；花冠钟状，长于花萼的1倍，土黄色而脉纹紫堇色；雄蕊稍伸出花冠②；蒴果包藏于宿存萼内，长卵圆状，长约1.5厘米，直径约1.2厘米；种子近圆盘形，直径约1毫米，淡黄棕色。

产祁连山地、青南高原东部和北部。生于海拔1900～3250米的河谷山坡、水沟边、河滩、田埂。

天仙子植株具黏腺毛；花单生叶腋，偏向一侧而呈蝎尾状；蒴果盖裂。

全缘绿绒蒿　罂粟科 绿绒蒿属

Meconopsis integrifolia

Entire Meconopsis | quányuánlǜrónghāo

多年生草本，高30～60厘米，通体被锈色或金黄色长柔毛；茎粗达2厘米，不分枝；基生叶莲座状；茎生叶近无柄，狭椭圆形、披针形、倒披针形或条形①；花4～5朵，生上部叶腋内；萼片舟状，长约3厘米；花瓣6～8，近圆形至倒卵形，长3～7厘米，宽3～5厘米，黄色②；花丝线形，长0.5～1.5厘米，金黄色或成熟时为褐色，花药卵形至长圆形，长1～2毫米，橘红色；子房宽椭圆状长圆形、卵形或椭圆形，密被金黄色长硬毛④；蒴果宽椭圆状长圆形至椭圆形，长2～3厘米，粗1～1.2厘米，被金黄色或褐色长硬毛③，4～9瓣自顶端开裂至全长1/3；种子近肾形，长1～1.5毫米，宽约0.5毫米。

产祁连山地、青南高原。生于海拔3200～4700米的高寒草甸、阳坡山麓砾地。

全缘绿绒蒿植株粗壮，通体被锈色或金黄色长毛；上部叶近轮生；花大型，黄色，自叶轮（叶腋）中生出，有异味。

1
2
3
1
2
3
4

野黄韭　石蒜科/百合科 葱属

Allium rude

Herder Onion | yěhuángjiǔ

多年生草本，高15～70厘米。鳞茎单生②，圆柱状或下部膨大呈卵状圆柱形，外皮棕色或浅棕红色，条状破裂。叶扁平，比花莛短，宽2～9毫米，边缘常有细齿。花葶圆柱状，中空，直径达5毫米：伞形花序球形，具多数密集的花①；总苞灰蓝色，2～3裂，宿存；花梗短，与花被片等长；花淡黄色，花被片长圆状卵形或椭圆形，长5～6毫米，宽2～3毫米，先端钝，两轮近等长；花丝伸出花被片外，基部合生，不扩大；子房基部具凹陷的蜜腺。

产青南高原和祁连山地。生于海拔3950～4600米高山草地、山坡石崖、灌丛。

野黄韭鳞茎单生，圆柱状或卵状圆柱形，叶扁平，短于花莛，花淡黄色，花丝长于花被片。

卷鞘鸢尾　鸢尾科 鸢尾属

Iris potaninii

Potanin's Iris | juǎnqiàoyuānwěi

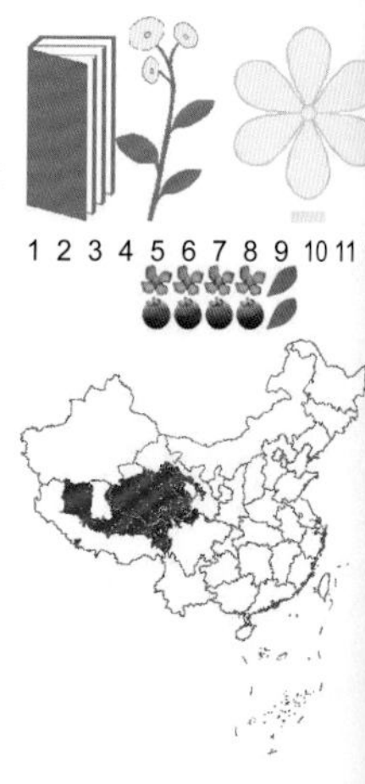

多年生草本，植株高6～20厘米，基部宿存纤维状卷叶鞘，纤维呈毛发状向外卷曲；须根多数近肉质，黄白色；基生叶条形，长3～20厘米，宽2～4毫米，基部鞘状，互相套迭，先端渐尖，淡绿色，粗糙，直立③；花茎短，不伸出地面，基部具二枚鞘状叶①；苞片2，膜质，先端渐尖，内包有1花；花黄色，径5厘米，花被片6，外轮花被片较大，内花被片直立②，花被管长2～4厘米；雄蕊3，花药紫色，条形③；子房纺锤形，埋于地下，花柱柱头二裂，每个裂片复二裂，小裂片花瓣状，黄色；蒴果椭圆形，具长喙④，成熟时顶部开裂；种子梨形，棕黄色，具白色附属物。

产青南高原。生于海拔3200～5200米的高寒灌丛、高寒草原、高寒草甸、高寒荒漠草原。

卷鞘鸢尾花黄色，外轮花被片具棒毛状附属物，花茎不伸出地面；果实贴地或半埋土中。

矮金莲花 毛茛科 金莲花属

Trollius farreri

Farrer's Globeflower | ǎijīnliánhuā

多年生草本，全株无毛；茎不分枝①；叶3～4枚，基生或近基生，有长柄；叶片五角形，基部心形，三全裂，中央裂片菱状倒卵形或楔形，与侧生全裂片通常分开，3浅裂，小裂片互相裂开，具2～3不规则三角形牙齿；叶柄长1～4厘米，基部具鞘；花单一顶生；花萼5～6，黄色，外面常带暗紫色，宽倒卵形②，先端圆形或截形；花瓣匙状线形，先端圆形。

产祁连山地、青南高原。生于海拔2600～5200米的高寒草甸、高山冰缘湿地、高山流石坡。

相似种：鸦跖花【*Oxygraphis glacialis*，毛茛科 鸦跖花属】多年生草本，高15～20厘米；叶基生，全缘，质厚，无毛③；花单生，直径1.5～3厘米；萼片5～7，宽倒卵形；花瓣10～21，黄色④。产祁连山地、青南高原；生于高山草甸、高寒沼泽草甸、河滩沙砾地、高山流石坡。

矮金莲花叶为掌状分裂，果为蓇葖果；鸦跖花叶基生，不分裂，果为瘦果。

小金莲花 毛茛科 金莲花属

Trollius pumilus

Dwarf Globeflower | xiǎojīnliánhuā

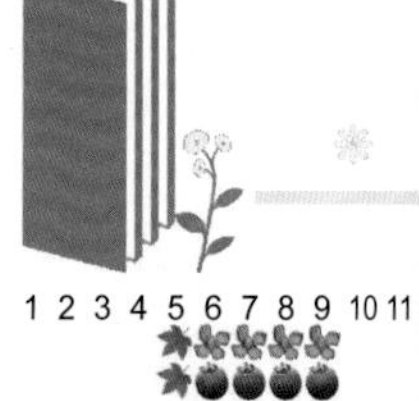

多年生草本；全株无毛；茎单一，光滑，不分枝；叶片五角形或五角状卵形，基部心形；叶柄长3～8厘米，基部具鞘②；花单一顶生；萼片5，倒卵形或卵形①；花瓣匙状线形，长2～3毫米，宽不足半毫米，先端圆形；花药椭圆形，黄色。

产循化、门源、同仁、泽库、杂多。生于山坡湿地、高山、沼泽、河滩草甸。

相似种：青藏金莲花【*Trollius pumilus* var. *tanguticus*，毛茛科 金莲花属】多年生草本，全株无毛；叶干时多少变绿，叶较大，叶片五角形或五角状卵形，三深裂③；花单一顶生，萼片5，卵形或倒卵形，黄色，干时变绿；花瓣丝状线形。产祁连山地、青南高原；生于山坡林缘灌丛、高寒沼泽草甸。

小金莲花茎高3.5～9厘米，叶片和萼片干时不变绿；青藏金莲花茎高20～30厘米，叶片和萼片干时变绿。

1
2
3
4
1
3
2

青藏扁蓿豆　豆科 扁蓿豆属

Melilotoides archiducis-nicolai

Rectanglesickle Medick | qīngzàngbiǎnxudòu

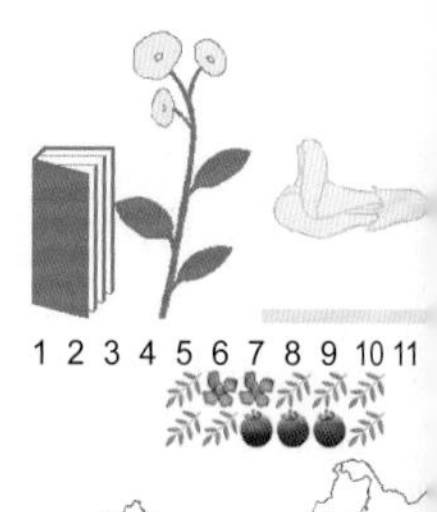

多年生草本；茎四棱形，铺散、斜升或直立，基部多分枝①；托叶卵状披针形，先端渐尖，基部箭头形，有锯齿；小叶3，近圆形、阔卵形、椭圆形至阔倒卵形，先端截形或微凹，顶端小叶较大；总状花序腋生，具2～5花；花冠黄色或白色带紫色；旗瓣倒卵状楔形；翼瓣稍短或等长于旗瓣；龙骨瓣短②；荚果矩圆形至近镰形，先端具短喙，无毛，有网纹。

产祁连山地。生于河滩砾地、林缘灌丛、田埂。

相似种：天蓝苜蓿【*Medicago lupulina*，豆科苜蓿属】一年生草本；小叶3，宽倒卵形、倒卵形或近菱形，上部边缘有锯齿；总状花序花密集；花萼钟状；花冠黄色，稍长于花萼③；荚果弯曲呈肾形，成熟时黑色④。产青南高原、祁连山地；生于山坡、沟谷草地、田边、水边湿地。

青藏扁蓿豆多年生，荚果不蜷曲，花冠黄色或白色带紫色；天蓝苜蓿一年生，荚果蜷曲，花冠黄色。

草木樨　黄香草木樨　豆科 草木樨属

Melilotus officinalis

Yellow Sweetclover | cǎomùxi

草本，高0.5～2米；主根粗长，茎直立；托叶三角状披针形，基部较宽，先端长渐尖；小叶3，椭圆形至狭矩圆状倒披针形，长8～25毫米，宽3～10毫米，先端钝圆或截形，具短尖头，基部楔形，边缘有锯齿；总状花序腋生，细长，具多花①；花萼长约2毫米，稍被毛，萼齿三角形，稍短于萼筒；花冠黄色，长5～6毫米；旗瓣椭圆形，长约5毫米，宽约3毫米；翼瓣稍短于旗瓣而略长于龙骨瓣，翼瓣和龙骨瓣均具爪与耳②；荚果卵圆形，长约3.5毫米，宽约2毫米，先端具宿存花柱，网脉明显，含种子1枚③。

产祁连山地。生于海拔1800～2800米的山沟林下、河岸田边。

草木樨小叶边缘具疏锯齿；总状花序细长，具多花，花冠黄色。

高山黄华 豆科 黄华属

Thermopsis alpina

Alpine Thermopsis | gāoshānhuánghuá

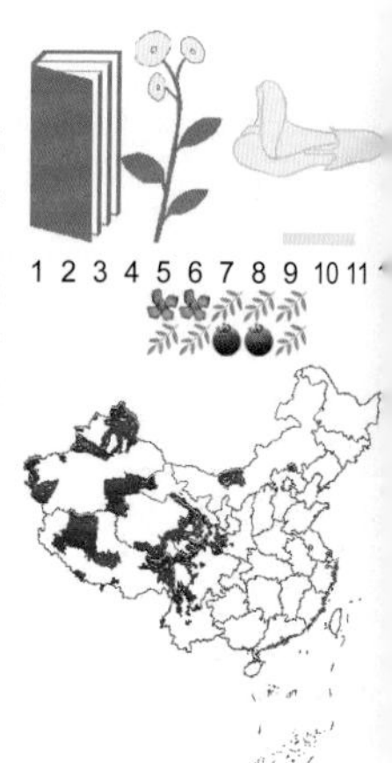

多年生草本；茎匍匐，丛生；托叶2枚，基部联合；小叶长椭圆形或长椭圆状倒卵形，先端急尖或钝，基部圆楔形，腹面无毛，背面密被长柔毛，后几无毛②；花少数，2～3朵轮生；苞片3，基部合生；密被长柔毛；花冠黄色；旗瓣近圆形，先端凹①；荚果扁，褐色，密被毛，先端常渐尖，具喙状宿存花柱②。

产青南高原。生于阴坡高寒灌丛、山麓砾地。

相似种：披针叶黄华【*Thermopsis lanceolata*，豆科 黄华属】茎直立，丛生，有分枝；小叶3，常对折，倒披针形或长椭圆状倒披针形；总状花序顶生，2～3花为一轮；花冠黄色③；荚果条形，扁平，密被贴伏短柔毛。产青海全境；生于山坡草地、田埂、路边、沙砾滩地。

高山黄华茎匍匐，小叶长椭圆形或长椭圆状倒卵形，荚果矩圆形；披针叶黄华茎直立，小叶狭长圆形或倒披针形或长椭圆状倒披针形，荚果条形。

长毛荚黄芪 豆科 黄芪属

Astragalus monophyllus

Singleleaf Milkvetch | chángmáojiáhuángqí

多年生矮小草本；被白色贴伏长丁字毛①；主根粗，木质化；茎极短或无；叶基生，三出复叶；托叶膜质，与叶柄联合达1/2，上部狭三角形，密被白色丁字毛；叶柄长1～4厘米；小叶宽卵形、宽椭圆形或近圆形，先端锐尖，基部近圆形，深绿色，稍厚硬，两面被毛③；总状花序具1～2花；苞片膜质，卵状披针形，长5～6毫米，被毛；花萼筒状钟形，萼齿披针形或条形，长4～8毫米，被白色贴伏丁字毛；花冠淡黄色；旗瓣倒披针形，先端圆形，基部渐狭；翼瓣长14～16毫米，先端钝或稍尖，具长爪及耳；龙骨瓣长12～14毫米，具爪及短耳；子房密被毛③；荚果矩圆形、矩圆状椭圆形或矩圆状卵形，膨胀，喙长4～6毫米，密被白色长绵毛②。

产大柴旦。生于砾质滩地、砾石山坡，海拔3000～3800米。

长毛荚黄芪的花集生于叶基部，小叶3枚，宽卵形或近圆形；花有长约1厘米的花梗。

1
3
2
1
3
2

多花黄芪 豆科 黄芪属

Astragalus floridulus

Many-flower Milkvetch | duōhuāhuángqí

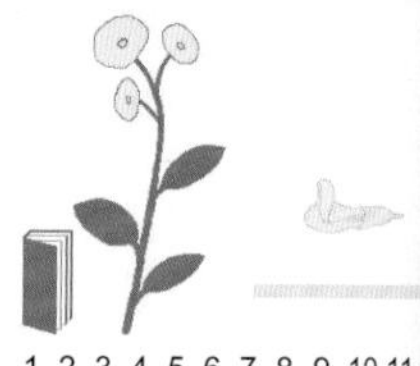

直立草本；茎粗壮①；托叶披针形，疏被长毛；奇数羽状复叶，狭矩圆形，披针状矩圆形或有时下部小叶近圆形或倒卵形，先端圆形或钝②；总状花序生上部叶腋，密生多数下垂而常偏向一侧的花；被黑色和白色短毛；花萼钟形，密被黑白色相间短柔毛；花冠黄色或白色；荚果近梭形③。

产西宁、大通、祁连、门源、互助、同仁、泽库。生于林缘草地、河谷及山坡灌丛。

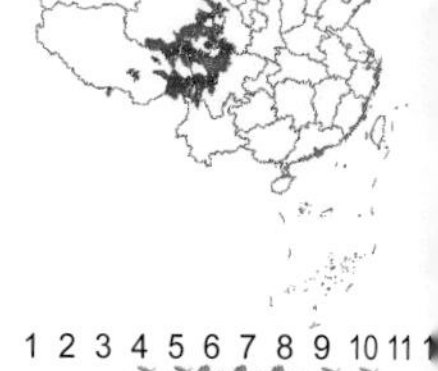

相似种：金翼黄芪【*Astragalus chrysopterus*，豆科 黄芪属】多年生草本；主根粗壮，茎细弱；奇数羽状复叶，小叶柄短④；总状花序腋生或顶生；总花梗长于叶；花梗短；花萼钟形；花冠黄色，先端圆形⑤；荚果窄椭圆状倒卵形，扁平。产大通、祁连、门源、互助；生于山坡及沟谷的林下、灌丛中。

多花黄芪龙骨瓣较旗瓣、翼瓣短或近等长，荚果膜质；金翼黄芪龙骨瓣长于旗瓣和翼瓣，荚果纸质。

马衔山黄芪 豆科 黄芪属

Astragalus mahoschanicus

Mahoschan Milkvetch | mǎxiánshānhuángqí

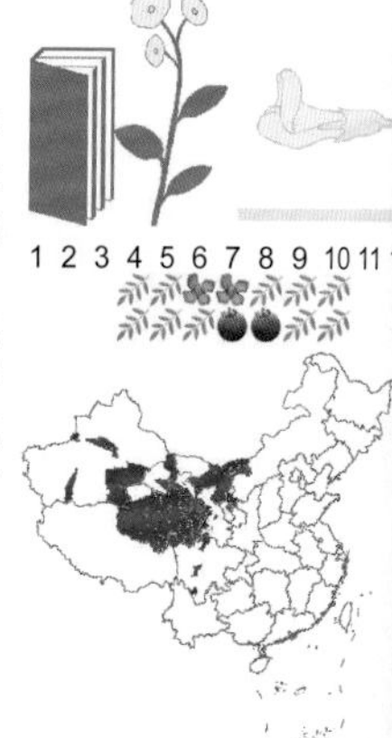

多年生草本；全株被平伏短柔毛；茎较细，斜升，常有分枝①；托叶三角形，离生，被毛；奇数羽状复叶，叶轴疏被毛；小叶11～19，椭圆形、宽椭圆形、倒卵形或矩圆状披针形，先端圆或稍尖，基部圆或楔形，具短柄，腹面无毛，背面密被或疏被贴伏白色短柔毛②；总状花序腋生，长于叶，密生多花；苞片披针形，疏被毛；花萼钟状，与花梗和花序梗同被黑色毛，萼齿长约2毫米；花冠黄色；子房具短柄，密被黑色和白色毛；花柱和柱头无毛；荚果圆球形，密被白色和黑色长柔毛③。

产西宁、大通及海北、海东、黄南、海南、果洛、玉树和都兰。生于林缘灌丛、高山草甸及阳坡、河滩草地、沙土地。

马衔山黄芪的小叶两面均被白色贴伏柔毛；旗瓣长9～10毫米，先端钝圆；托叶三角状披针形，长达8毫米；苞片长达5毫米。

祁连山黄芪 豆科 黄芪属

Astragalus chilienshanensis

Chilienshan Milkvetch | qíliánshānhuángqí

多年生草本；茎较短，无毛，有条棱①；托叶分离，叶状，长8～18毫米，宽3～8毫米，具缘毛；奇数羽状复叶；叶轴无毛；小叶7～15，椭圆形、卵形或近圆形，先端钝圆，稀截形或稍尖，具小突尖，基部圆或宽楔形，两面无毛或幼时沿中脉和边缘有毛，柄极短①；总状花序腋生，长8～24厘米②；苞片线形，长3～6毫米，被长缘毛；花梗长1～2毫米，密被黑毛；花萼钟状，无毛，常带蓝紫色，萼齿长约2毫米，腹面被黑色柔毛；花冠淡黄色，干后呈黑紫色；旗瓣宽倒卵形，先端微凹，基部具爪；翼瓣长约11毫米，具长爪与短耳；龙骨瓣等长于旗瓣；子房有柄，被黑毛③；荚果纺锤形，先端渐尖具喙④。

产大通、祁连、门源、互助、湟中、同德、久治。生于林间草地、阴坡灌丛、高山草甸及沼泽草甸。

祁连山黄芪的茎有棱，小叶卵圆形或长圆形；萼筒带黑紫色，花冠淡黄色，干时呈黑褐色；荚果纺锤形。

康定黄芪 豆科 黄芪属

Astragalus tatsienensis

Kangding Milkvetch | kāngdìnghuángqí

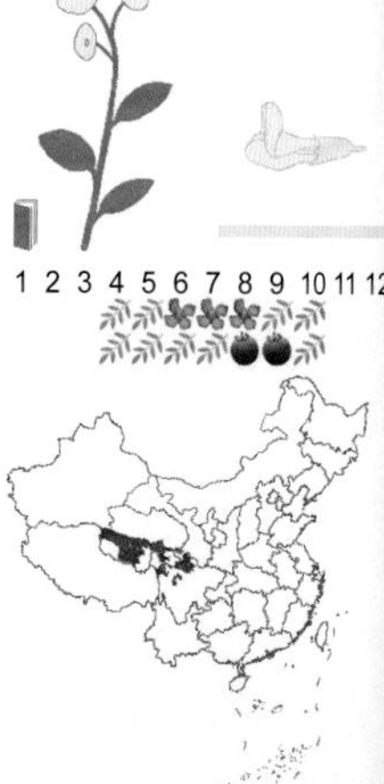

多年生草本；主根长而粗壮；茎短，无毛；奇数羽状复叶，叶柄和叶轴疏被长柔毛①；总状花序腋生，顶端生3～6朵下垂的花；总花梗长3～6厘米，密被黑色和白色长柔毛；苞片披针形；花萼筒状，萼齿披针形；花冠黄色②；子房密被白色和黑色长柔毛，具柄；荚果卵形，密被长柔毛。

产治多、杂多、玛多、河南县。生于高山草甸、阴坡灌丛、山顶砾石裸地。

相似种：甘肃棘豆【*Oxytropis kansuensis*，豆科棘豆属】多年生草本，茎直立，丛生，较细弱；奇数羽状复叶；小叶卵状披针形③。总状花序腋生，密集多花呈头状；花冠黄色④；荚果长椭圆形或卵状矩圆形，膨胀，密被毛。产青海全境；生于高山草甸、阴坡灌丛、河滩草地。

康定黄芪花萼长达15毫米，龙骨瓣无喙；甘肃棘豆花萼长8～9毫米，龙骨瓣长约10毫米，有短喙。

1
2
3
4
1
2
3
4

黄毛棘豆 豆科 棘豆属

Oxytropis ochrantha

Yellowhair Crazyweed | huángmáojídòu

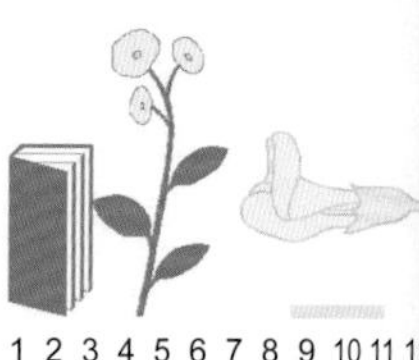

多年生草本；全株密被土黄色丝质长柔毛；茎极短缩，多分枝；羽状复叶；小叶6～10对，对生或4枚轮生，两面密被土黄色绢状长柔毛；总状花序密生多花②；总花梗坚挺，直立或斜升；花萼筒状，密生土黄色长柔毛；花冠黄色或白色；旗瓣倒卵状长椭圆形；翼瓣短于旗瓣而长于龙骨瓣①；子房密被毛，花柱无毛；荚果卵形，密被毛。

产祁连山地、青南高原。生于河滩草地、山坡沙砾地。

相似种：白毛棘豆【*Oxytropis ochrantha* var. *albopilosa*，豆科 棘豆属】植体被白色绢状长柔毛，花萼被白色与黑色相间的柔毛③。产祁连山地；生于山坡沙质草地、河湖边沙砾地。

黄毛棘豆全株密被土黄色丝质长柔毛；白毛棘豆被白色绢状长柔毛。

黄花棘豆 豆科 棘豆属

Oxytropis ochrocephala

Yellowflower Crazyweed | huánghuājídòu

多年生草本，高20～40厘米①；奇数羽状复叶；小叶15～41，卵状披针形，两面密被丝状长柔毛；总状花序密生多花②；花萼筒状，后期略膨胀，密被毛；花冠黄色或深黄色，各花瓣的顶部常呈缩皱状而不伸展；荚果卵状矩圆形，膨胀，密被短柔毛。

产祁连山地、青南高原及德令哈。生于林缘草地、沟谷灌丛、高寒草甸。

相似种：玛多棘豆【*Oxytropis maduoensis*，豆科 棘豆属】多年生草本，高3～8厘米；无茎，呈垫状；叶柄紫铜色；托叶卵状披针形，于中部合生；卵形或长圆形，两面密被贴伏长柔毛③；总状花序呈头状，密生多花；花萼筒状钟形，密被毛；花冠黄色④。产青南高原；生于高山草甸、高寒草原。

黄花棘豆非垫状，花瓣的顶部常呈缩皱状而不伸展；玛多棘豆茎极短缩呈垫状，花瓣先端伸展。

1
2
3
1
3
2
4

牧地山黧豆　豆科 山黧豆属

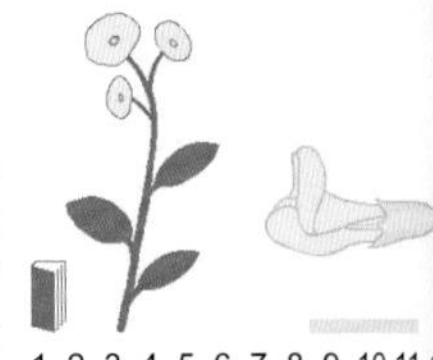

Lathyrus pratensis

Meadow Peavine Meadow Vetchling | mùdìshānlídòu

多年生草本，高30～80厘米；茎上升，平卧或攀缘；叶具1对小叶；托叶箭头形，基部两侧不对称；卷须单一或分枝；小叶椭圆形、披针形或线状披针形，长1～5厘米，宽2～13毫米，先端渐尖，基部宽楔形或近圆形，具平行脉；总状花序腋生，具5～12花，长于叶数倍；花萼钟形，被短柔毛，最下方1萼齿长于萼筒；花冠黄色，长1.2～1.8厘米；旗瓣长约1.4厘米，瓣片近圆形，宽7～9毫米；翼瓣稍短于旗瓣；龙骨瓣最短，瓣片近半月形①；荚果线形，长2.3～4.4厘米，宽5～6毫米，黑色，具网纹；种子近圆形，长2.5～3.5毫米，黄色或棕色。

产循化、民和。生于海拔2700米左右的疏林草甸、田边草地。

牧地山黧豆的叶轴先端卷须状，小叶1对，全缘，托叶箭头形，基部两侧不对称；花冠黄色；荚果线形。

黏毛鼠尾草　唇形科 鼠尾草属

Salvia roborowskii

Roborowsk's Sage | niánmáoshǔwěicǎo

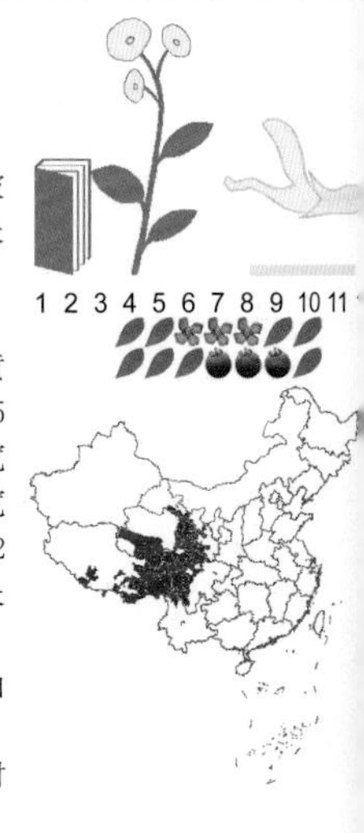

二年生草本；茎直立，多分枝，四棱形，密被有黏腺的长硬毛①；叶片戟形或戟状三角形④，长3～8厘米，宽2.5～5.5厘米，基部浅心形或截形，边缘具圆齿②；轮伞花序2～6花，组成总状花序；花萼钟状，开花时长6～8毫米，花后增大；花冠黄色，长1～1.5厘米，冠檐二唇形②，上唇长约4.5毫米，宽约2.7毫米，全缘，下唇长约3.5毫米，宽约7毫米，3裂，中裂片倒心形，长约1.5毫米，宽约3毫米；能育雄蕊2；雌蕊花柱伸出，顶端不等2浅裂；花盘上方略膨大③；小坚果倒卵圆形，长2.8毫米，暗褐色，光滑。

产青海全境。生于海拔2800～4200米的沟谷山地草原，亚高山草甸至高山河谷。

黏毛鼠尾草全株有黏毛，茎4棱形；单叶对生；花冠黄色或淡黄色，花萼绿色。

黄花角蒿　紫葳科 角蒿属

Incarvillea sinensis* var. *przewalskii

Przewalsk's Incarvillea | huánghuājiǎohāo

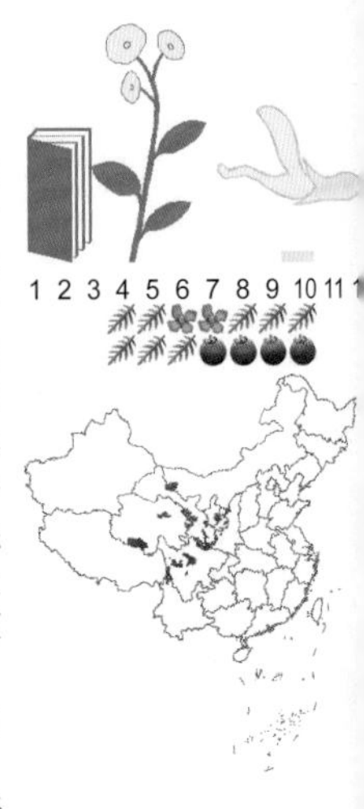

多年生草本④；根木质；茎由根颈处发出数条，不分枝或偶有分枝，近无毛；叶具短柄；叶片卵状披针形或三角状卵形，长2～5厘米，宽达3.4厘米，羽状全裂，裂片羽状深裂至近全裂，小裂片线形或狭披针形，两面近无毛①；总状花序由2～7朵花组成③；苞片线形，具柄；小苞片1对，形同苞片；花萼钟形，果期稍增大，无毛，筒部长3～4毫米，裂片5，线形或钻形，基部膨，腺状，长于筒部；花冠黄色，长漏斗形，长4～5厘米，裂片先端多少凹缺；花药成对连着；退化雄蕊生于花冠上方中部之下，略突起②；蒴果圆柱形，长3.4～5厘米①；种子扁圆形，四周具透明的翅。

产祁连山地。生于海拔1950～2540米的干旱山地阴坡、山坡灌丛边。

黄花角蒿的叶羽状全裂；萼齿线形或钻形，基部膨大，腺状；花黄色，长漏斗形。

球穗兔耳草　车前科/玄参科 兔耳草属

Lagotis globosa

Globose Lagotis | qiúsuìtùěrcǎo

多年生草本，全株无毛；叶2～4枚，基生；叶柄长2.5～8厘米，扁平，紫红色；叶片长圆形，背面紫红色，长2～6厘米，宽1.5～3厘米，先端钝，基部宽楔形或截形，羽状深裂，裂片多达8对，宽条形，稀倒匙形，全缘①；穗状花序头状，圆球形，花密集；苞片大，密集地覆瓦状排列，花后期增大，常把花全部包被在里面，外面的苞片圆形或倒卵形，长达2厘米，里面的苞片较狭小，先端均钝圆，全缘，无毛；花萼裂片2，无毛；花冠蓝色，筒部伸直，与唇部近等长，上唇不裂，下唇通常2裂，稀有不裂或3裂，裂片条状长圆形；雄蕊2，花丝与唇等长或较短，花药蓝色，肾形；花柱细长，外露或内藏，柱头头状②。

产西昆仑山以及东帕米尔高原。生于海拔4700～4900米的高山流石坡。

球穗兔耳草叶羽状深裂；穗状花序呈头状圆球形；苞片密集呈覆瓦状排列，花后期增大；花冠蓝色。

1
2
3
4
1
2

藏玄参 玄参科 藏玄参属

Oreosolen wattii

Watt's Oreosolen | zàngxuánshēn

多年生草本，地上茎极短，全株被粒状腺毛。叶2～3对，平铺地面①；叶片质地厚，宽卵形或倒卵状扇形，先端钝圆，边缘具不规则锯齿，基出脉5～7条，所有脉纹都凹陷；聚伞花序生于茎顶端，花数朵簇生；花萼仅基部合生；花冠黄色，筒部长1.5～2厘米，檐部二唇形，上唇较下唇长，2裂，裂片卵圆形，边缘啮蚀状，下唇3裂，裂片倒卵形；雄蕊4，内藏或稍伸出，着生于花冠筒中上部，2强，后方2枚较长，退化雄蕊长2.5～3厘米；花柱细长，伸出花冠筒外，长约2厘米，宿存，柱头近头状；蒴果长达8毫米；种子深褐色，表面有网纹。

产青南高原西部。生于海拔4500～5200的沟谷沙砾地、高山草甸、山麓凹地。

藏玄参茎极短缩；叶2～3对，呈莲座状平铺地面，表面常密布丘状隆起；花冠黄色。

细穗玄参 车前科/玄参科 细穗玄参属

Scrofella chinensis

Chinese Scrofella | xìsuìxuánshēn

多年生草本，茎直立，常单一，光滑①；叶互生，无柄，下部稠密，有时稍带红褐色；叶片线状披针形、披针形或窄倒披针形，长1～5.5厘米，宽5～10毫米，基部半抱茎，全缘①；花序穗状，顶生，花密集，花序轴、苞片、花萼裂片均被细腺毛；苞片金黄色，钻形；花萼5深裂，膜质，果期呈金黄色；花冠黄绿色或浅黄色，果期为黑绿色，长约4毫米，筒部坛状，檐部二唇形，上唇3浅裂，中裂片宽圆，顶端平截，侧2裂片向侧后翻卷，下唇窄舌状，强烈反折②，基部里面密生一簇毛；雄蕊2，花药黄色；花柱短；蒴果卵状锥形，4片裂；种子多数，扁圆形，表面具蜂窝状透明的厚种皮。

产玛沁、久治、班玛。生于河谷高山灌丛中、河滩草地。

细穗玄参茎单一直立；叶互生，在茎下部密集；花冠二唇形，黄绿色或浅黄色，雄蕊2枚。

1
1
2

青海玄参 玄参科 玄参属

Scrophularia przewalskii

Przewalsk's Figwort | qīnghǎixuánshēn

多年生草本；根状茎细长或较粗，节部稍膨大；茎幼时近圆柱形，果期明显为四棱形，棱上具狭翅，通常直立，在中上部二歧或分枝，顶端为花序枝，被疏密不等的腺毛；叶对生，边缘具锯齿①；顶生聚伞花序密集，先于营养枝发育；苞片叶状；总花梗长达6厘米，被腺毛；花萼宽钟形，长4～9毫米，被淡黄色腺毛，具5枚不等的裂片③，长2～4毫米②；花冠黄色，长1.4～1.8厘米，花冠筒长约10毫米，明显弯曲，外面被短腺毛，上唇长达7毫米，裂片近圆形，下唇长达3.5毫米；蒴果尖卵圆形；种子小，黑色，表面具小颗粒状突起。

产玛多、达日、甘德。生于海拔4300～4620米的高寒草甸砾地、高山流石滩、多石山麓。

青海玄参植株矮小，有营养枝，根状茎节上无小球状结节；花冠黄色。

小花玄参 玄参科 玄参属

Scrophularia souliei

Littleflower Figwort | xiǎohuāxuánshēn

多年生细弱小草本，高3～15厘米，全株被腺毛；根状茎细长，节部膨大或球形小结节；茎直立，通常单一，有时从基部开始就分枝斜升；叶对生；叶片卵形或三角状卵形，长0.8～2.5厘米，宽达2厘米，全缘、具钝锯齿或有锐锯齿①；圆锥花序狭窄、疏松、顶生，小聚伞花序对生，下部者腋生，通常具3花；苞片叶状；花小，花萼稍呈盔状，仅基部合生；花冠黄绿色，喉部带黄褐色②，长2～3毫米，上唇裂片宽圆形，下唇明显短于上唇，裂片几乎为上唇裂片的一半，且外翻；雄蕊不伸出，退化雄蕊近圆形或肾形；花柱与子房近等长。

产玛沁、久治。生于海拔3380～3920米沟谷的高山草甸、流石坡、山坡草地。

小花玄参全株被腺毛；根状茎节上有小球状结节；叶对生；花小，黄色，长2～3毫米。

硕大马先蒿 列当科/玄参科 马先蒿属

Pedicularis ingens

Giant Woodbetony | shuòdàmǎxiānhāo

多年生草本；茎直立，中空；叶互生，茎中间者大，向上渐短为苞片，无柄；叶片线形，羽状浅裂至深裂，裂片有细锯齿，基部耳状抱茎；花序总状，花密集②；花萼筒状钟形，长9～16毫米，齿5枚；花冠黄色，管长而细，稍弯曲，裂片边缘有啮状小齿，盔直立部分长3～6毫米，略作舟形，具短喙，喙端2裂；柱头稍伸出①。

产青南高原及贵德。生于海拔3400～4600米的沟谷高山草甸、山地灌丛。

相似种：扭旋马先蒿【*Pedicularis torta*，列当科/玄参科 马先蒿属】多年生草本，叶互生或假对生；叶片长圆形，羽状全裂，裂片浅裂，有齿并具刺尖③；花冠淡黄色④。产民和；生于沟谷河边草甸、林缘灌丛草甸。

硕大马先蒿花冠盔部黄色，管长14～20毫米，喙短；扭旋马先蒿花冠盔部紫色，管长9～11毫米，喙长，扭旋一周。

斑唇马先蒿 列当科/玄参科 马先蒿属

Pedicularis longiflora* subsp. *tubiformis

Punctatelip Woodbetony | bānchúnmǎxiānhāo

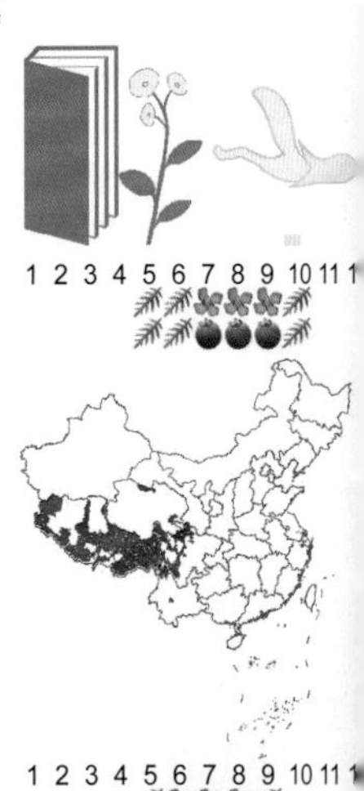

多年生草本；基生叶密集，叶片椭圆形或狭长圆形，长9～28毫米，宽不过8毫米，羽状浅裂至深裂，两面近无毛②；花序紧密，花冠黄色，筒外被长毛，扭曲，先端浅二裂，具长缘毛，裂片先端凹缺，花冠下唇近喉部有2枚红褐色斑点①。

产青南高原、祁连山地。生于沼泽草甸、河滩。

相似种：三斑点马先蒿【*Pedicularis armata* var. *trimaculata*，列当科/玄参科 马先蒿属】叶互生⑤；叶片长圆形或狭长圆形，羽状深裂④；花腋生；花冠黄色，筒部长6～12厘米，外面被毛，喙端斜上指，下唇长约12毫米，宽约22毫米，近喉部有3枚红褐色斑点③。产祁连山地、青南高原；生于高寒沼泽草甸、河滩草甸。

斑唇马先蒿花冠裂片先端凹缺，下唇近喉部有2枚红褐色斑点；三斑点马先蒿花冠裂片先端无凹缺，下唇近喉部有3枚红褐色斑点。

1
2
3
4
1
3
2
4
5

多齿马先蒿 列当科/玄参科 马先蒿属

Pedicularis polyodonta

Manytoothed Woodbetony | duōchǐmǎxiānhāo

多年生草本，茎密被褐色柔毛；叶2～4枚，对生；叶片三角状线形或卵状披针形①；花序紧密；花冠黄色，长约20～25毫米，花管直立，盔的额部具明显波状鸡冠状凸起，裂片近圆形，边缘啮蚀状②；蒴果长约1.5厘米。

产青南高原及门源。生于海拔3000～4200米的高寒草甸、林缘灌丛草甸、阳性山坡灌丛。

相似种：凸额马先蒿【*Pedicularis cranolopha*，列当科/玄参科 马先蒿属】叶片长圆状披针形，羽状深裂，缘有缺刻状锐齿③；花序总状顶生；花冠黄色，具密缘毛，中裂片端微凹，侧裂片端不凹，盔的额部有高凸的鸡冠状突起，喙长达8毫米，半环状弯曲，喙端浅2裂，指向喉部④；产青南高原、祁连山地及德令哈；生于高山草甸、河滩草甸、较干旱石山坡。

多齿马先蒿叶对生，盔端有齿无喙；凸额马先蒿叶互生，盔端有喙。

阿拉善马先蒿 列当科/玄参科 马先蒿属

Pedicularis alaschanica

Alashan Woodbetony | ālāshànmǎxiānhāo

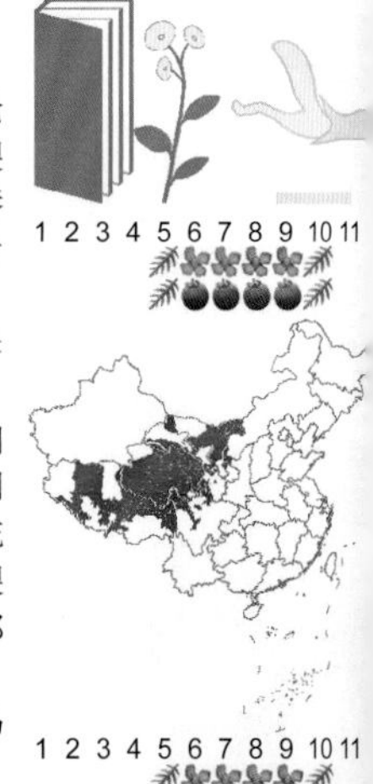

多年生草本；叶下部者对生，上部者3～4枚轮生；叶片披针状长圆形或卵状长圆形，羽状全裂①；花序穗状②；花冠黄色，长16～22毫米，下唇肾形，长9～12毫米，宽达18毫米，浅裂，中裂片甚小，近菱形，宽达5毫米，盔端渐细成短喙③。

产青海全境。生于海拔2300～4300米的河湖岸边沙地、阳坡沙砾地、草原干山坡。

相似种：长花马先蒿【*Pedicularis longiflora*，列当科/玄参科 马先蒿属】高5～15厘米；叶片狭长圆形或披针形，羽状浅裂至深裂，裂片具重锯齿；花腋生，紧密；花萼管状；花冠黄色，具长缘毛，裂片先端明显凹缺，半环状卷曲，端指花喉④。产祁连山地及兴海；生于沟谷河边草甸。

阿拉善马先蒿花长16～22毫米，喙短；长花马先蒿花长4.5～10厘米，喙长而弯曲。

1
3
2
4
1
2
3
4

毛颏马先蒿 列当科/玄参科 马先蒿属

Pedicularis lasiophrys

Woollychin Woodbetony | máokēmǎxiānhāo

多年生草本；茎直立；叶互生；叶片线状披针形或线状长圆形，羽状浅裂或有锯齿；花序较紧密；花萼钟形，密被褐色腺毛；花冠淡黄色或鲜黄色，管直立，下唇裂片近圆形，盔前额与颏部及下缘密被黄色柔毛①。

产祁连山地、青南高原。生于沟谷高山灌丛、河谷山坡草甸、河滩沼泽地、高山砾石坡。

相似种：华马先蒿【*Pedicularis oederi* var. *sinensis*，列当科/玄参科 马先蒿属】叶片线状披针形或线状长圆形，羽状全裂；花序总状，紧密；花萼筒状，密被长柔毛；花冠盔端紫褐色，其余黄白色，有时下唇及盔的下部有紫红色斑，下唇近肾形，开展②。产青海全境；生于沟谷高寒草甸、高寒灌丛草甸、高山流石坡。

毛颏马先蒿花冠淡黄色或鲜黄色；华马先蒿花冠盔端紫褐色，其余黄白色。

莛子藨 忍冬科 莛子藨属

Triosteum pinnatifidum

Featherycleft Horsegentian | tíngzibiāo

多年生草本；具条纹，被白色刚毛及腺毛，中空，具白色的髓部；叶羽状深裂③，轮廓倒卵形至倒卵状椭圆形，长8～20厘米，宽6～18厘米，裂片1～3对，无锯齿，先端渐尖，散生刚毛；茎基部的初生叶有时不分裂②；聚伞花序花对生，有时花序下具卵形全缘的苞片，在茎或分枝顶端集合成短穗状花序；萼筒被刚毛和腺毛；花冠黄绿色，狭钟状，长1厘米，筒基部弯曲，一侧膨大成浅囊，被腺毛，裂片圆而短，内面有带紫色斑点②；果实卵圆形，白色④，肉质，具3条槽，长约10毫米，冠以宿存的萼齿①。

产祁连山地及玛沁、班玛。生于海拔1800～3700米的沟谷山坡林缘灌丛。

莛子藨单叶羽状深裂；聚伞花序对生；果实卵圆形，白色，肉质。

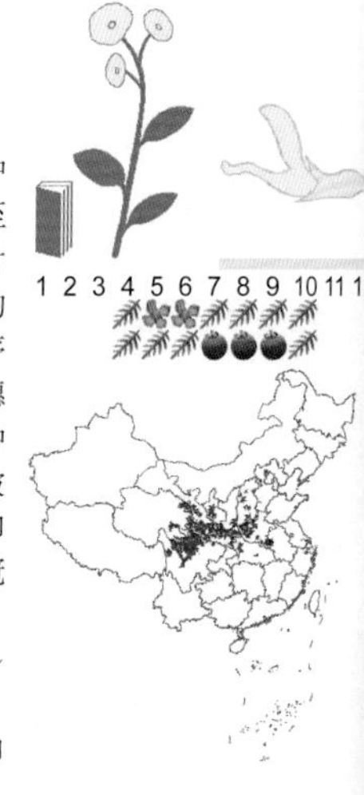

1
2
1
2
3
4

双花堇菜 堇菜科 堇菜属

Viola biflora

Twinflower Violet | shuānghuājǐncài

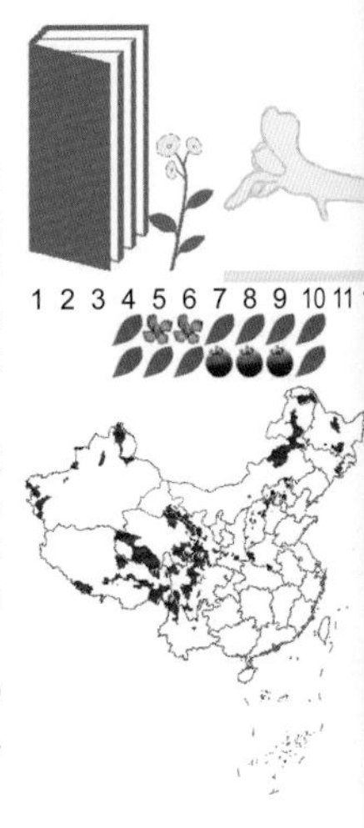

多年生草本，高4～10厘米；叶片肾形，近圆形或浅圆齿，基部微心形至深心形，无毛；花腋生，花梗细弱；小苞片2，互生或近对生，披针形或线形；萼片长圆状披针形或宽线形，长4.5～5.5毫米，宽0.8～1毫米，先端渐尖，无毛，基部具耳垂状附属物；花瓣黄色，倒卵形或倒卵状长圆形，长0.7～1厘米，先端钝圆，基部狭窄，几呈爪状①，下面花瓣的距短筒状，长约2毫米；雄蕊全长约4毫米；子房长圆形，花柱基部稍弯曲，上部不明显加粗，柱头2裂，裂片平展或向下；蒴果长卵形，长4～7毫米，无毛。

产祁连山地、青南高原。生于海拔2600～4200米的沟谷山坡高寒草甸、河谷草甸裸地、林缘灌丛草甸。

双花堇菜下方花瓣的距短筒状，长约2毫米；下方雄蕊的距短角状，长约1毫米，柱头的2裂片下垂。

圆叶小堇菜 堇菜科 堇菜属

Viola biflora* var. *rockiana

Rock Violet | yuányèxiǎojǐncài

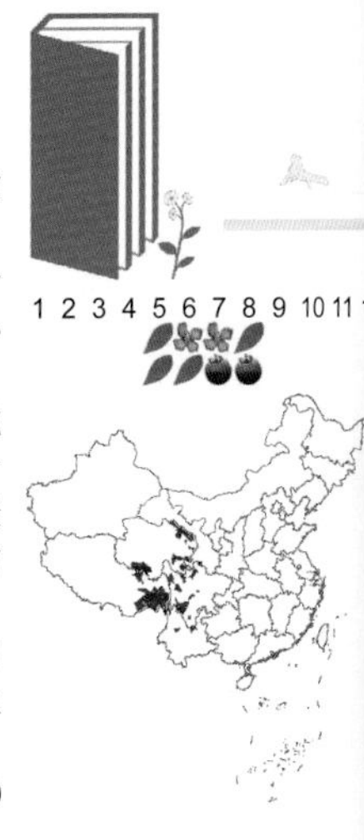

多年生草本；根状茎倾斜，栗褐色①；茎细弱，无毛，无匍匐茎；叶有基生叶和茎生叶两种；茎生叶与基生叶同形，柄短，托叶长圆形或狭披针形，草质③；花在茎上腋生，花梗纤细，无毛；小苞片2，互生，位于花梗的中上部，线形，全缘；萼片披针形或狭披针形，长约5毫米，先端渐尖或急尖，基部具耳垂状附属物，一般无毛，有时萼片边缘处稀生缘毛；花瓣黄色，狭倒卵状长圆形或近匙形，长7～10毫米，先端浑圆，下面花瓣先端有的微凹，距囊状，长约1毫米②；雄蕊全长2毫米，下方雄蕊附属物近长圆形，由基部斜向上，长约1毫米；子房卵形，长约0.7毫米，花柱弯曲，向上增粗，柱头2裂，斜向上，无喙。

产祁连山地、青南高原。生于海拔2600～3700米的高山草甸、灌丛、林下、石隙。

圆叶小堇菜叶上面常被粗毛；下方花瓣有距，浅囊状，长约1毫米；柱头有2裂片，稍平展。

1
1
2
3

条裂黄堇 罂粟科 紫堇属

Corydalis linarioides

Linearsegmented Corydalis | tiáolièhuángjǐn

直立草本；茎2～5条，通常不分枝，下部无叶；基生叶少数；茎生叶通常2～3枚，互生于茎上部，无柄，叶片一回奇数羽状全裂，全裂片3对，线形，长3～6厘米，宽2～3毫米，全缘，下面明显具3条纵脉；总状花序顶生，数花①；苞片下部者羽状分裂，上部者狭披针状线形，最上部者线形；萼片2，极小；花瓣4，2轮，黄色，上花瓣长1.6～1.9厘米，瓣片舟状卵形，背部鸡冠状突起高约2毫米，距圆筒形，长0.9～1.1厘米，下花瓣倒卵形，长0.9～1厘米，内花瓣提琴形，长7～8毫米；雄蕊束长6～7毫米；子房狭椭圆状线形，长4～5毫米，花柱长2～3毫米；蒴果长圆形，长约1.2厘米，粗约2毫米。

产祁连山地、青南高原。生于海拔2800～4700米的高山草甸、山地阴坡高寒灌丛、冰缘砾地。

条裂黄堇叶无毛；花黄色，距远长于花瓣片。

粗糙紫堇 罂粟科 紫堇属

Corydalis scaberula

Scabrate Corydalis | cūcāozǐjǐn

多年生草本；叶片轮廓卵形，二回羽状分裂；茎生叶2枚，较小①；总状花序长2.5～5厘米，多花极密集，呈卵球形②；花瓣乳黄色、橘红色或橙黄色，外轮花瓣长1.5～2厘米，花瓣片舟状倒卵形，背部具高鸡冠状突起，距圆筒形，下弯；内轮花瓣长约0.8厘米，先端黑褐色或紫红色③；蒴果长圆形。

产青南高原。生于海拔3800～5600米的高寒草甸、高山流石坡、河滩砾地、沟谷石隙。

相似种：叠裂黄堇【*Corydalis dasyptera*，罂粟科 紫堇属】基生叶多数，密集，宽卵形，3深裂；花密集，花瓣4，外轮2瓣大，龙骨突起部位带紫褐色，具高而全缘的鸡冠状突起④；蒴果下垂；产祁连山地、青南高原；生于石坡、河岸石隙、湿沙砾坡。

粗糙紫堇茎铺散，叶不叠压；叠裂黄堇茎直立，叶密集，彼此叠压。

1
1
3
2
4

蓼子朴　菊科 旋覆花属

Inula salsoloides

Salsolalike Inula | liǎozǐpò

半灌木；茎直立，多分枝①，被毛；叶互生，小而密生，披针状或长圆状线形，顶端钝，全缘，基部心形，耳状半抱茎②；头状花序单生枝端；舌状花黄色，舌片线形，长约6毫米，先端有3个细齿；管状花黄色②，长至8毫米；冠毛白色，长约7毫米②。

产柴达木盆地、祁连山地。生于海拔1880～3000米的荒漠沙丘、湖边沙地、河滩水边。

相似种：旋覆花【*Inula japonica*，菊科 旋覆花属】多年生草本，茎直立；叶互生；叶长圆形、椭圆形或披针形；上部叶渐小，披针形或线状披针形③；头状花序，在茎端排成伞房状花序；舌状花黄色，舌片线形；管状花黄褐色④。产祁连山地；生于海拔1900～2600米的水边疏林下、农田边。

蓼子朴为半灌木，叶小，长3～7毫米，花小；旋覆花为多年生草本，叶大，长5～10厘米，花大。

小花鬼针草　菊科 鬼针草属

Bidens parviflora

Smallflower Beggarticks | xiǎohuāguǐzhēncǎo

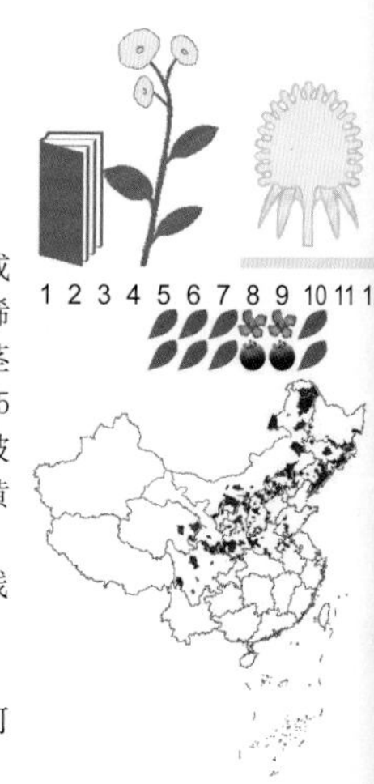

一年生草本；茎直立，无毛或被稀疏短柔毛，多分枝①；叶对生，具柄；叶片长2.5～5厘米，2～3回羽状分裂，末回小裂片线形、线性长圆形或披针形②，长3～7毫米，叶两面无毛或沿下脉被稀疏柔毛，叶柄细长，被柔毛；头状花序通常单生茎顶，具长梗；总苞管状，长1～1.5厘米，宽2.5～5毫米③；总苞片2层，外层3～5枚，草质，线状披针形，长5～8毫米，内层1枚，披针形，膜质，黄褐色，托片状；托片膜质，比瘦果短；无舌状花；管状花黄色，长3毫米，檐部4裂；瘦果黑色，线形，长约13毫米，有4棱，被小刚毛，先端渐尖，顶端芒刺2枚，有倒刺毛。

产祁连山地。生于海拔2000～2800米的沟谷河滩疏林下、山坡田边荒地。

小花鬼针草叶羽状分裂；瘦果线形，顶端尖，具2个芒刺。

1
3
2
4
1
2
3

细叶亚菊 菊科 亚菊属

Ajania tenuifolia

Thin-leaf Ajania | xìyèyàjú

多年生草本；叶二回羽状分裂，末回裂片长椭圆形或倒披针形，顶端钝或圆①；头状花序；总苞钟状，全部苞片先端钝，边缘宽膜质，膜质内缘棕褐色，膜质外缘无色透明；边缘雌花细管状，花冠长2毫米；两性花管状；全部花冠有腺点②。

产青南高原、祁连山地。生于山坡草地、河谷阶地。

相似种：灌木亚菊【*Ajania fruticulosa*，菊科 亚菊属】小半灌木；叶掌状或掌式羽状分裂；叶有柄，末回裂片线状钻形，宽线形、倒长披针形，先端尖或圆或钝，两面灰白色或淡绿色③；头状花序小，在枝端排成伞房花序或复伞房花序；总苞钟状；边缘雌花5个，花冠长2毫米，细管状④。产祁连山地、柴达木盆地；生于干旱阳山坡、河滩砾地。

细叶亚菊头状花序较大，总苞非麦秆黄色，无光泽；灌木亚菊头状花序小，总苞麦秆黄色，有光泽。

黄缨菊 菊科 黄缨菊属

Xanthopappus subacaulis

Common Xanthopappus | huángyīngjú

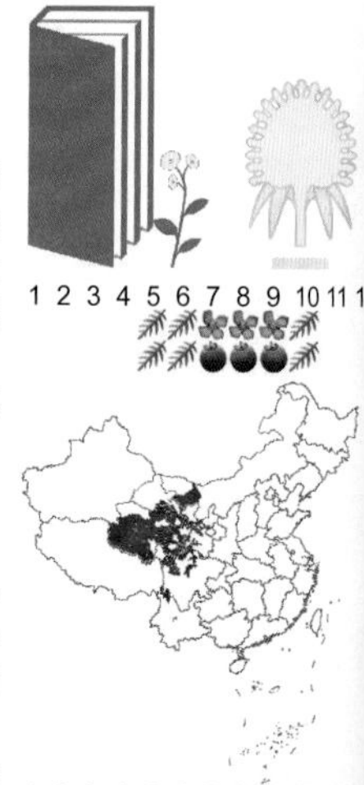

多年生草本；叶基生成莲座状①，长椭圆形或线状长椭圆形，羽状深裂，顶裂片三角形；头状花序多数，密集于莲座状叶丛之中；花黄色，花冠长2.5～3厘米②；瘦果长约7毫米，宽约4毫米，具褐色斑点；冠毛淡黄色，长2～2.5厘米。

产祁连山地、青南高原。生于滩地草原、沙砾地。

相似种：盘状合头菊【*Syncalathium disciforme*，菊科 合头菊属】叶基生，莲座状，边缘有细齿③；头状花序在莲座叶丛中密集成半球形的复花序；小花舌状，舌片长2～3毫米④；瘦果褐色；冠毛与小花管部等长，上半部淡褐色，下半部白色。产青南高原；生于高山流石坡、山坡潮湿沙砾地。

黄缨菊植体大型，叶长达30厘米，头状花序径达24厘米；盘状合头菊植体小型，叶长至6厘米，头状花序径仅4厘米。

1
2
3
4
1
3
2
4

车前状垂头菊 菊科 垂头菊属

Cremanthodium ellisii

Ellis's Cremanthodium | chēqiánzhuàngchuítóujú

多年生草本；茎直立，单生①；丛生叶具宽柄，常紫红色，基部有筒状鞘，叶片卵形，宽椭圆形至长圆形；茎生叶向上渐小②；头状花序1～5，通常单生；总苞宽至2厘米；舌状花黄色，长圆形，长1～1.7厘米，宽2～7毫米；管状花深黄色③。

产青海全境。生于海拔3400～5600米的高山流石坡、河谷沼泽草地、河滩高寒草甸裸地。

相似种：矮垂头菊【*Cremanthodium humile*，菊科 垂头菊属】叶片卵形或卵状长圆形或近圆形，全缘或具浅齿，下面密被白色柔毛；头状花序单生，下垂，辐射状；总苞半球形；舌状花和管状花均黄色④。产青海全境；生于高寒草甸裸地、山坡石隙。

车前状垂头菊叶几无毛，总苞密被铁灰色柔毛；矮垂头菊叶背密被白色长柔毛，总苞密被黑色和白色柔毛。

褐毛垂头菊 菊科 垂头菊属

Cremanthodium brunneopilosum

Brown-hairy Cremanthodium | hèmáochuítóujú

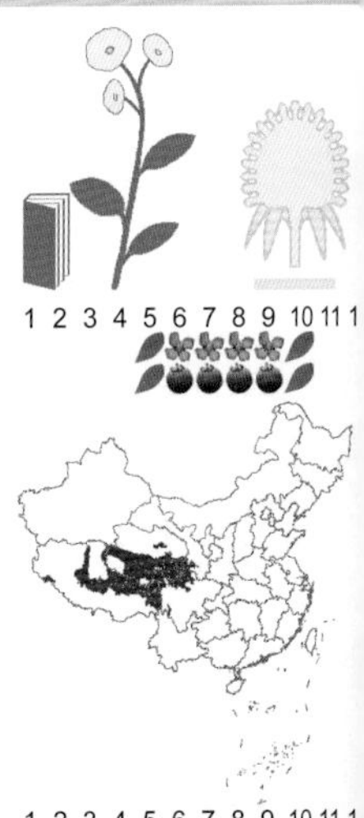

多年生草本；茎单生，直立①，被褐色有节长柔毛；丛生叶多达7枚，叶片长椭圆形至披针形，全缘或有骨质小齿；茎叶向上渐小，狭椭圆形，基部具鞘②；头状花序辐射状，下垂；总苞宽至2厘米；舌状花黄色；管状花多数，褐黄色③。

产青南高原。生于海拔3000～4300米的沟谷高寒沼泽草甸、河滩草甸、溪流水边。

相似种：条叶垂头菊【*Cremanthodium lineare*，菊科 垂头菊属】叶片线形或线状披针形，全缘；茎生叶苞叶状；头状花序单生，下垂，总苞半球形④；舌状花黄色，长达3厘米，宽2～3毫米；管状花黄色；瘦果长圆形，长2～3毫米，光滑。产青南高原及门源、共和；生于高寒草甸、溪流水边、山地灌丛。

褐毛垂头菊叶长椭圆形至披针形，头状花序排成总状，被褐色毛；条叶垂头菊叶线形或线状披针形，头状花序单生，无毛。

1
2
3
4
1
3
2
4

天山千里光 菊科 千里光属

Senecio thianschanicus

Thianschan Mountain Groundsel | tiānshānqiānlǐguāng

多年生草本①；茎叶长圆形或线形，长2.5～4厘米，宽0.5～1厘米，缘具浅齿至羽状分裂；上部叶较小③；头状花序具舌状花；总苞钟状，长6～8毫米，宽3～6毫米；总苞片约13，上端黑色，流苏状，具缘毛；舌状花约10；舌片黄色，长5～6毫米，宽1.5～2毫米，具3细齿；管状花冠黄色②；瘦果圆柱形，长3～3.5毫米；冠毛白色或污白色，长约8毫米。

产青海全境。生于海拔2700～4500米沟谷草坡、河岸沟旁、溪流水边、阳坡山崖下。

天山千里光矮生草本，叶全缘、有浅齿或羽状浅裂；瘦果无毛。

高原千里光 异羽千里光 菊科 千里光属

Senecio diversipinnus

Pinnate Groundsel | gāoyuánqiānlǐguāng

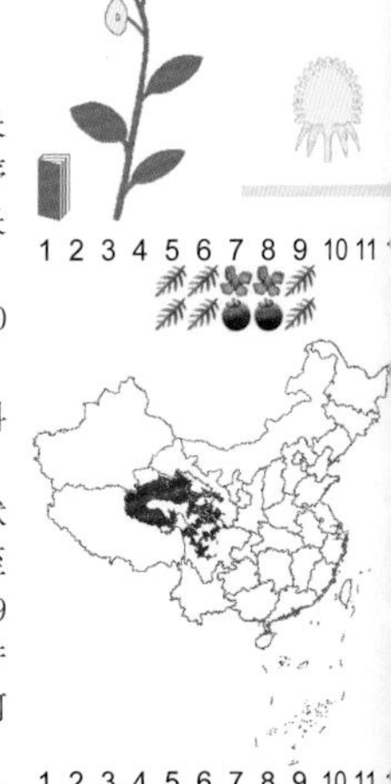

多年生草本；基生叶具柄，倒披针状匙形，长达30厘米，大头羽状分裂；上部茎叶渐小①；花序梗细，长5～15毫米；总苞狭钟状；舌状花舌片长6～8毫米，宽1～1.5毫米，顶端有3细齿②。

产祁连山地、青南高原。生于海拔1900～4000米的沟谷河滩草甸、林缘灌丛草甸。

相似种：额河千里光【*Senecio argunensis*，菊科千里光属】叶长4～8厘米，宽至5厘米，羽状深裂，裂片线形或长圆形，3～6对，全缘或有齿③；头状花序；花序梗细长；总苞宽钟形，长约5毫米，宽至10毫米；总苞片边缘白色膜质；舌状花舌片长7～9毫米；管状花黄色④，具5个小裂片；瘦果无毛。产祁连山地；生于海拔2230～2600米的田林路边、河岸、河滩草甸。

高原千里光叶大头羽状全裂，顶裂片尾状渐尖，总苞宽3毫米，瘦果有毛；额河千里光叶近整齐羽状全裂，裂片线形，总苞宽至10毫米，瘦果无毛。

1
3
2
1
2
3
4

橙舌狗舌草　菊科 狗舌草属

Tephroseris rufa

Red-ligulate Tephroseris | chéngshégǒushécǎo

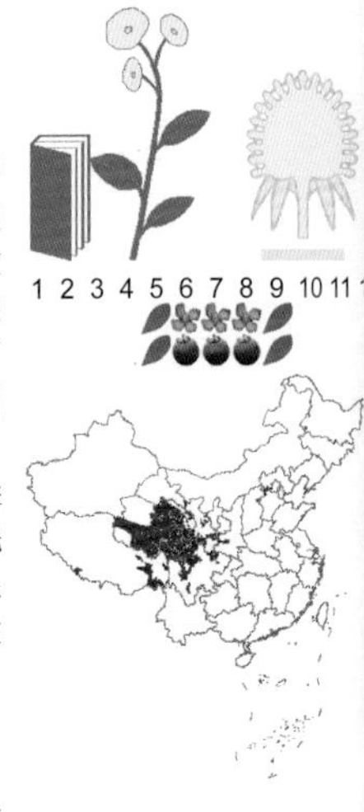

多年生草本；根状茎缩短，直立或斜升，具多数纤维状根；茎单生，直立，不分枝，下部绿色或紫色，被白色棉状茸毛，或常多少脱毛；基生叶数个，莲座状，具短柄，顶端钝至圆形，基部楔状狭成叶柄，全缘或具疏小尖齿，具羽状脉，纸质；下部茎叶长圆形或长圆状匙形；中部茎叶无柄，长圆形或长圆状披针形，先端钝，基部扩大且半抱茎，向上部渐小，上部茎叶线状披针形至线形，急尖①；头状花序辐射状，或稀盘状②；总苞钟状，先端渐尖，草质，外面被密至疏蛛丝状毛及褐色柔毛至变无毛；花药长2.5毫米，基部钝③；瘦果圆柱形，长3毫米，无毛或被柔毛。

产兴海、治多、曲麻莱、称多、玛多、玛沁。生于沟谷河滩、山地阴坡灌丛、山坡草甸。

橙舌狗舌草叶两面被蛛丝状毛或脱毛；总苞片褐紫色，被蛛丝状毛；花舌片橙黄色或橙红色，管状花橙黄色至橙红色。

褐毛橐吾　菊科 橐吾属

Ligularia purdomii

Purdom's Goldenray | hèmáotuówú

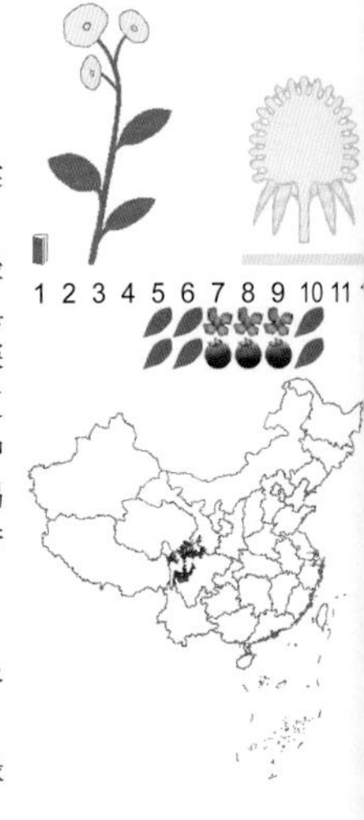

多年生草本；茎直立，全株被褐色有节短柔毛；丛生叶及茎基部叶具柄长达50厘米，紫红色，基部具长而窄的鞘，叶片肾形或圆肾形，直径14～50厘米，盾状着生，先端圆形或凹缺，边缘具整齐的浅齿，叶脉掌状①；茎中部叶较小，先端深凹，具极度膨大的叶鞘；最上部叶仅有鞘；大型复伞房状聚伞花序具3～7个下垂的头状花序；总苞钟状陀螺形长8～13毫米，宽6～10毫米；总苞片黑褐色；小花多数，黄色，全部管状，长7～9毫米，管部长约3毫米，檐部宽约2毫米，冠毛长3～4毫米；瘦果圆柱形，长达7毫米，光滑。

产久治、班玛。生于海拔3650～4100米的沟谷河边草甸、河滩沼泽浅水处。

褐毛橐吾全株被褐色短毛；叶肾形，大，叶缘有骨质小齿；花序无舌状花。

1
2
3
1

黄帚橐吾　菊科 橐吾属

Ligularia virgaurea

Goldenrod Goldenray | huángzhǒutuówú

多年生草本；茎直立，高15～60厘米；叶片卵形，椭圆形或长圆状披针形，长3～15厘米，宽1.3～11厘米，全缘至有齿，基部下延成翅柄，无毛；茎生叶小，无柄，常筒状抱茎①；总状花序长4.5～22厘米，密集；苞片线状披针形至线形，长达6厘米，向上渐短①；头状花序辐射状，常多数；总苞陀螺形或杯状，长7～10毫米，宽6～9毫米，先端钝至渐尖而呈尾状；舌状花5～14，黄色，舌片线形，长8～22毫米，宽1.5～2.5毫米；管状花长7～8毫米②，冠毛白色，与花冠等长；瘦果长约5毫米，光滑。

产青南高原、祁连山地。生于海拔2600～4400米的河滩草地、高寒草甸、阴坡高寒灌丛。

黄帚橐吾叶椭圆形，无毛，全缘或有齿，常筒状抱茎。

箭叶橐吾　菊科 橐吾属

Ligularia sagitta

Arrowleaf Goldenray | jiànyètuówú

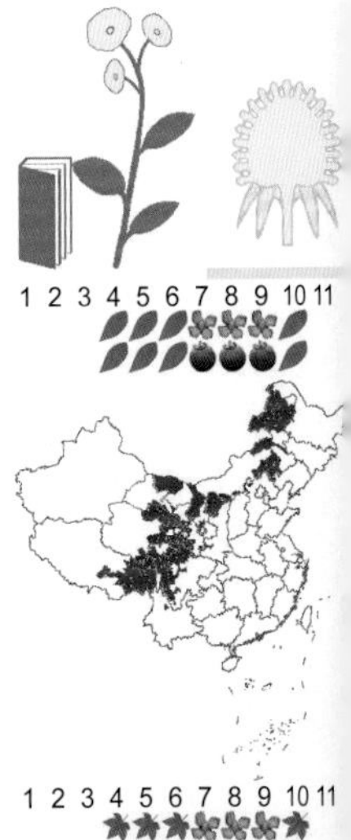

多年生草本；叶具柄和狭翅，被白色蛛丝状毛，基部鞘状，叶片箭形、戟形或长圆状箭形，边缘具小齿；茎叶渐小，鞘状抱茎①；总状花序长6.5～30厘米；苞片先端尾状渐尖；头状花序多数，辐射状②；总苞钟形，长7～10毫米，宽4～8毫米。舌状花5～9，黄色；管状花长7～8毫米①。

产祁连山地及囊谦、玛沁、德令哈。生于沟谷水边、河滩草甸、山坡林缘灌丛。

相似种：掌叶橐吾【*Ligularia przewalskii*，菊科 橐吾属】丛生叶片轮廓卵形，掌状4～7裂，裂片3～7深裂，中裂片二回3裂，小裂片边缘具条裂齿；茎中上部叶少而小，常有膨大的鞘④；总状花序长达48厘米；头状花序多数；舌状花黄色，先端钝③。产祁连山地、青南高原；生于河滩草地、山麓草甸、沟谷林缘灌丛。

箭叶橐吾叶不分裂；掌叶橐吾叶掌状分裂。

1
2
1
2
3
4

三角叶蟹甲草 菊科 蟹甲草属

Parasenecio deltophyllus

Deltoidleaf Cacalia | sānjiǎoyèxièjiǎcǎo

多年生草本，高25～60厘米；叶具柄，三角形，长4～10厘米，宽5～7厘米，基部截形或楔形，边缘具不规则的浅波状齿，齿具小尖头；上部叶渐小①；头状花序3～17个，下垂，排列成伞房状花序；花序梗长10～30毫米，被疏卷毛和腺毛，具3～8线形小苞片；总苞钟状，长6～8毫米，宽5～10毫米；小花管状，黄色或黄褐色，长5～7毫米；花药伸出花冠，基部长尾状；瘦果圆柱形，长3～4毫米，无毛，具肋；冠毛白色，长6～7毫米②。

产祁连山地及玛沁、泽库。生于海拔2400～3850米的沟谷林下、阴坡高寒灌丛草甸。

三角叶蟹甲草叶三角形，不裂，无毛；总苞钟形，总苞片10枚；小花多数。

弯茎还阳参 菊科 还阳参属

Crepis flexuosa

Flexuose Hawksbeard | wānjīnghuányángshēn

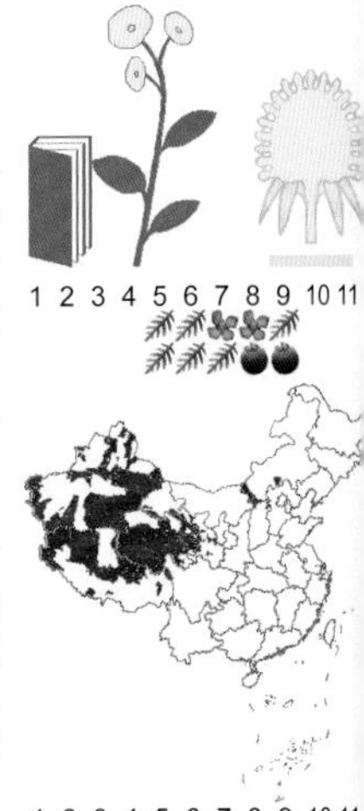

多年生草本；茎丛生，呈帚状，自基部二歧分枝，节部曲折，分枝铺散或斜升；叶无毛，向上渐小，倒披针形或倒卵形，羽状浅裂至深裂，叶缘常具尖齿①；头状花序多数；总苞片黑绿色；花黄色，干时略带紫红色，顶端5齿②；瘦果纺锤形。

产青海全境。生于海拔1900～5000米的山坡草地、河湖边沙砾地、高寒草甸裸地、田边沙地。

相似种：窄叶小苦荬【*Ixeridium gramineum*，菊科 小苦荬属】基生叶呈莲座状，线形至线状披针形，先端尖，全缘或有疏齿至羽状分裂③；头状花序多数；总苞片边缘白色膜质带紫红色；花黄色或白色，外部有时淡紫色，舌片长约7毫米④；瘦果红棕色，具小刺毛。产祁连山地、青南高原；生于沟谷高寒草甸裸地、山坡沙砾质草地。

弯茎还阳参叶羽状浅裂至深裂，果纺锤形，无喙；窄叶小苦荬叶全缘或有疏齿至不规则羽裂，果稍扁，肋上有小刺毛，有喙。

1
2
1
3
2
4

苣荬菜　菊科 苦苣菜属

Sonchus wightianus

Field Sowthisle | qǔmaicài

多年生草本①；基生叶及下部茎生叶披针形或长椭圆状披针形，边缘有锯齿至羽状深裂，并具齿或小尖头，叶基渐狭成柄或耳状抱茎；中上部茎生叶渐小③；头状花序排列成伞房状；总苞钟状，长12～20毫米，直径10～15毫米；总苞片常带暗紫红色；花黄色，花冠长约18毫米，舌片长7毫米②；瘦果椭圆形或纺锤形。

产青海全境。生于田边、水沟旁、草甸。

相似种：苦苣菜【*Sonchus oleraceus*，菊科 苦苣菜属】叶缘有锯齿，叶柄具翅；基生叶或下部茎生叶羽状深裂或大头羽裂；中上部叶渐小，耳状抱茎，耳缘具尖齿；头状花序数个；总苞宽钟状，花黄色，花冠长约16毫米④。产祁连山地、青南高原；生于荒地、田林路边。

苣荬菜为多年生草本，叶不分裂；苦苣菜为一或二年生草本，叶羽状分裂。

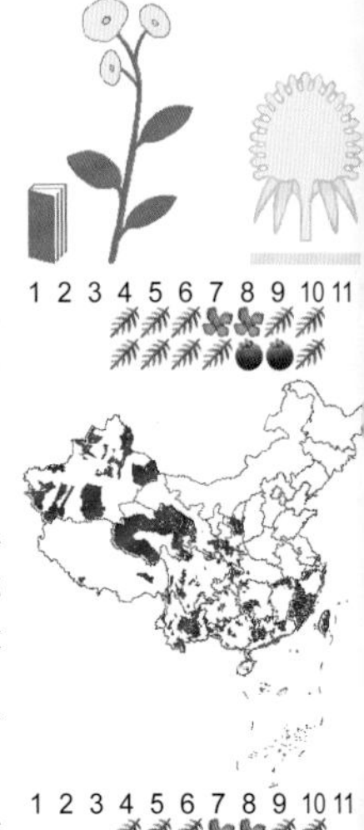

糖芥绢毛苣　空桶参　菊科 绢毛苣属

Soroseris erysimoides

Wallflower-like Soroseris | tángjièjuànmáojù

多年生草本；圆柱形茎粗壮，中空，不分枝；叶多数，沿茎螺旋状排列；茎中下部叶线形、倒披针形至线状长圆形，长4～9厘米，宽2～10毫米，全缘，基部下延成长柄；茎上部叶渐小，线形①；头状花序单生，多花密集茎端成半球形；总苞狭圆柱状，长7～12毫米，宽约2毫米；花黄色，4枚，舌片长约6毫米，宽至2毫米②；瘦果长圆形，长5～6毫米，棕色，具5条细纵肋；冠毛长6～8毫米，鼠灰色或淡黄色②。

产青南高原、祁连山地及都兰、格尔木。生于海拔3300～5400米的沟谷山地高寒灌丛、高寒草甸砾地。

糖芥绢毛苣茎中空；叶全缘；顶生头状花序单生，多花密集茎端成半球形，花黄色，舌片4枚。

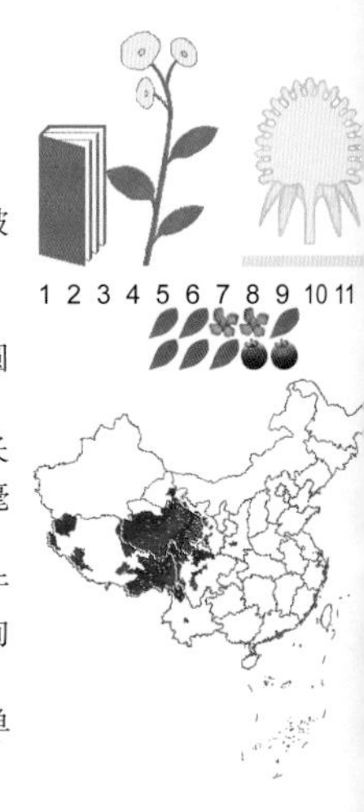

1
2
3
4
1
2

蒲公英 菊科 蒲公英属

Taraxacum mongolicum

Mongolian Dandelion | púgōngyīng

多年生草本；叶倒披针形或长圆状倒披针形，大头羽状深裂至浅裂，有时近全缘，裂片间有小齿①；花莛数个或单生；总苞直径1.5～2厘米，总苞片先端有角状突起，边缘狭膜质；舌状花黄色②；瘦果上半部具小刺，下部具鳞片状突起③。

产青海全境。生于水边、田边荒地、河滩草甸。

相似种：川藏蒲公英【*Taraxacum maurocarpum*，菊科　蒲公英属】高8～15厘米；叶倒向羽状深裂，裂片下倾，排列整齐④；花莛数个，总苞直径约1.5厘米，总苞片先端具角状突起，具膜质边缘；瘦果灰色或灰绿色，最上部具小刺，中下部具小瘤。产祁连山地、青南高原；生于海拔2500～4100米山坡草地、河滩水边、田林路边。

蒲公英叶大头羽裂，侧裂片三角形或齿状，果下半部具鳞片状突起；川藏蒲公英叶倒羽状深裂，裂片整齐，狭披针形，果中下部具小瘤。

帚状鸦葱 菊科 鸦葱属

Scorzonera pseudodivaricata

Mongolian Serpentroot | zhǒuzhuàngyācōng

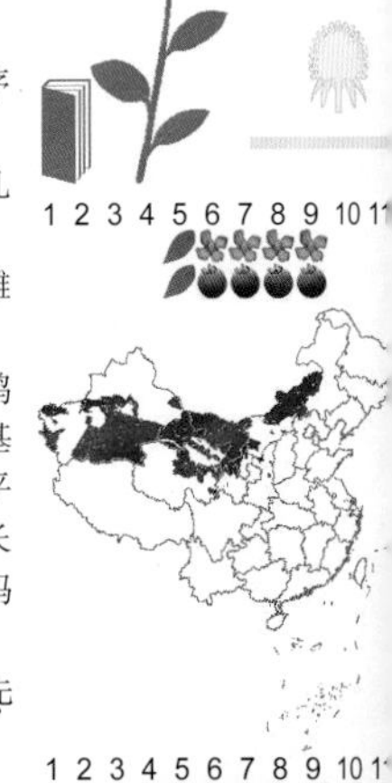

茎丛生成帚状；叶倒披针状条形①；头状花序多数，单生茎枝顶端；总苞圆柱状，总苞片5层，先端常带紫红色，具膜质边缘；花黄色，花冠筒几与舌片等长；雄蕊伸出②；冠毛白色。

产格尔木、都兰。生于戈壁荒漠沙地、盐碱滩地。

相似种：鸦葱【*Scorzonera austriaca*，菊科　鸦葱属】茎单生或丛生，直立，不分枝，无毛；基生叶线状披针形至披针形，先端尾状渐尖，边缘平展或皱波状；头状花序单生茎端；总苞筒状，长2.5～3.5厘米，直径达1.5厘米③。产祁连山地及玛沁；生于干山坡、田边。

帚状鸦葱茎分枝，叶条形，宽至1.5毫米，先端急尖；鸦葱茎不分枝，叶披针形，宽达1厘米，先端尾状渐尖。

1
3
2
4
1
3
2

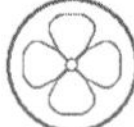

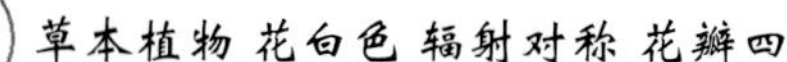

宽叶独行菜 十字花科 独行菜属

Lepidium latifolium

Broadleaf Pepperweed | kuānyèdúxíngcài

多年生草本②；叶革质，基生叶及下部茎生叶长圆形或卵形，长3～6厘米，宽3～5厘米，全缘或有齿，两面有柔毛；茎上部叶披针形或长椭圆形①；总状花序分枝成圆锥状；花瓣白色，长约2毫米③；短角果宽卵形或近圆形，长约1.5～3毫米④。

产祁连山地、柴达木盆地。生于海拔1700～3100米的田埂路边、河沟水渠边、荒漠绿洲、宅旁。

宽叶独行菜茎生叶非羽状分裂，茎生叶不抱茎。

双果荠 十字花科 双果荠属

Megadenia pygmaea

Dwarf Megadenia | shuāngguǒjì

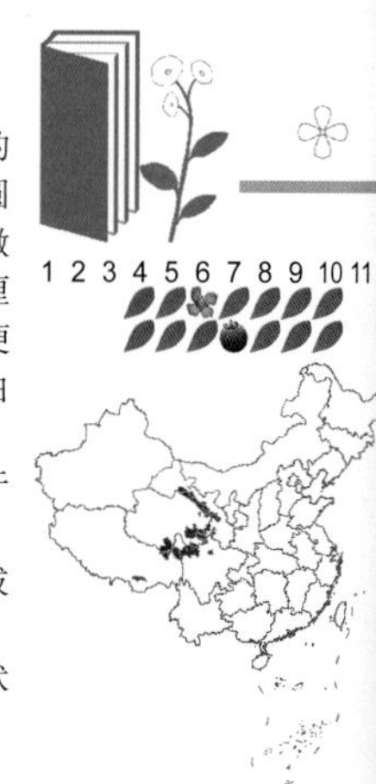

一年生草本；无毛；无茎，稀具长1～2厘米的短茎；叶基生，或在短茎上密集互生；叶片心状圆形，长5～30毫米，宽5～35毫米，先端圆钝或微凹，边缘波状浅圆齿，基部心形；叶柄长1～13厘米；花单生叶腋或成腋生小花的总状花序；花梗在果期常外折；萼片宽卵形，长约1毫米，边缘白色；花瓣倒卵形，长约1.5毫米；短角果横肾形，长约2毫米，宽约5毫米，先端深凹，宿存花柱位于凹陷中；种子球形，褐色，径约1毫米①。

产祁连山地及玉树、囊谦。生于海拔2000～4000米的疏林灌丛、石崖下阴湿处。

双果荠叶莲座状基生，心状圆形，边缘具波状浅圆齿；短角果双卵形，具两个突起的卵状果瓣。

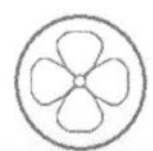

1
2
3
4
1

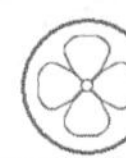

菥蓂 遏蓝菜 十字花科 菥蓂属

Thlaspi arvense

Boor's Mustard | xīmì

一年生草本，高18～40厘米②；基生叶长圆状倒卵形、倒披针形或披针形，长4～5厘米，宽1～1.5厘米，基部箭形，抱茎，全缘或有疏齿①；总状花序顶生；萼片具宽膜质边缘；花瓣长2～2.5毫米③；短角果近圆形，长约1.5厘米，宽约1.4厘米，扁压，周围具翅③；种子倒卵形。

产青海全境。生于田林路边、宅旁、沟边荒地。

相似种：光锥果葶苈【*Draba lanceolata* var. *leiocarpa*，十字花科 葶苈属】多年生草本；茎直立，多单一，茎上部无毛；基生叶莲座状，窄披针形；花序花时伞房状，萼片长圆形；花瓣白色，倒卵状楔形，长3～4毫米；短角果卵形或长卵形④；种子淡黄褐色，种脐端色较深，卵形。产互助、乐都、门源、刚察；生于河滩林缘灌丛、高山草原。

菥蓂短角果近圆形，扁压，周围具翅；光锥果葶苈短角果卵形或长卵形，无翅。

刺果猪殃殃 茜草科 拉拉藤属

Galium aparine* var. *echinospermum

Tender Catchweed Bedstraw | cìguǒzhūyāngyāng

一年生蔓生或攀缘草本，全株有倒刺毛①；茎具4棱；叶6～8枚轮生，线状倒披针形，长0.8～3厘米，宽1～3毫米，全缘②；聚伞花序腋生，1～3花；花小，黄绿色，裂片4，卵圆形，长0.5毫米，镊合状排列；果近球形或双球形，密被钩毛③。

产祁连山地、青南高原及德令哈。生于海拔2200～4300米的高寒草甸、沟谷疏林灌丛、田埂。

相似种：硬毛砧草【*Galium boreale* var. *ciliatum*，茜草科 拉拉藤属】茎四棱，直立；叶4枚轮生，披针形或卵状披针形，长1～2.7厘米，宽2～5毫米，背面中脉和边缘被短硬毛④；聚伞花序组成圆锥花序；花小，白色；花冠4裂，裂片近圆形⑤；果双球形，密被白色钩毛。产祁连山地、青南高原；生于疏林灌丛、河滩沙砾质草甸、田埂路边。

刺果猪殃殃为蔓生或攀缘草本，全株有倒刺毛，叶6～8枚轮生；硬毛砧草为多年生直立草本，叶4枚轮生。

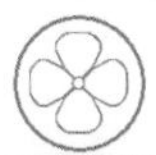

1
2
3
4
1
3
2
4
5

小花草玉梅 毛茛科 银莲花属

Anemone rivularis* var. *flore-minore

Smallflower Brooklet Anemone | xiǎohuācǎoyùméi

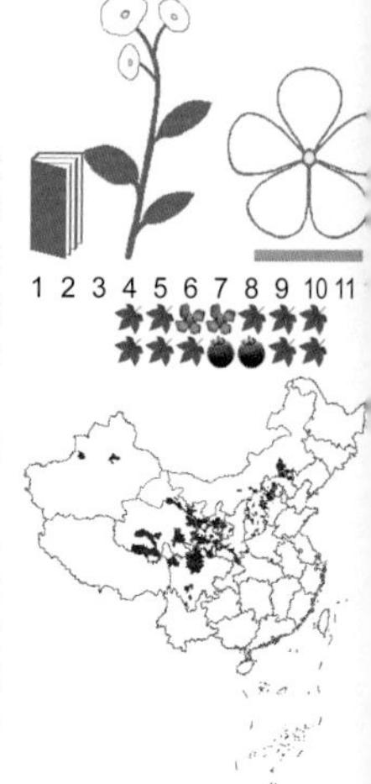

多年生草本；基生叶具长柄；叶片心形或心状五角形，3全裂，中裂片宽菱形，3深裂，侧裂片不等2裂①；花莛1～3，聚伞花序长10～30厘米，二至三回分歧；苞片3，3裂近基部，裂片披针形至线形；萼片花瓣状，白色，外面带紫色，长5～9毫米②；瘦果柱状披针形，长5～6毫米③。

产祁连山地、青南高原。生于河滩草甸、河沟水渠边、山麓湿草地、沟谷疏林、林缘灌丛。

相似种：草玉梅【*Anemone rivularis*，毛茛科银莲花属】苞片3，具柄，近等大，宽菱形，3裂近基部，一回裂片3深裂，小裂片边缘具锐齿；花较大；萼片花瓣状，倒卵形或椭圆状倒卵形④。产祁连山地、青南高原；生于沟谷河滩疏林下、渠岸沟沿。

小花草玉梅花小，苞片的裂片不分裂；草玉梅花大，苞片的裂片3深裂。

疏齿银莲花 毛茛科 银莲花属

Anemone obtusiloba* subsp. *ovalifolia

Ovalleaf Anemone | shūchǐyínliánhuā

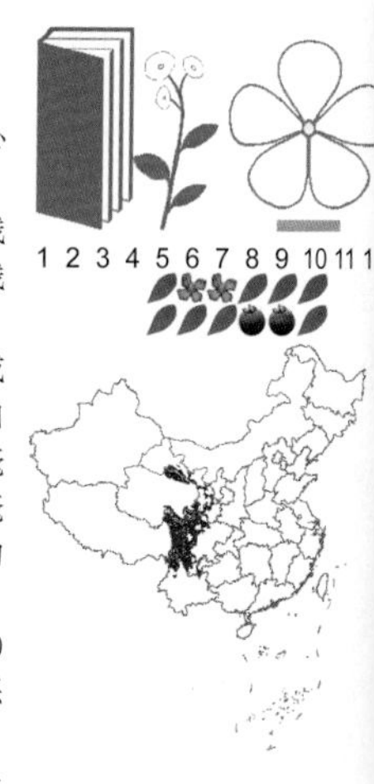

多年生草本；叶基生，3～8枚；叶片轮廓心形，长1.2～3厘米，宽1.6～4厘米，基部心形，3全裂，中裂片菱状倒卵形，3浅裂，中裂片再浅裂，裂齿圆钝或稍尖，侧裂片较小，卵形，3浅裂，裂齿圆钝，叶两面密被柔毛①；花莛通常2，有柔毛；苞片3，无柄，卵形，3深裂或3浅裂，或卵状长圆形，不分裂，全缘或有1～3齿；萼片白色或黄色，长圆状卵形，长7～10毫米，宽4～6毫米，背面密被柔毛，内面无毛②；雄蕊长约3毫米，花药椭圆形，花丝狭披针形或线形；心皮约8，子房密被柔毛③；瘦果倒卵形④。

产祁连山地、青南高原。生于海拔2200～4800米的河滩草甸、山坡林缘灌丛草甸、水边草甸砾地、高山流石坡。

疏齿银莲花叶基部心形、截形或圆形；苞片无柄，花瓣状萼片白色或黄色；瘦果倒卵形。

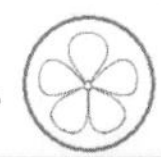

1
2
3
4
1
2
3
4

硬毛蓼 蓼科 蓼属

Polygonum hookeri

Hooker Knotweed | yìngmáoliǎo

多年生草本；茎直立或斜升，有时红褐色；基生叶长圆形、披针形或披针状匙形，长1.5～10厘米，宽1～3厘米，两面疏生长硬毛；茎生叶较小①；花序圆锥状顶生；花被深红色，5深裂，长2～3毫米，大小不等；瘦果宽卵形，长2～3毫米②。

产青南高原及尖扎。生于海拔3400～4600米的高寒草甸、高寒灌丛草甸。

相似种：西伯利亚蓼【*Polygonum sibiricum*，蓼科 蓼属】茎外倾或近直立，基部分枝密集或开展；叶片长圆形或披针形，基部通常戟形或楔形，全缘，无毛；圆锥花序顶生，花簇排列稀疏；花被5深裂，花被片长2～3毫米③。产青海全境；生于河岸草地、潮湿沙砾地、盐碱沼泽地。

硬毛蓼不分枝或少分枝，叶片基部呈楔形，瘦果黄褐色；西伯利亚蓼密集分枝，叶片基部略呈戟形，瘦果黑色。

华蓼 蓼科 蓼属

Polygonum cathayanum

Chinese Knotweed | huáliǎo

多年生高大草本，高50～120厘米；茎直立，中空，上部分枝具纵棱，分枝开展，无毛；叶卵状披针形或椭圆状披针形，长5～13厘米，宽2～2.3厘米，边缘具短缘毛，被疏柔毛；托叶鞘褐色，膜质，偏斜，易破裂，长2～3厘米，具数条紫褐脉①；花序圆锥状，大型顶生，长10～18厘米；分枝开展；苞片卵状披针形，膜质，褐色，长2～2.5毫米；花被白色或乳黄色，5深裂，花被片长圆形或倒卵形，不等长②，长2.5～3.2毫米；雄蕊8，较花被短，花药黄色；花柱3，长约0.5毫米，柱头头状；瘦果卵形，红褐色，具3棱，长3～3.5毫米，有光泽。

产青南高原。生于海拔3200～3900米的山坡林缘、灌丛草地、渠岸河边、阳坡林下。

华蓼植株高大，叉状多分枝，节部膨大；大型圆锥花序开展，花被白色或乳黄色。

1
2
3
1
2

冰川蓼 蓼科 蓼属

Polygonum glaciale

Glacial Knotweed | bīngchuānliǎo

一年生矮小草本③；茎铺散而具鳞片状斑点，无毛；叶卵形或长卵形，长0.5～2厘米，宽3～13毫米，基部近截形或宽楔形，渐狭成柄，全缘或微波状，有时具1对耳状裂片，两面无毛，具小腺点；叶柄上部通常具狭翅；托叶鞘膜质①；头状花序较小，直径约5毫米，通常被稀疏腺毛；苞片卵形或椭圆形，背部绿色或红色，内含1～2花；花梗顶端具关节；花被淡绿色或稍带粉红色，5深裂，花被片长圆形或卵形；雄蕊5～8，较花被短，花药紫红色或蓝色；花柱3，中部稍下合生；瘦果卵形，具3棱，黑色或黑褐色，长约1毫米，密生小点，无光泽，包于宿存花被内②。

产青南高原及门源。生于海拔3000～4200米的林缘草甸、沟谷高寒灌丛、河滩高寒草甸裸地。

冰川蓼茎铺散而具鳞片状斑点；叶卵形，具鳞片状小腺点，叶柄上部通常具狭翅。

东方草莓 蔷薇科 草莓属

Fragaria orientalis

Oriental Strawberry | dōngfāngcǎoméi

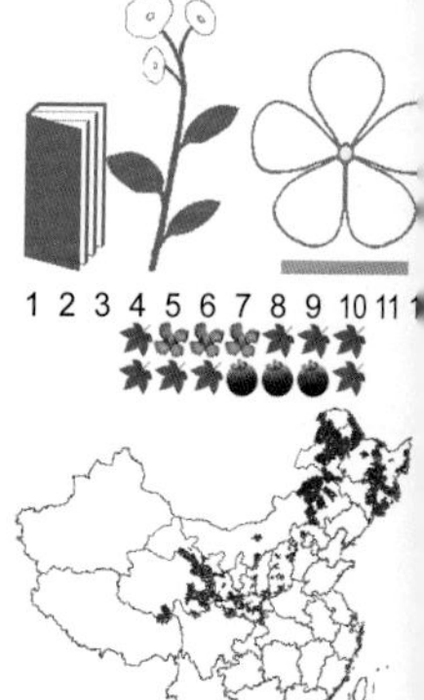

多年生草本，高5～30厘米；茎被开展柔毛，上部较密；三出复叶，小叶几无柄，倒卵形或菱状卵形，长1～5厘米，宽0.8～3.5厘米，边缘有缺刻状锯齿；花序聚伞状，有花2～5朵，花梗长0.5～1.5厘米，被开展柔毛；花径1～1.5厘米；萼片卵圆披针形，先端尾尖，副萼片线状披针形，偶有2裂；花瓣白色，几圆形，基部具短爪；雄蕊18～22，近等长；雌蕊多数①；聚合果半圆形，成熟后紫红色，宿存萼片开展或微反折；瘦果卵形，宽0.5毫米②。

产祁连山地、青南高原。生于海拔2200～4100米的山地灌丛草甸、河滩草地、疏林下。

东方草莓叶基生，小叶3；花白色，萼片在果期平展或稍反折，花托在成熟时膨大成肉质，红色。

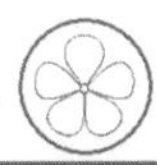

1
2
3
1
2

苍白卷耳　山卷耳　石竹科 卷耳属

Cerastium pusillum

Small Mouse-ear Chickweed　|　cāngbáijuǎn'ěr

多年生草本，高7～13厘米；茎丛生，斜升，下部近无毛，上部毛较密，混生腺毛；叶片狭长圆形或卵状长圆形，长5～15毫米，宽2.5～5毫米①；聚伞花序具2～5花；花梗细密被腺柔毛；花瓣5，白色，倒卵状长圆形，长约8毫米，宽约3毫米，顶端2浅裂至1/4处；蒴果长圆形，长于宿萼②。

产祁连山地及兴海。生于海拔2380～4500米的高山草甸、沙砾河滩、阳坡草地。

相似种：繁缕【*Stellaria media*，石竹科 繁缕属】高10～30厘米；叶片宽卵形或卵形，长1～2.5厘米，宽7～13毫米，基部近心形，全缘③；疏聚伞花序顶生；花瓣白色，比萼片短，深2裂达基部④；蒴果卵形，稍长于宿存萼。产祁连山地及囊谦；生于河岸沟边沙地、沟谷林缘灌丛草甸、田边荒地。

苍白卷耳叶狭长圆形或卵状长圆形，花柱5；繁缕叶宽卵形或卵形，花柱3。

细蝇子草　石竹科 蝇子草属

Silene gracilicaulis

Slender Silene　|　xìyíngzicǎo

多年生草本，20～40厘米；茎丛生，无毛①；基生叶丛生，叶片线状倒披针形，长6～14厘米，宽2～3毫米；茎生叶线状披针形，基部合生，抱茎；花序总状，具多花③；苞片卵状披针形，基部合生，先端渐尖，边缘宽膜质，具缘毛；花萼狭钟形，长10～12毫米，无毛②；花瓣5，白色或淡黄色，长16～20毫米，瓣片下面紫色或紫褐色，2深裂至中部，裂片线状长圆形，鳞片椭圆形④；蒴果长圆状卵形，长6～8毫米。

产青海全境。生于海拔2400～4300米的高山流石坡、岩石缝隙、沙砾河滩。

细蝇子草花瓣5，白色或淡黄色，瓣片下面紫色或紫褐色，2深裂至中部。

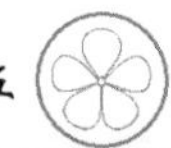

1
3
2
4
1
3
2
4

零余虎耳草 虎耳草科 虎耳草属

Saxifraga cernua

Nodding Saxifrage | língyúhǔěrcǎo

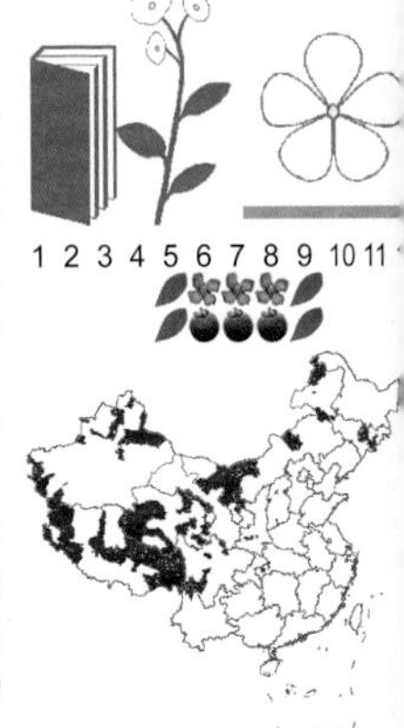

多年生草本，被腺柔毛；叶腋部具珠芽，有时还发出鞭匐枝；鞭匐枝疏生腺柔毛；基生叶和茎生叶，叶片肾形，5～9浅裂②；单花生于茎顶或枝端，或聚伞花序具2～5花①；苞腋具珠芽；花瓣白色或淡黄色，长4.5～10.5毫米，宽2.1～4.1毫米③。

产祁连山地、青南高原。生于海拔3600～4700米的高山流石坡、沟谷阴湿石缝、高寒灌丛草甸。

相似种：黑虎耳草【*Saxifraga atrata*，虎耳草科 虎耳草属】叶基生；叶片卵形至阔卵形，边缘具圆齿状锯齿④；聚伞花序圆锥状或总状；花瓣白色，基部狭缩成长0.8～1毫米之爪；雄蕊长3～5.9毫米，花药黑紫色；心皮2，黑紫色⑤。产祁连山地及玛多；生于阴坡高山草甸、高寒灌丛草甸、沟谷石隙。

零余虎耳草有基生叶和茎生叶，叶片肾形，缘浅裂，有珠芽；黑虎耳草叶均基生，非肾形，缘有齿，无珠芽。

细叉梅花草 卫矛科/虎耳草科 梅花草属

Parnassia oreophila

Mountain-loving Parnassia | xìchāméihuācǎo

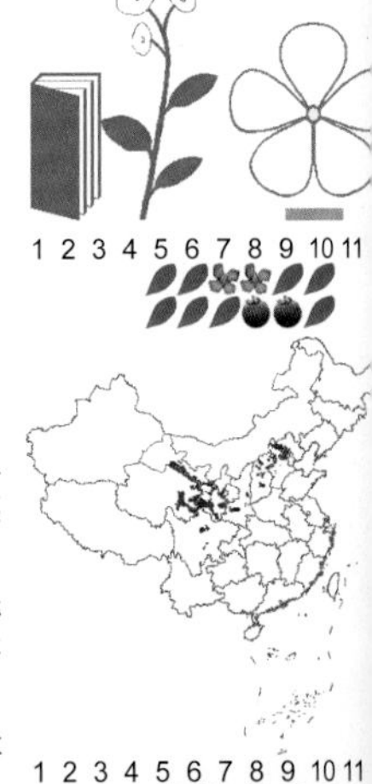

多年生小草本；基生叶，基部常截形或微心形，茎生叶卵状长圆形①；花单生于茎顶，径2～3厘米；花瓣白色，宽匙形或倒卵长圆形，长1～1.5厘米，宽6～8毫米，有5条紫褐色脉；雄蕊5，长约6.5毫米；花柱短，柱头3裂②；蒴果长卵球形。

产祁连山地、青南高原东部和北部。生于高寒灌丛草甸、砾石山坡草甸、阴坡岩缝。

相似种：三脉梅花草【*Parnassia trinervis*，卫矛科/虎耳草科 梅花草属】多年生草本；根状茎块状、圆锥状或呈规则形状；叶柄长8～15毫米，扁平③；花单生于茎顶，花瓣白色，倒披针形，先端圆，边全缘，有明显3条脉④；蒴果3裂；种子多数，褐色，有光泽。产门源、祁连、共和、兴海、德令哈；生于灌丛、高山草甸、沟谷河滩、山坡林缘。

细叉梅花草退化雄蕊先端3深裂达2/3，裂片指状；三脉梅花草退化雄蕊先端1/3浅裂，裂片短棒状。

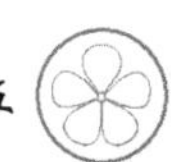

1
2
4
3
5
1
2
3
4

多裂骆驼蓬 白刺科/蒺藜科 骆驼蓬属

Peganum multisectum

Manylobe Peganum | duōlièluòtuopéng

多年生草本，幼时被毛；根粗壮，直伸；茎平卧或斜升，长20～40厘米，由基部多分枝；叶互生，卵圆形，二至三回深裂，基部裂片与叶轴近垂直，裂片条形或条状披针形，长4～15毫米，宽0.7～2毫米③，花与叶对生；萼片5数，3～5深裂；花瓣黄色或黄白色，倒卵状长圆形，长10～17毫米，宽5～6毫米；雄蕊15，长8～9毫米，花丝近基部扩展①；蒴果近球形，顶部压扁，直径约5毫米②；种子多数，稍成三角形，长2～3毫米，黑褐色，被小瘤状突起。

产祁连山地及兴海。生于海拔1700～3900米的干山坡草地、河滩沙砾地、荒漠草原。

多裂骆驼蓬为铺散草本；单叶细裂，互生；花与叶对生，花瓣黄色或黄白色；蒴果球形，红褐色，3室，3瓣裂。

长茎藁本 伞形科 藁本属

Ligusticum thomsonii

Thomson's Licorice-root | chángjīnggǎoběn

多年生草本；茎自基部丛生①；基生叶具柄，叶片轮廓狭长圆形，羽状全裂，边缘具不规则锯齿至深裂；茎生叶1～3，向上渐小②；复伞形花序，总苞片4～8，线形，边缘膜质；花瓣白色或淡红色，长约1毫米；花柱2，向下反曲③；分生果长圆状卵形，长4毫米，宽2.5毫米，主棱明显突起，侧棱较宽④。

产祁连山地、青南高原及德令哈。生于海拔2200～4300米的林缘草甸、沟谷灌丛草甸、山崖石隙。

长茎藁本小叶裂片近卵形至椭圆形，具齿；总苞片4～8。

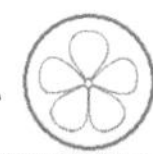

裂叶独活 伞形科 独活属

Heracleum millefolium

Manyleaf Cowparsnip | lièyèdúhuó

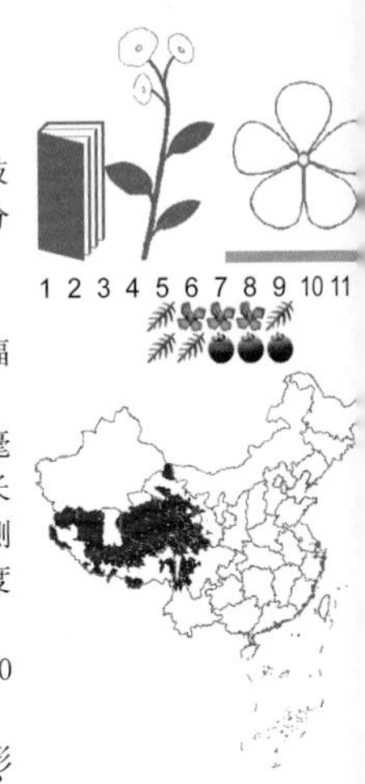

多年生草本，高5～30厘米；茎直立，分枝③；基生叶有柄；叶片轮廓披针形，二回羽状分裂，末回裂片狭卵形、线形至披针形，先端锐尖；茎生叶向上渐小①；复伞形花序；总苞片4～7，披针形至线形，长4～8毫米，宽1～2毫米；伞辐7～11，不等长；小总苞片7～9，披针形至线形，长2～4毫米；花瓣白色或粉红色，二型，长1～4毫米②；萼齿细小；果实阔椭圆形，背部极扁，长5～6毫米，宽约4毫米，有柔毛，果瓣具五棱，侧棱翅状；每棱槽内有油管1，合生面油管2，其长度为分生果长度的一半或略超过。

产青南高原、祁连山地。生于海拔2700～4800米的高寒草甸、林缘灌丛、沙砾沟谷草甸、岩隙。

裂叶独活基生叶为二回羽状分裂，小叶扇形至近圆形，末回裂片全缘；伞幅7～11，小总苞片7～9，先端锐尖，具单脉，花柱基黑褐色。

青藏棱子芹 伞形科 棱子芹属

Pleurospermum pulszkyi

Pulszky Pleurospermum | qīngzànglíngzǐqín

多年生草本，常带紫红色；茎直立，粗壮③；三出羽状复叶，叶柄基部扩展成鞘，叶片轮廓长圆形或卵形，末回裂片长圆形至披针形①；复伞形花序直径15～20厘米；总苞片5～8，边缘宽白色膜质，常带淡紫红色；花瓣白色带紫，先端稍内折，长1.5～2毫米；果阔椭圆形，长3～4毫米，果棱有狭翅②。

产青南高原、祁连山地。生于海拔3600～4900米的高寒灌丛和高寒草甸带的石隙中、砾石堆。

相似种：垫状棱子芹【*Pleurospermum hedinii*，伞形科 棱子芹属】叶近肉质，基生叶叶片轮廓狭长椭圆形，羽状分裂④；复伞形花序顶生；总苞片多数，叶状；伞辐多数，肉质；花多数；花瓣白色；花柱基压扁、黑色④；果棱宽翅状，微呈波状褶皱。产青南高原；生于高原河滩砾地、高寒草甸砾地。

青藏棱子芹粗壮直立草本，高8～36厘米；垫状棱子芹垫状伏地草本，高2～4厘米。

1
3
2
1
2
3
4

直立点地梅 报春花科 点地梅属

Androsace erecta

Erect Rockjasmine | zhílìdiǎndìméi

多年生草本；茎直立，被多细胞长柔毛；基生叶丛生，茎生叶互生，卵状长圆形、椭圆形，先端具软骨质尖头，全缘①；伞形花序；苞片卵状披针形，叶状，具软骨质边缘和骤尖头；花梗长5～30毫米；花萼钟状，分裂近中部；花冠白色或粉红色，冠筒等于或稍长于花萼②；蒴果长圆形，稍长于花萼。

产祁连山地、青南高原。生于海拔2600～4000米的沟谷山坡草地、草甸化草原、田边荒地。

相似种：唐古拉点地梅【*Androsace tanggulashanensis*，报春花科 点地梅属】叶近两型，分外层叶和内层叶；内层叶长圆形，狭披针形或条形，长2～6毫米③；花莛单一；苞片2枚；花冠白色，裂片倒卵形，边缘波状④。产青南高原及都兰；生于高原河漫滩、冰缘高寒草甸、草甸裸地。

直立点地梅植株直立，叶互生，伞形花序腋生；唐古拉点地梅呈垫状，叶呈莲座状，花单生。

银灰旋花 旋花科 旋花属

Convolvulus ammannii

Ammann's Glorybind | yínhuīxuánhuā

多年生草本，高2～10厘米；茎平卧或上升，枝和叶密被贴生银灰色绢毛；叶互生，线形或狭披针形，长1～2.5厘米，宽1～5毫米，先端锐尖，基部狭，无柄①；花单生枝端，具细花梗，长0.5～7厘米；萼片5，长3.5～7毫米，萼片分内外，渐尖，密被贴生银色毛；花冠白色，外面被5个淡紫色瓣中带，漏斗形，长7～12毫米，5浅裂②；雄蕊5，不等长，长为花冠之半，基部稍扩大；雌蕊无毛，较雄蕊稍长，子房上半部被白色短毛；花柱2裂，柱头2，线形；蒴果球形，2裂，长4～5毫米；种子2～3枚，卵圆形，光滑，具喙，淡褐红色。

产祁连山地、柴达木盆地及玛沁、兴海。生于荒漠草原、干山坡沙砾地、干旱河谷砾地。

银灰旋花为贴地生长的矮小草本，叶及萼片密被银灰色绢毛；花冠白色，外面被5个淡紫色瓣中带，漏斗形。

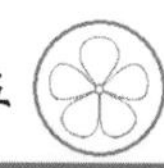

白花刺参 忍冬科/川续断科 刺参属

Morina alba

Whiteflower Morina | báihuācìshēn

多年生草本，高10～40厘米；茎直立；基生叶近丛生，较大，茎生叶对生，较小，全部叶为线状披针形或长椭圆形，先端急尖或渐尖，全缘，具疏离的针刺，基部下延成鞘状抱茎，两面无毛，叶脉平行①；轮伞花序多轮，密集顶端成假头状，有时下部一轮疏离，每轮有总苞片2；总苞片基部宽卵形，上半部尾状渐尖，外翻，短于花，边缘具疏刺；小总苞片筒状，先端近平截，被刺和短毛，表面光滑；花萼筒状，口部斜裂，上部3齿联合较长，下部2齿短，外部常紫色；花冠白色，长约2厘米，冠筒细，外弯，被细毛，先端5裂；裂片倒心形，顶端又2浅裂②。

产青南高原及乐都、互助。生于沟谷山地灌丛、高寒草甸砾地、高原砾石地杂类草草甸。

白花刺参叶缘具刺，茎生叶对生；萼口部斜裂，缘有细刺，花冠筒较长，外弯，被细毛，先端5裂。

蔓茎蝇子草 石竹科 蝇子草属

Silene repens

Creeping Catchfly | mànjīngyíngzicǎo

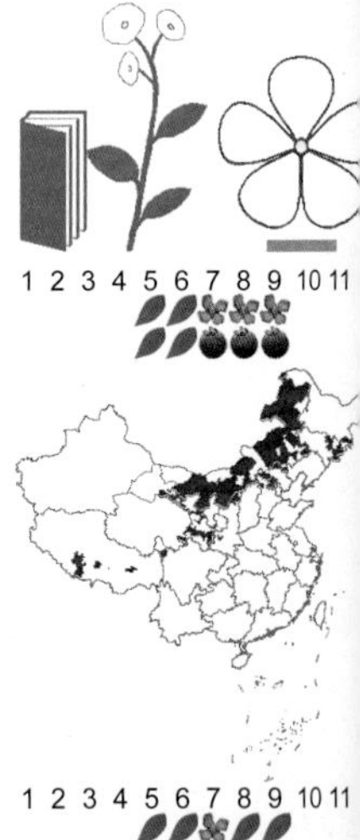

多年生草本；全株被短柔毛①；茎疏丛生或单生；叶片线状披针形、披针形、倒披针形或长圆状披针形②；总状圆锥花序，小聚伞花序常具1～3花；花梗长3～8毫米；花萼筒状棒形，常带紫色，被柔毛；花瓣白色，稀黄白色，瓣片平展，轮廓倒卵形，2裂或深达其中部；花柱微外露③；蒴果卵形。

产青海全境。生于高山冰缘、高山泥石流缝隙、山坡石缝、河滩草地。

相似种：瞿麦【*Dianthus superbus*，石竹科 石竹属】基生叶，线状披针形或线状倒披针形；茎生叶短鞘状抱茎；花1～2朵生于枝顶；苞片2～3对；花萼圆筒形；花瓣长4～5厘米，瓣片红色，宽倒卵形，喉部具毛状鳞片④。产祁连山地、青南高原；生于林缘灌丛、山坡石隙。

蔓茎蝇子草瓣片平展，轮廓倒卵形，2裂；瞿麦花瓣长4～5厘米，边缘裂成细条状。

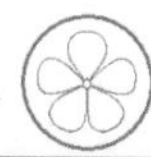

合瓣鹿药 天门冬科/百合科 鹿药属

Smilacina tubifera

Sympetalous False Solomonseal | hébànlùyào

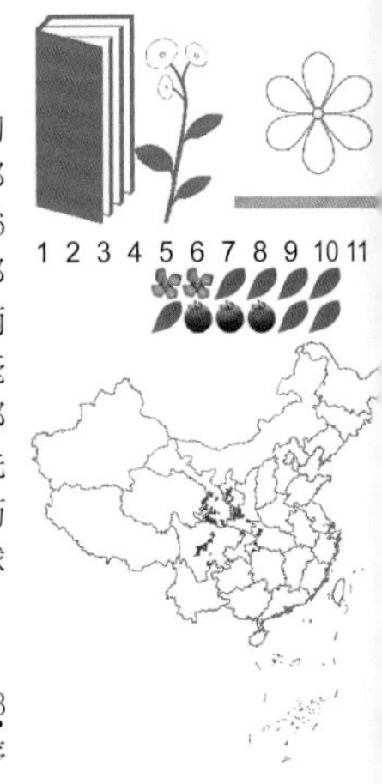

多年生草本；高10～15厘米；根茎细长，匍匐，直径约2毫米；茎直立，基部具膜质鞘，上部有短粗毛；叶2～3枚，卵形或卵状披针形，长4～6厘米，宽1.6～3.4厘米，先端急尖或渐尖，基部近心形或圆形，两面疏生短毛，叶脉明显；叶柄极短；总状花序具2～3花，被短毛；花梗长约2毫米；花白色，花被片平展，直径6～7毫米，仅基部合生成筒状；裂片长圆形或卵形，长2～3毫米，先端钝①；雄蕊花丝极短，长不逾0.5毫米，与花药等长；花柱短，子房紫褐色，两者近等长；浆果球形，成熟时红色，直径约7毫米。

产循化、民和。生于海拔2500米左右的林下。

合瓣鹿药茎直立，基部具膜质鞘；单叶2～3枚，卵形或卵状披针形，互生于茎上部；总状花序具2～3白色花。

草木樨状黄芪 豆科 黄芪属

Astragalus melilotoides

Sweetclover-like Milkvetch | cǎomùxizhuànghuángqí

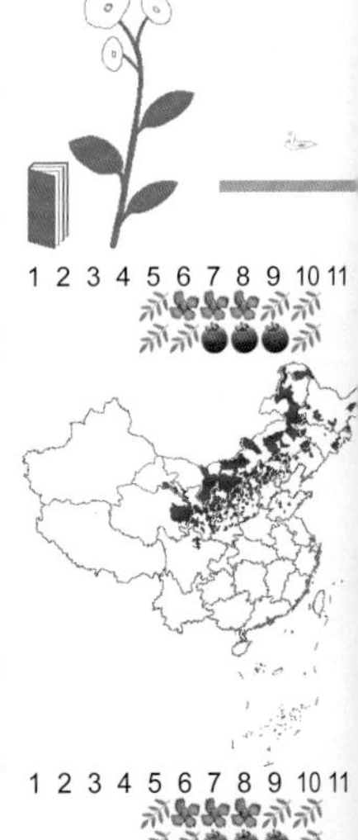

多年生草本；主根粗且长；茎直立，多分枝，被贴伏短柔毛或近无毛①；奇数羽状复叶；先端截形或微凹，基部楔形，腹面疏被、背面密被白色贴伏短柔毛；总状花序腋生③；花萼钟状，被贴伏黑色和白色微毛，萼齿三角形，长约0.5毫米；花冠白色略带粉红色②；子房无毛，无柄；荚果椭圆形或近圆形。

产西宁、大通、同仁、尖扎、兴海及海东。生于阳坡草地、沟谷、河难、田边及沟边。

相似种：白花草木樨【*Melilotus albus*，豆科 草木樨属】茎中空；叶边缘有锯齿；总状花序花小；花冠白色，长4～5毫米④；荚果卵球形，初时棕色，后变黑褐色，具网纹和细长喙。产祁连山地、青南高原东部；栽培和逸生于海拔1650～2800米地带。

草木樨状黄芪叶为羽状复叶；白花草木樨叶为三出复叶。

黄白花黄芪 豆科 黄芪属

Astragalus dependens* var. *flavescens

Yellow-flower Hanging-down Milkvetch | huángbáihuāhuángqí

多年生草本；茎基部多分枝；叶长3～6厘米，小叶线形或线状长圆形，长7～15毫米，宽2～4毫米①；花冠淡黄色或近白色；总花梗和苞片等常被黑色短柔毛②；子房无毛；荚果椭圆形，具长喙，含种子4～5枚；种子圆肾形，长约1毫米，褐色。

产都兰、兴海、共和、同德、西宁。生于山坡草地、河边沙地等处。

相似种：乳白花黄芪【*Astragalus galactites*，豆科 黄芪属】多年生草本；主根粗壮；茎短缩而分枝；奇数羽状复叶，矩圆形或椭圆形，先端钝或尖③；花萼筒状钟形，密被白色长柔毛；花冠白色或稍带紫色④；荚果卵形。产西宁、天峻、乐都、尖扎；生于干山坡、草滩、沙地。

黄白花黄芪茎直立，基部多分枝；乳白花黄芪茎极短缩呈垫状。

白苞筋骨草 唇形科 筋骨草属

Ajuga lupulina

Whitebracteole Bugle | báibāojīngǔcǎo

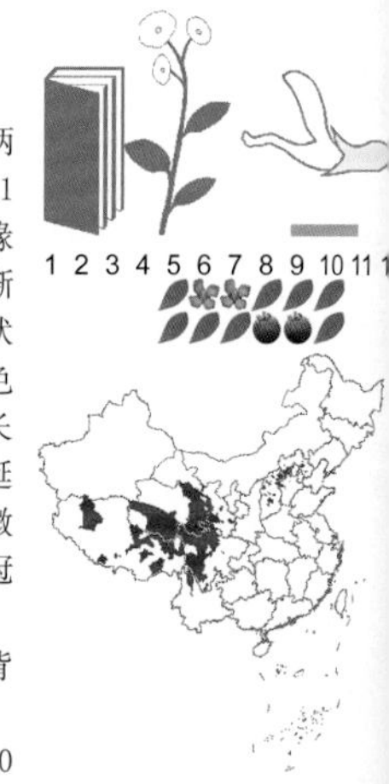

多年生草本；茎粗壮，直立，四棱形①；叶柄具狭翅，基部抱茎；叶片披针状长圆形，长5～11厘米，宽1.8～3厘米，边缘疏生波状圆齿或几全缘②；多数轮伞花序组成假穗状；苞叶大，向上渐小，先端渐尖，基部圆形，抱轴，全缘；花萼钟状或略呈漏斗状；花冠白、白绿或黄白色，具紫色斑纹，狭漏斗状，长1.8～2.5厘米，外面被疏长柔毛，冠檐二唇形，上唇小，直立，2裂，下唇延伸，3裂，中裂片狭扇形，长约6.5毫米，顶端微缺，侧裂片长圆形，长约3毫米；雄蕊4，着生于冠筒中部；雌蕊花柱伸出，先端2浅裂③；子房4裂，被长柔毛；小坚果倒卵状或倒卵长圆状三棱形，背部具网状皱纹。

产青南高原、祁连山地。生于海拔2900～4500米的高寒草甸，高寒灌丛草甸、河滩草甸。

白苞筋骨草的苞叶长于花，花白、白绿或黄白色，具紫色斑纹；子房4深裂。

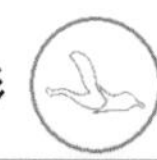

1
2
3
4
1
3
2

鼬瓣花　唇形科 鼬瓣花属

Galeopsis bifida

Bifid Hempnettle | yòubànhuā

一年生草本；茎直立，四棱形②；叶对生，叶片卵状披针形或披针形，边缘有锯齿①；轮伞花序花密集，小苞片先端刺尖，边缘有刚毛；花冠黄白色，长1～1.2厘米，冠筒漏斗状，二唇形，上唇卵圆形，先端具小齿；雄蕊4；花柱先端2裂；小坚果4，倒卵状三棱形，长约3毫米③。

产祁连山地、青南高原。生于海拔1800～3800米的山地林间空地、山麓砾石堆、河滩草地。

相似种：夏至草【*Lagopsis supina*，唇形科 夏至草属】叶为圆形或肾形，基部心形，3深裂；轮伞花序花疏；小苞片针刺状；花萼管状钟形，萼齿5；花冠白色，稀粉红色，全缘④。产祁连山地及玉树、玛沁；生于田埂路边、沟谷河岸边草地。

鼬瓣花花冠筒伸出萼外，叶片卵状披针形或披针形，边缘有锯齿；夏至草花冠筒藏于萼内，叶为圆形或肾形，基部心形，3深裂。

异叶青兰　唇形科 青兰属

Dracocephalum heterophyllum

Whiteflower Dragonhead | yìyèqīnglán

多年生草本，高15～30厘米；茎于基部多分枝，四棱形，有时微带紫红色①；叶片阔卵形或卵形，长1～3厘米，宽1～2.5厘米，叶基心形或平截，边缘具圆锯齿；轮伞花序生于茎上部叶腋，密集成穗状②，长约5～10厘米；花具短柄；苞片倒卵形，上部具齿，齿端具长达4毫米的细芒，边缘具睫毛；花萼为明显二唇，上部膨大，上唇3裂至1/3处，下唇2深裂近基部，上下唇萼齿具芒；花冠淡黄白色或白色，长20～30毫米，外被密集的白色柔毛，冠檐二唇形，上唇长约15毫米，直立，先端2裂；雄蕊4，短于花冠③。

产青海全境。生于海拔1650～4900米的林缘草地、河滩砾地、高寒草原、高寒草甸。

异叶青兰叶片阔卵形或卵形，基心形，边缘具圆锯齿；花萼二唇形，花冠淡黄白色或白色，密被白色柔毛。

1
2
3
4
1
3
2

血满草

五福花科/忍冬科 接骨木属

Sambucus adnata

Adnate Elder | xuèmǎncǎo

多年生草本；根红色；茎直立，具棱，多分枝①；奇数羽状复叶，具叶片状托叶；小叶3～5对，长椭圆形至披针形，长4～15厘米，宽1.5～2.5厘米，先端渐尖，边缘有锯齿，基部渐狭，上面被短柔毛，下面无毛；顶部一对小叶基部常有相连，有时也与顶生小叶相连；小叶的托叶退化成瓶状腺体②；大型圆锥状聚伞花序，具长总花序梗，含多数花，分枝被短毛，常杂有腺毛；花小，白色，有恶臭；花萼长约0.5毫米，被短毛；花冠辐状，长约1.5毫米，裂片近卵形；花丝基部膨大③；浆果红色，圆形，直径约2毫米④。

产祁连山地。生于海拔1800～2600米的河岸山坡草地、沟谷草甸、河滩疏林边。

血满草具大型羽状复叶；圆锥状聚伞花序，花小；果红色。

短穗兔耳草

车前科/玄参科 兔耳草属

Lagotis brachystachya

Shortspike Lagotis | duǎnsuìtùěrcǎo

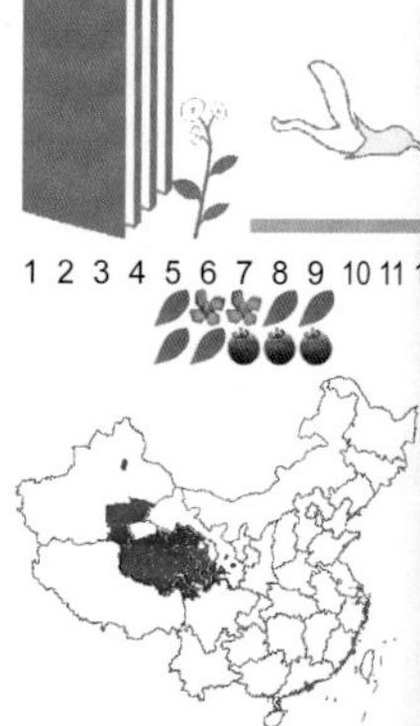

多年生草本；根状茎直立；从叶腋中抽出数条匍匐茎，常紫红色；叶基生，莲座状；叶片披针形或线状披针形，全缘①；穗状花序卵圆形或长卵形，花密集；花冠白色、粉红色或紫色，长5～8毫米；雄蕊短于花冠，花药蓝色，肾形；花柱伸出花冠外；果实红色②。

产青南高原、祁连山地。生于海拔2600～4600米的高寒草甸裸地、高原沙砾滩、河滩及湖边湿沙地。

相似种：全缘兔耳草【*Lagotis integra*，车前科/玄参科 兔耳草属】基生叶3～6枚，具扩大成鞘状的柄；叶片卵形或卵状披针形，边缘具齿或全缘③；穗状花序果期增长；花萼佛焰苞状，长约8毫米，具明显2条脉；花冠淡黄色或淡紫色④。产青南高原；生于高寒草甸裸地、高山流石坡。

短穗兔耳草植株具匍匐茎，花茎无叶，短于叶，叶全缘，花萼二裂；全缘兔耳草无匍匐茎，花茎有叶，长于叶，花萼佛焰苞状。

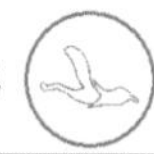

1
3
2
4
1
3
2
4

短腺小米草

列当科/玄参科 小米草属

Euphrasia regelii

Regel Eyebright | duǎnxiànxiǎomǐcǎo

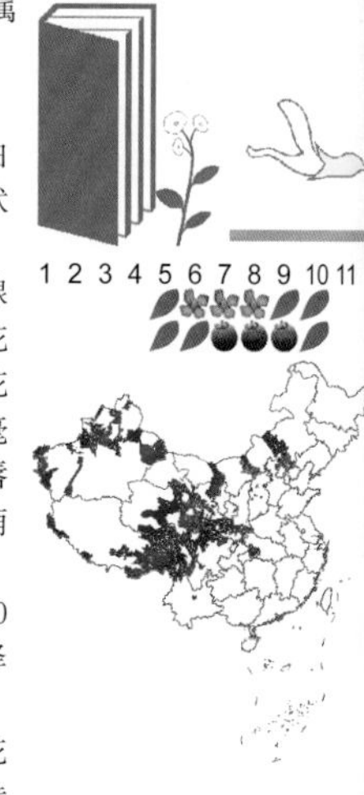

一年生草本；茎通常不分枝，直立，被伏生白色柔毛及短腺毛③；叶无柄，卵形、宽卵形或楔状卵形，中部者较大，长5～10毫米，宽4～8毫米，边缘具齿，齿端有尾状芒尖，两面疏被硬毛和短腺毛①；花序果期稍伸长；苞片叶状，较叶大②；花萼管状钟形，长3.5～5毫米，裂片先端呈尾状；花冠白色或稍带粉红色，有蓝紫色条纹，长5～8毫米，被白色柔毛，上唇盔状，先端2浅裂，较下唇短，下唇裂片先端凹缺，中裂片中部有黄斑④；蒴果长圆形，长4～7毫米；种子具多数狭的纵翅。

产青南高原、祁连山地。生于海拔2000～4200米的沟谷高寒灌丛草甸、河谷疏林草甸、河滩沼泽草地甸。

短腺小米草植株疏被硬毛和头状具柄腺毛；花冠有蓝紫色条纹，下唇裂片先端凹缺，中部有黄斑。

白蓝翠雀花

毛茛科 翠雀属

Delphinium albocoeruleum

Whitish Blue Larkspur | báiláncuìquèhuā

直立草本，高25～60厘米；茎粗壮，被反曲的短柔毛；叶具柄；叶片五角形，长1.5～5厘米，宽2～9厘米，3深裂，裂片又深裂，罕浅裂，小裂片宽2～5毫米，具1～2枚小齿；叶柄长1.5～13厘米①；伞房花序具3～7花；下部苞片叶状；花梗长2～8厘米，被毛或无毛；小苞片匙状线形，长7～12毫米；萼片蓝白色②或蓝紫色(另见288页)，长2～2.5厘米，上萼片圆卵形，其余椭圆形，距圆筒状钻形或钻形，有时紫褐色，长1.8～2.6厘米，末端下弯；花瓣无毛；退化雄蕊黑褐色，2浅裂，腹面有黄色髯毛；花丝被短柔毛；心皮3，子房被短柔毛。

产祁连山地、青南高原及德令哈、都兰。生于河谷山麓沙砾地、高山流石坡、高寒草甸裸地。

白蓝翠雀花叶掌状深裂；萼片蓝白色或蓝紫色，距圆筒状钻形或钻形，有时紫褐色。

鳞茎堇菜 堇菜科 堇菜属

Viola bulbosa

Bulbous Violet | línjīngjǐncài

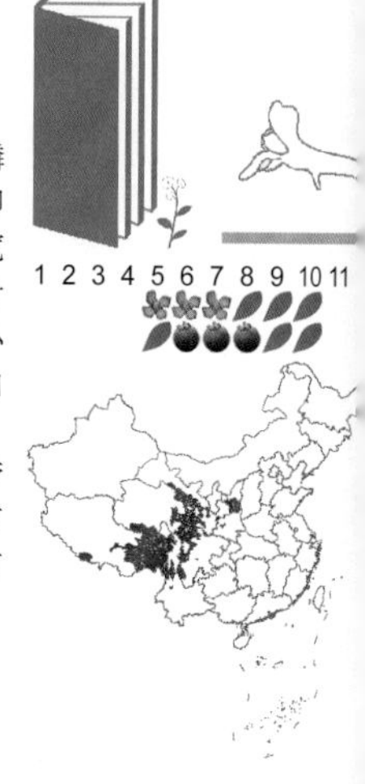

多年生草本，具丝状鞭匍枝；根状茎下部具鳞茎；鳞片近球形，直径约5毫米；叶基生，叶片卵形或狭卵形，长1～3厘米，宽0.5～2厘米，基部宽楔形至浅心形，基部沿柄下沿，边缘具圆齿，叶柄长于叶片①；托叶膜质；花梗腋生，细软，小苞片2，线形，对生或近互生②；花顶生，花瓣白色，异形；上方花瓣近圆形或匙形，长约6毫米，两侧花瓣为倒披针形，长7～7.5毫米，下方花瓣带紫色脉纹，近舌形，长8毫米，先端微缺，基部有短距，长约2毫米③；雄蕊长约3毫米，下方2枚有距，距长约1毫米；子房长约2毫米，花柱略直立，向上渐粗，柱头顶部微凹。

产青南高原。生于高寒灌丛草甸、河滩草地。

鳞茎堇菜无地上茎，托叶大部分与叶柄合生，叶片卵形或狭卵形；下方花瓣先端微缺。

珠芽蓼 蓼科 蓼属

Polygonum viviparum

Viviparous Bistort Serpentgass | zhūyáliǎo

多年生草本③；根状茎短粗，黑褐色，断面通常紫红色；茎直立，常棕红色②；基生叶具长柄，叶片长圆形或卵状披针形，全缘；茎生叶较小①；穗状花序圆柱形，单一顶生，紧密，中下部生珠芽，珠芽卵形、绿带紫红色，长约3毫米；花被5深裂，白色或淡紫红色，花被片长2.5～4毫米①。

产青海全境。生于高寒草甸、沟谷林缘灌丛草甸、河滩草甸。

相似种：圆穗蓼【*Polygonum macrophyllum*，蓼科 蓼属】茎直立，不分枝，无毛；穗状花序顶生，球形或短圆柱形，长0.7～2.8厘米，直径0.5～1.5厘米；花被白色或淡红色，5深裂，花被片长圆形或椭圆形，长2～3毫米④。产青海全境；生于河滩高寒草甸、山地高寒灌丛、河谷砾地。

珠芽蓼穗状花序长，圆柱形，中下部具珠芽；圆穗蓼花序短，球形或短圆柱形，无珠芽。

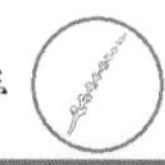

长叶火绒草

菊科 火绒草属

Leontopodium longifolium

Longleaf Edelweiss | chángyèhuǒróngcǎo

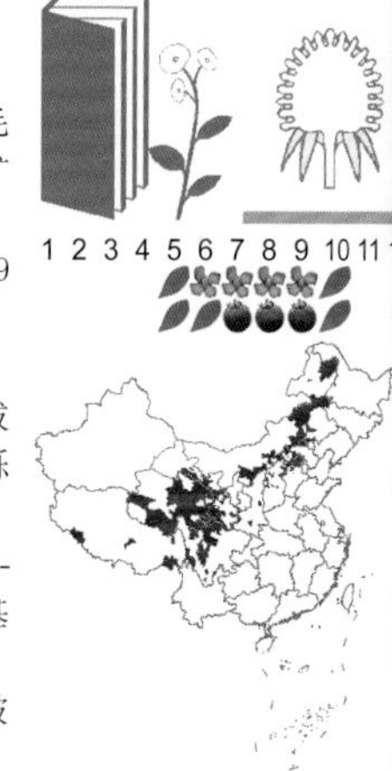

多年生草本；茎直立，紫红色，被白色疏柔毛或密茸毛；莲座状叶或基生叶线状匙形，柄基部扩大成紫红色叶鞘；茎生叶狭窄，两面被白色茸毛；苞叶多数，开展成星状苞叶群①；头状花序径6～9毫米，密集②；小花异形，雌雄异株；冠毛白色，长于花冠。

产祁连山地、青南高原及德令哈。生于海拔3200～4400米的沟谷山地高寒草甸、宽谷河滩砾地。

相似种：美头火绒草【*Leontopodium calocephalum*，菊科 火绒草属】常紫褐色，被蛛丝状毛；基生叶基部渐狭成褐色叶鞘；茎生叶基部常较宽大，抱茎，无柄，全部叶下面被白色茸毛；苞叶卵状披针形；头状花序径5～12毫米；花冠长3～4毫米③；冠毛白色，基部稍黄色。产祁连山地、青南高原；生于沟谷山地高寒草甸、高寒灌丛草甸。

长叶火绒草茎生叶不抱茎，苞叶线状披针形；美头火绒草茎生叶抱茎，苞叶卵状披针形。

弱小火绒草

菊科 火绒草属

Leontopodium pusillum

Weak Edelweiss | ruòxiǎohuǒróngcǎo

矮小多年生草本；莲座状叶丛围有枯叶鞘①；花茎极短，被白色密茸毛，全部有较密的叶；叶匙形或线状匙形，下部叶和莲座状叶长达3厘米，宽达0.2～0.6厘米，有长和稍宽的鞘部，茎中部叶直立或稍开展，长1～2厘米，宽0.2～0.6厘米，先端圆形或钝，无明显的小尖头，边缘平，下部稍狭，无柄，两面被白色或银白色密茸毛②；苞叶多数，密集，与茎叶同形，两面被白色密茸毛；头状花序密集③；总苞长3～4毫米，被白色长柔毛状茸毛；总苞片约3层，先端无毛，宽尖，深褐色；花冠长2.5～3毫米；冠毛白色④。

产青海全境。生于高寒草原、宽谷河滩、沙砾山坡、湖盆砾地、高山草甸。

弱小火绒草叶鞘紫红色，叶及苞叶被白色茸毛，苞叶匙形或线状匙形，开展，形成星状苞叶群；冠毛略长于小花。

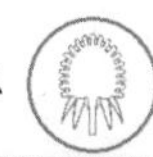

1
3
2
1
3
2
4

铃铃香青 菊科 香青属

Anaphalis hancockii

Hancock's Pearleverlasting | línglíngxiāngqīng

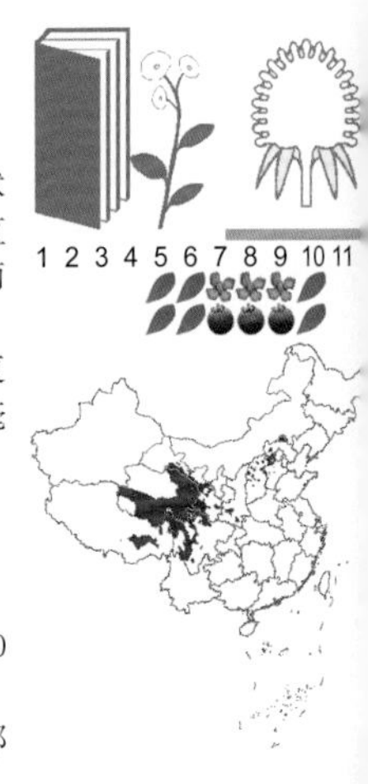

多年生草本；根状茎细长，有分枝；茎直立，上部被白色蛛丝状毛及头状具柄的腺毛①；莲座状叶丛与茎下部叶匙状或线状长圆形；中上部叶直立，常贴生，较下部叶小，有褐色尖头，全部叶两面被头状具柄腺毛，仅边缘被灰白色蛛丝状长毛，具1～3条脉；头状花序9～15个，在茎端密集成复伞房状②；总苞宽钟状，长8～9毫米，宽8～10毫米；总苞片4～5层，外层卵圆形红褐色或黑褐色；内层长圆状披针形，长8～10毫米，宽3～4毫米，先端尖；雌雄同株或异株，花冠长4.5～5毫米③；冠毛较花冠稍长。

产祁连山地、青南高原。生于海拔2800～4350米的河滩草甸、山地高寒草甸、高寒灌丛草甸。

铃铃香青叶两面被头状具柄腺毛；总苞片上部白色，基部黑褐色。

乳白香青 菊科 香青属

Anaphalis lactea

Milkywhite Pearleverlasting | rǔbáixiāngqīng

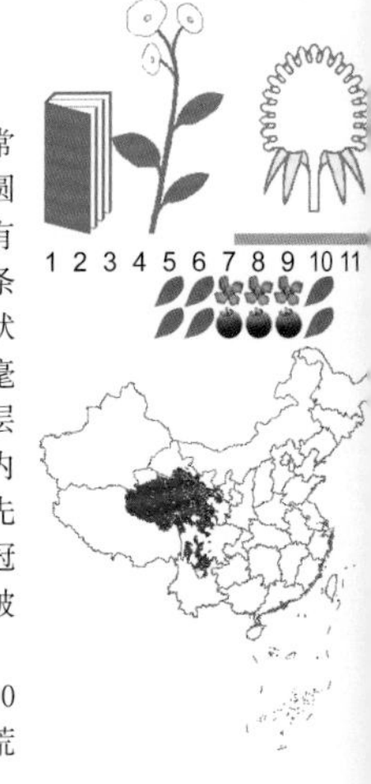

多年生草本，茎具头状具柄的腺毛，下部毛常脱落②；莲座状叶丛与茎下部叶匙状或线状长圆形；中上部叶直立，常贴生，较下部叶小，先端有褐色尖头，全部叶两面被头状具柄腺毛，具1～3条脉；头状花序9～15个①，在茎端密集成复伞房状③；花序梗长1～3毫米；总苞宽钟状，长8～9毫米，宽8～10毫米；总苞片4～5层，稍开展，外层卵圆形，长5～6毫米，上部白色，基部黑褐色；内层长圆状披针形，长8～10毫米，宽3～4毫米，先端尖；雌雄同株或异株，花冠长4.5～5毫米④；冠毛稍长于花冠；瘦果长圆形，长约1.5毫米，密被乳头状突起。

产祁连山地、青南高原。生于海拔2600～4700米的高寒草甸、沟谷山坡林缘灌丛草甸、田边荒地。

乳白香青叶倒披针状或匙状长圆形，全部叶被白色或灰白色密绵毛；总苞片上部白色，基部黑褐色。

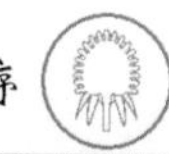

1
2
3
1
2
3
4

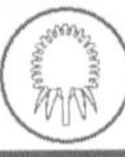
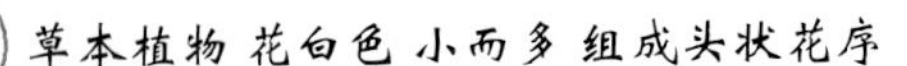

匙叶翼首花　忍冬科 翼首花属

Bassecoia hookeri

Hooker Winghead | chíyèyìshǒuhuā

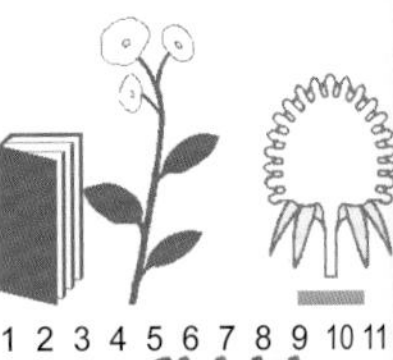

多年生草本；全株被毛；叶全部基生，倒披针形，顶裂片大，中脉明显；花莛由叶丛中抽出，密被倒生毛；头状花序单生茎顶，球形，直立或微下垂，直径2～3厘米①，总苞苞片2～3层，披针形，长约1.5厘米，被毛，边缘毛密而长；小苞片线状披针形，长约1厘米；其内有合生小总苞1，筒状，长4～5毫米，外面被毛；花萼全裂，裂片羽毛状，约20条；花冠漏斗状，淡黄色，长约1厘米，外面被白色柔毛，先端5裂、圆钝；雄蕊4，花药黑紫色；柱头扁球形，雄蕊与花柱均伸出花冠外；瘦果被毛，具明显脉，宿萼刚毛状。

产青南高原。生于海拔3200～4400米的岩石缝隙、阳坡高寒灌丛草甸。

匙叶翼首花叶全部基生，莲座状，匙形或近似；头状花序单生，花萼全裂，裂片羽毛状；花冠先端5裂。

瓣蕊唐松草　毛茛科 唐松草属

Thalictrum petaloideum

Petalformed Meadowrue | bànruǐtángsōngcǎo

多年生草本；茎直立，上部分枝，基生叶为三至四回三出复叶或羽状复叶；小叶倒卵形、菱形或近圆形；叶柄基部有鞘；茎生叶小①；花序伞房状②；雄蕊多数，长5～12毫米，花药狭长圆形，花丝上部倒披针形，比花药宽③；瘦果卵形。

产祁连山地及玛多。生于海拔2800～4300米的山坡林缘灌丛、河湖沙质草地、高寒草甸砾地。

相似种：长柄唐松草【*Thalictrum przewalskii*，毛茛科 唐松草属】茎有分枝；茎下部的叶为四回三出复叶；圆锥花序多分枝，无毛；萼片白色或稍带黄绿色，长2.5～4毫米；雄蕊多数，长4～6毫米，花药长椭圆形，比花丝宽，花丝白色④。产祁连山地、青南高原；生于海拔2200～3650米的河滩疏林草甸、沟谷林缘灌丛、岩石缝隙。

瓣蕊唐松草雄蕊长5～12毫米，心皮无柄；长柄唐松草雄蕊长4～6毫米，心皮有柄。

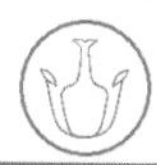

1
1
3
2
4

五脉绿绒蒿 罂粟科 绿绒蒿属

Meconopsis quintuplinervia

Fivevein Meconopsis | wǔmàilǜrónghāo

多年生草本，高30～50厘米；基部有宿存叶柄，密被黄褐色毛状刺；叶全部基生，莲座状②，叶片倒卵形至披针形，全缘，两面密被黄色羽状硬毛，具3～5脉；花莛单生，密被棕黄色、羽状硬毛①；花单生，下垂；萼片2，早落；花瓣4，倒卵形或近圆形，长3～4厘米，宽2.5～3.7厘米，浅蓝色或淡紫色；花丝扁线形，长1.5～2厘米，花药黄色；子房近球形、卵球形或长圆形，密被棕黄色羽状硬毛，花柱短，柱头头状，具3～6圆裂片；蒴果椭圆形或长圆状椭圆形，3～6瓣裂；种子狭卵形，长约3毫米，黑褐色，种皮具网纹和皱褶。

产祁连山地、青南高原。生于海拔2400～4300米的高寒草甸、沟谷山地高寒灌丛草甸、山麓砾地。

五脉绿绒蒿叶全部基生，具3～5脉；花单生，花瓣4，浅蓝色或淡紫色。

细果角茴香 罂粟科 角茴香属

Hypecoum leptocarpum

Thinfruit Hypecoum | xìguǒjiǎohuíxiāng

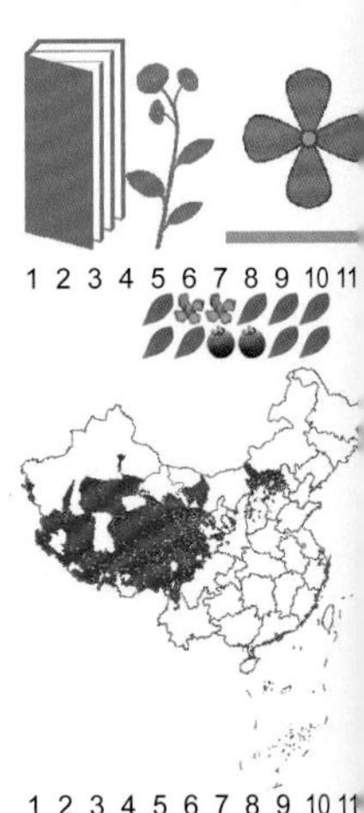

一年生草本；略被白粉；茎丛生，多分枝；基生叶多数，蓝绿色，二回羽状全裂，裂片羽状深裂，小裂片先端锐尖；茎生叶小①；花小，排列成二歧聚伞花序①；萼片2；花瓣4，外面淡紫色，内面白色；雄蕊4，与花瓣对生，花丝黄褐色，花药黄色；子房长5～6毫米，柱头2裂；蒴果节裂②。

产青海全境。生于海拔2250～4800米的山地阳坡高寒草甸裸地、阴坡灌丛、沙砾质山坡和滩地。

相似种：涩芥【*Strigosella africana*，十字花科涩芥属】茎多分枝；叶片长圆形或椭圆形，边缘有波状齿或全缘③；总状花序疏松；花瓣淡紫色或粉红色④；雄蕊花丝扁，花药前端有小尖头，基部略叉开；长角果细线状圆柱形。产祁连山地、青南高原；生于沟谷高寒草甸裸地，河滩砾石地。

细果角茴香茎铺散，二歧聚伞花序，花瓣长6毫米；涩芥茎直立，总状花序，花瓣长8～9毫米。

1
2
1
2
3
4

紫花碎米荠 十字花科 碎米荠属

Cardamine tangutorum

Tangut Bittercress | zǐhuāsuìmǐjì

多年生草本；地下具鞭状、短节、匍匐根状茎；茎单一、不分枝，基部弯斜①；基生叶有长柄；小叶3～5对，长椭圆形，边缘具钝锯齿，无柄；茎生叶通常3枚，着生于茎中上部，叶柄长1～4厘米②；总状花序顶生，伞房状，花后延伸；外轮萼片长圆形，内轮萼片长椭圆形，基部稍囊状，边缘白色膜质，中央带紫红色；花瓣紫红色或淡紫红色，倒卵状楔形或匙形，长8～16毫米，先端钝或近截平；花丝变宽；雄蕊柱状；长角果线形③，长30～35毫米，宽2毫米；种子长椭圆形，长2.5～3毫米，褐色。

产青海全境。生于海拔2400～4600米的河滩草甸、沟谷林缘灌丛、河沟石隙。

紫花碎米荠的根状茎有鳞状物，茎单一，下半部常无叶。

红紫桂竹香 十字花科 桂竹香属

Cheiranthus roseus

Reddish Wallflower | hóngzǐguìzhúxiāng

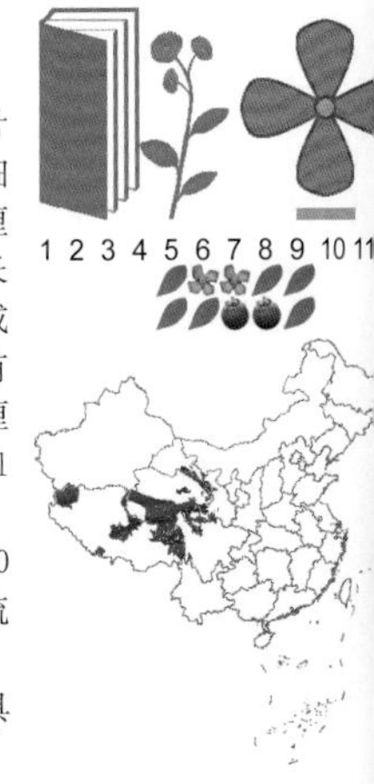

多年生草本；茎直立，不分枝①；基生叶披针形或线形，先端急尖，基部渐狭，全缘或疏具细齿；茎生叶较小；总状花序疏生多花②，长达9厘米；花粉红色或红紫色，直径1.5～2厘米；花梗长5～10毫米；萼片直立，长圆形、披针状长圆形或卵状长圆形；花瓣倒披针形，长12～15毫米，有深紫色脉纹③；长角果线形，有4棱，长2～3.5厘米，宽1.5～2毫米，稍弯曲④；种子卵形，长约1毫米，褐色。

产祁连山地、青南高原。生于海拔2800～5200米的高寒草甸、阴坡灌丛、河湖砾石滩地、高山流石坡。

红紫桂竹香植体具二叉丁字毛；萼片直立，具白色膜质边缘。

柳兰　柳叶菜科 柳兰属

Chamerion angustifolium

Great Willow Herb | liǔlán

多年生草本②；茎直立，稀分枝，被短柔毛或无毛①；叶互生，基部具短柄，长椭圆状线形至披针状线形，长6～16厘米，宽6～25毫米①；总状花序直立，长10～40厘米④；苞片线形，被短柔毛；花序轴和花梗被短毛；萼片4，紫红色，先端渐尖，背面被短柔毛；花瓣4，紫红色，倒卵形至倒阔卵形，长1.9～2厘米，宽1.2～1.5厘米，先端微缺，边缘啮蚀状③；蒴果圆柱形，长约2～3厘米，密被贴生的白灰色柔毛，果梗长0.3～1.3厘米；种子倒卵形，长约1毫米，褐色，先端具长约2毫米的白色簇毛。

产祁连山地、青南高原。生于海拔2100～3800米的林缘灌丛、沟谷山坡、河岸石隙。

柳兰具总状花序，托杯不延伸于子房之上，雄蕊1轮。

椭圆叶花锚　龙胆科 花锚属

Halenia elliptica

Ellipticleaf Spurgentian | tuǒyuányèhuāmáo

一年生草本；茎直立，四棱形；基生叶椭圆形，全缘；茎生叶卵形、椭圆形、长椭圆形或卵状披针形，抱茎①；聚伞花序顶生和腋生；花4数，直径1～1.5厘米；花冠蓝色或紫色，花冠筒长约2毫米，裂片卵圆形或椭圆形，长约6毫米，宽4～5毫米，先端具小尖头②；柱头2裂。

产青南高原、祁连山地。生于海拔1900～4000米的沟谷林缘下、林缘灌丛、河溪水沟边。

相似种：湿生扁蕾【*Gentianopsis paludosa*，龙胆科 扁蕾属】基生叶3～5对，匙形；茎生叶1～4对③；花单生；花萼筒形，长为花冠之半；花冠蓝色，或下部黄白色，上部蓝色，宽筒形，裂片宽矩圆形，长1.2～1.7厘米，先端有微齿，下部两侧边缘有细条裂齿④；腺体近球形，下垂。产青南高原；生于河滩草甸、高寒草甸、沟谷河边。

椭圆叶花锚花冠有4个距；湿生扁蕾花冠无距。

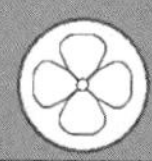

腺毛蝇子草　石竹科 蝇子草属

Silene yetii

Glandulose Catchfly | xiànmáoyíngzicǎo

二年生或多年生草本，全株密被腺毛；茎粗壮，高30～50厘米；基生叶长椭圆形；茎生叶1～3对，长椭圆形或椭圆状披针形，抱茎①；花3～4朵，呈聚伞花序，苞片线状披针形，长5～7毫米，宽1～2毫米；萼钟形，长约1.5厘米，宽7～13毫米，萼齿卵圆形，萼脉10②；花瓣紫色，伸出萼外，2裂，裂片外侧基部具小齿；雄蕊10，花丝基部具缘毛；子房长椭圆形，花柱5，较短；蒴果卵状长圆形，10齿裂；种子肾形，紫褐色，背面具瘤状突起。

产祁连山地、青南高原。生于海拔2800～4800米的沟谷山坡石隙、高山砾石带、河滩砾地。

腺毛蝇子草植体密被腺毛，茎粗壮；花瓣伸出萼外。

长柱沙参　桔梗科 沙参属

Adenophora stenanthina

Longstyle Ladybell | chángzhùshāshēn

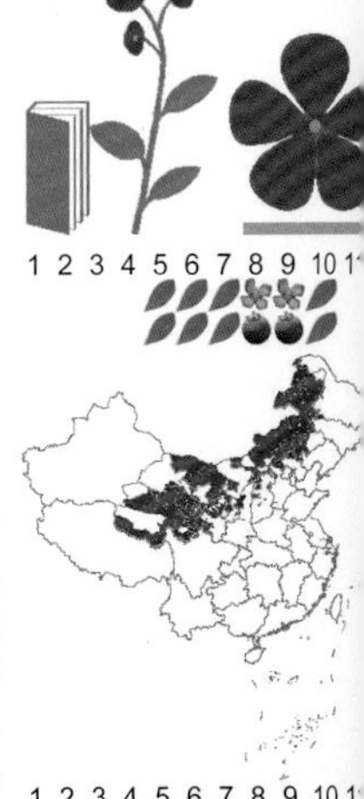

多年生草本；茎直立①；茎生叶卵状披针形，边缘有不整齐的锯齿，或线状披针形，全缘；圆锥状或总状花序；花梗丝状，长约1厘米，基部具丝状小苞片；花萼无毛；花冠狭筒形，蓝紫色，长7～12毫米②；花盘细筒状，长约3毫米；花柱长13～20毫米；雄蕊稍长于花冠③；蒴果藏于膨大的萼筒中。

产青海全境。生于山坡草地、石隙、田埂路边。

相似种：钻裂风铃草【*Campanula aristata*，桔梗科 风铃草属】茎直立，纤细；基生叶卵圆形、狭椭圆形或披针形，边缘微有齿；茎生叶互生，狭披针形或条形；花单生茎顶，花萼筒状或管状，不等长；花冠蓝紫色，长6～12毫米，裂片短④。产祁连山地、青南高原；生于沟谷山坡、草甸、高寒灌丛草甸。

长柱沙参花萼裂片短于花冠，蒴果倒卵形或球形；钻裂风铃草花萼裂片与花冠等长或稍长，蒴果圆柱状。

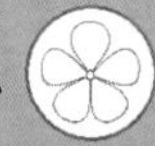

1
2
1
2
3
4

川赤芍　芍药科/毛茛科 芍药属

Paeonia veitchii

Beitch's peony | chuānchìsháo

多年生草本；茎粗壮，具棱，无毛；叶为二回三出复叶，长7～20厘米；小叶羽状分裂，裂片窄披针形至披针形，宽0.4～1.5厘米，先端渐尖，全缘；叶片长3～10厘米①；花1～2朵，直径4～9厘米；苞片2～3枚；萼片宽卵形，长1～1.5厘米，宽1～1.3厘米；花瓣6～9枚，倒卵形，长2.2～4厘米，宽1.5～2.5厘米，紫红色或粉红色；花丝长5～10毫米，花药黄色；心皮2～3，密被黄色柔毛③；蓇葖果长1～2厘米，密被黄色柔毛②。

产祁连山地及班玛。生于海拔2500～3700米的山坡林下、沟谷林缘灌丛。

川赤芍小叶分裂；花大，径达9厘米；花盘肉质，包于心皮内。

蓝侧金盏花　毛茛科 侧金盏花属

Adonis coerulea

Amur Adonis | láncèjīnzhǎnhuā

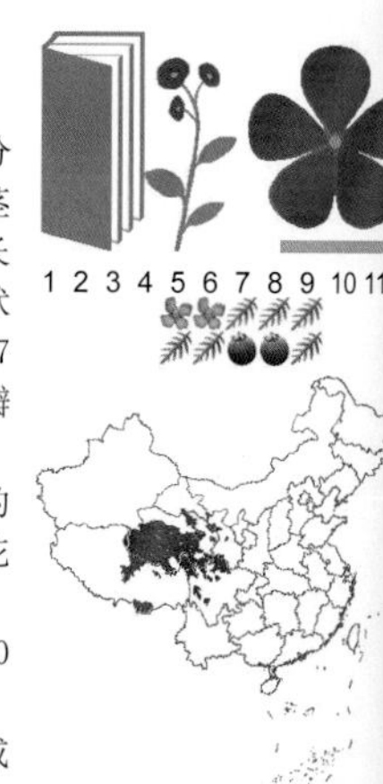

多年生草本；根须状，纤细①；茎由基部分枝，最下面的具乳白色鳞片，呈鞘状包裹茎基；茎下部的叶具长柄，茎上部叶柄短或无柄；叶片长圆形或长圆状卵形，长2～5厘米，二至三回羽状细裂，羽片4～6对①②；花单生，直径1.5～1.7厘米；萼片5～7，倒卵状椭圆形或卵形；花瓣8～10，淡蓝色或堇色，窄倒卵形，长5～8毫米，先端钝，稀具小齿③；雄蕊多数，长约为花瓣的1/3，花丝线形，花药黄色；心皮多数，卵形，花柱极短④。

产祁连山地、青南高原。生于海拔2230～4700米的高寒草甸、阴坡灌丛草甸、河滩砾地。

蓝侧金盏花的花单生，花瓣8～10，淡蓝色或堇色。

1
3
2
1
3
2
4

拟耧斗菜　毛茛科 拟耧斗菜属

Paraquilegia microphylla

Littleleaf Paraquilegia | nǐlóudǒucài

1 2 3 4 5 6 7 8 9 10 11

多年生草本③；二回三出复叶，叶片轮廓三角状卵形，末回裂片近线形②；花萼淡堇色或淡紫红色，稀为白色，倒卵形至椭圆状倒卵形，长1.3～2.5厘米，宽0.8～1.5厘米，先端圆形；花瓣倒卵形至倒卵状长椭圆形，长约5毫米①。

产祁连山地、青南高原。生于海拔2800～4800米的岩石缝隙、沟谷林缘灌丛、河岸崖壁。

相似种：乳突拟耧斗菜【*Paraquilegia anemonoides*，毛茛科 拟耧斗菜属】高10～18厘米；叶多数，丛生，一回三出复叶，叶片三角形，小叶肾形或半圆形；花莛一至数个；萼片浅蓝色或浅堇色，倒卵形或宽椭圆形，花瓣卵形或倒卵形④。产祁连山地；生于沟谷林缘、河岸崖壁、岩石缝隙。

1 2 3 4 5 6 7 8 9 10 11

拟耧斗菜叶为二回三出复叶；乳突拟耧斗菜叶为一回三出复叶。

美花草　毛茛科 美花草属

Callianthemum pimpinelloides

Common Callianthemum | měihuācǎo

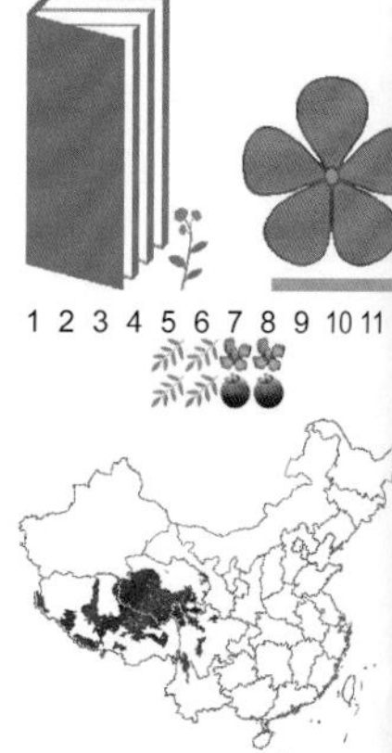

矮小草本，高3～5厘米；茎2～3，直立或渐升；一回羽状复叶，基生叶与茎近等长，具长柄；叶片卵形或窄卵形，掌状深裂，边缘疏具钝齿，顶生羽片扇形或菱形；叶柄长1～5厘米，基部具鞘①；花单生于茎顶，直径1～1.5厘米；萼片椭圆形，长3～5厘米，宽2～3毫米；花瓣倒卵状长圆形，长5～10毫米，宽1～3毫米，粉红色、淡紫色或白色，下部带橙黄色，先端圆形②；雄蕊长达花瓣中下部；聚合果直径5～6毫米；瘦果卵球形，长约3毫米，表面具皱纹，花柱宿存①。

产青南高原、祁连山地。生于海拔3200～4600米的高山流石坡、高寒草甸裸地、河滩砾地。

美花草基生叶具长柄，一回羽状复叶，叶片卵形或窄卵形；花径1～1.5厘米。

1
2
3
4
1
2

大火草 毛茛科 银莲花属

Anemone tomentosa

Tomentosa Anemone | dàhuǒcǎo

多年生草本；基生叶为三出复叶；小裂片卵形至三角状卵形，长约6.5厘米，宽约6厘米，先端急尖，基部浅心形，三深裂，边缘具不规则的小裂片和粗齿，表面有糙伏毛，背面密被白色茸毛，侧生小裂片稍斜，小叶柄较短；叶柄长约20厘米，与小叶柄均被短茸毛①；花莛粗壮，被短柔毛；聚伞花序长约20厘米，二至三回分歧；苞片3，与基生叶相似而小；花梗长2.5～13厘米，被短茸毛；花瓣状萼片5，淡粉红色，倒卵形，长1.5～2厘米，宽1～1.8厘米，背面被短茸毛；雄蕊长为萼片的1/4；心皮多数，长约1毫米，子房密被绵毛，柱头斜，无毛②。

产民和、循化。生于海拔1850～2600米的山麓林缘、河滩疏林灌丛、河沟水边。

大火草三出复叶较大型；花瓣状萼片较大型，淡粉红色，倒卵形，长1.5～2厘米，宽1～1.8厘米。

狼毒 瑞香科 狼毒属

Stellera chamaejasme

Chinese Stellera | lángdú

多年生草本；茎直立，丛生②；叶片披针形或矩圆状披针形，长1.4～2厘米，宽3～4毫米，先端锐尖或钝尖，基部圆形或宽楔形，全缘，无毛；叶柄长仅1毫米①；头状花序顶生；花被筒高脚碟状，里面白色，外面紫红色，具绿色总苞③；花被筒长1～1.2厘米，先端5裂，裂片卵形，长约3毫米；雄蕊10，2轮，花丝着生在花被筒中上部及喉部，花药细长，花丝极短；子房长卵形，顶端或全部被疏短刚毛；花盘鳞片条形，淡紫色或灰白色；花柱短，柱头头状；果卵形，包于宿存花被筒中，黑褐色④。

产青海全境。生于海拔2200～4700米的高寒草甸、山坡灌丛、河滩草甸。

狼毒单叶互生；头状花序顶生；花被筒高脚碟状，里面白色，外面紫红色。

牻牛儿苗　牻牛儿苗科 牻牛儿苗属

Erodium stephanianum

Common Heron's Bill | mángniúrmiáo

1 2 3 4 5 6 7 8 9 10 11

多年生草本；叶对生，卵形、长卵形或椭圆状三角形，二回羽状深裂①；伞形花序腋生；萼片矩圆形，长约6毫米，宽约3毫米，先端具长芒，背面被长毛，边缘膜质；花瓣淡紫色，倒卵形，较萼片稍短，先端钝圆③；蒴果长约3厘米，先端具长喙②。

产祁连山地、青南高原及德令哈。生于山坡草地、田埂路边。

1 2 3 4 5 6 7 8 9 10 11

相似种：鼠掌老鹳草【*Geranium sibiricum*，牻牛儿苗科 老鹳草属】叶宽肾状五角形，基部截形或心形；基生叶裂片有羽状深裂及齿状深缺刻④；花通常单生，直径约8毫米；萼片长4～6毫米，具3脉；花瓣较萼片稍长，白色或淡红色，倒卵形⑤。产祁连山地、青南高原；生于山坡草地、林缘灌丛、河滩路旁草甸。

牻牛儿苗雄蕊有5枚无花药，蒴果开裂时螺旋状卷曲；鼠掌老鹳草雄蕊全有花药，蒴果不卷曲。

草原老鹳草　牻牛儿苗科 老鹳草属

Geranium pratense

Meadow Geranium | cǎoyuánlǎoguàncǎo

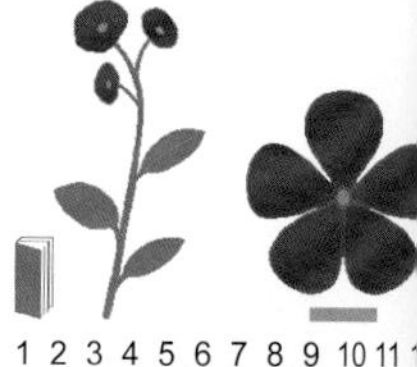

1 2 3 4 5 6 7 8 9 10 11

多年生草本；茎直立；叶对生，肾状圆形，常7深裂几达基部，顶部叶常3～5深裂①；聚伞花序生于小枝顶端，通常具2花；总花梗长2～5厘米②；萼片卵形，具3脉，先端具短芒，长约8毫米；花瓣蓝紫色，倒卵形；蒴果长2～3厘米，具短柔毛及腺毛③。

产青南高原、祁连山地。生于沟谷河滩草地、林缘灌丛草甸。

1 2 3 4 5 6 7 8 9 10 11

相似种：甘青老鹳草【*Geranium pylzowianum*，牻牛儿苗科 老鹳草属】茎细弱，斜升；叶互生，肾状圆形，掌状5深裂，裂片1～2次深裂，小裂片宽条形，全缘；聚伞花序腋生和顶生，具2或4花；总花梗纤细；萼片长圆状披针形，先端有短芒尖；花瓣常紫红色，倒卵圆形④。产祁连山地、青南高原；生于沟谷林缘灌丛草甸、河滩草甸。

草原老鹳草植株较大，直立，被腺毛；甘青老鹳草植株矮小，铺散，被倒向毛，无腺毛。

1
3
4
2
5
1
2
3
4

野葵 锦葵科 锦葵属

Malva verticillata

Cluster Mallow | yěkuí

二年生草本；茎直立；茎下部托叶长圆形，向上渐成披针形；叶片肾形至圆形，基部心形，掌状5裂②；花多数簇生于叶腋③；小苞片3，线状披针形，长4～6毫米，边缘被长柔毛；花萼杯状；花冠淡紫红色或近白色，花瓣片5，先端凹，长5～7毫米①；分果直径5～7毫米，分果瓣10～11个。

产祁连山地、青南高原。生于海拔1800～4300米的山坡草甸、田林路边、河滩草甸。

相似种：锦葵【*Malva sinensis*，锦葵科 锦葵属】二年生或多年生草本；叶片肾形，5～7浅裂；花数朵聚生于叶腋，直径3～4厘米；花瓣紫红色，长约2厘米④；分果扁球形，直径5～8毫米，分果瓣9～11。产西宁、大通、同仁；栽培于园林庭院。

野葵花淡紫红色或近白色，径0.5厘米；锦葵花紫红色，径3～4厘米。

鸡娃草 白花丹科 鸡娃草属

Plumbagella micrantha

Littleflower Plumbagella | jīwácǎo

一年生草本；茎直立，节间由下到上逐渐增强①；叶茎生，叶卵状披针形或披针形，全缘，基部耳状抱茎②；花序长0.5～3厘米，含4～15小穗；花萼长4～5毫米，筒部具5棱，先端具5枚裂片，裂片长约2毫米，两侧具有柄腺体；花冠蓝紫色，略大于花萼，裂片5，卵状三角形③。

产青南高原、祁连山地。生于海拔2230～4300米的河滩砾地、高寒草甸砾地、山麓田边。

相似种：玛多补血草【*Limonium aureum* var. *maduoensis*，白花丹科 补血草属】基生叶匙形或倒披针形；花序轴常呈花莛状，分枝多集中于顶部，头状花序簇集成伞房状④；花萼漏斗形，萼檐为波状。产玛多、都兰；生于高寒草原、砾石滩地。

鸡娃草植体有小皮刺，花冠淡蓝紫色；玛多补血草无皮刺，头状花序伞房状，花冠非蓝紫色。

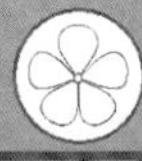

达乌里秦艽　龙胆科 龙胆属

Gentiana dahurica

Dahuria Gentian | dáwūlǐqínjiāo

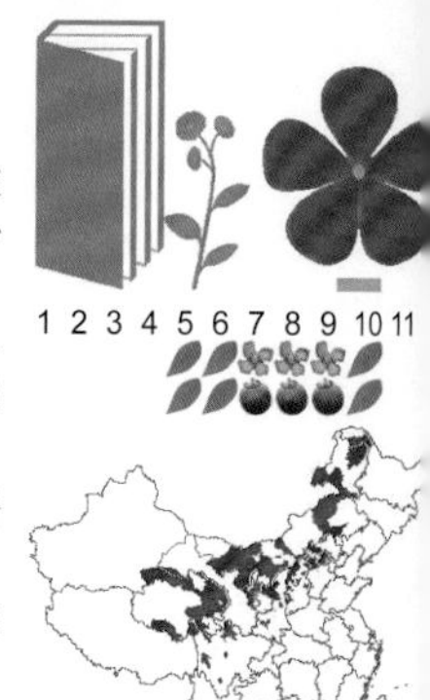

多年生草本；枝斜升，常紫红色；莲座丛叶披针形或线状椭圆形，叶柄膜质，鞘状；茎生叶少①；少数花组成疏松的聚伞花序；花萼筒膜质；花冠深蓝紫色，有时喉部有黄色斑点，筒状或漏斗形，长3.5～4.5厘米，裂片5，卵形或卵状椭圆形②。

产青海全境。生于海拔2500～4300米的田林路边、河湖边沙地、滩地草原。

相似种：喉毛花【*Comastoma pulmonarium*，龙胆科 喉毛花属】茎直立，近四棱形；基生叶少数；茎生叶卵状披针形，半抱茎；聚伞花序或单花顶生；花5数；花冠淡蓝色，具深蓝色纵脉纹，裂片直立，喉部具一圈白色副冠，上部流苏状条裂，冠筒基部具10个小腺体③。产青南高原、祁连山地；生于高寒草甸、河滩砾地、林缘灌丛草甸。

达乌里秦艽花冠深蓝紫色，喉部无流苏；喉毛花花冠淡蓝色，喉部具流苏状副冠。

南山龙胆　龙胆科 龙胆属

Gentiana grumii

Grum's Gentian | nánshānlóngdǎn

一年生草本；茎铺散②；基生叶大；茎生叶小，对折，长圆状披针形或线状披针形，具小尖头，边缘膜质③；花单生分枝顶端；花萼倒锥形；花冠上部深蓝色，下部黄绿色，喉部具多数蓝黑色斑点，倒锥形，裂片卵形，长约2毫米，褶卵形，全缘①。

产祁连山地、青南高原。生于草地、河滩草甸。

相似种：刺芒龙胆【*Gentiana aristata*，龙胆科 龙胆属】茎铺散；基生叶大；茎生叶对折，先端渐尖，具小尖头；花多数，单生于小枝顶端；喉部具蓝灰色宽条纹，倒锥形，长12～15毫米，裂片卵形或卵状椭圆形，长3～4毫米，先端钝，褶宽矩圆形，长1.5～2毫米，先端截形④。产祁连山地、青南高原；生于河滩草地、高寒草甸、高寒灌丛草甸。

南山龙胆花冠喉部有斑点，褶卵形，与裂片等长；刺芒龙胆喉部具蓝灰色宽条纹，褶宽矩圆形，长为裂片之半。

1
2
3
1
3
2
4

二叶獐牙菜　龙胆科 獐牙菜属

Swertia bifolia

Two-leaf Swertia | èryèzhāngyácài

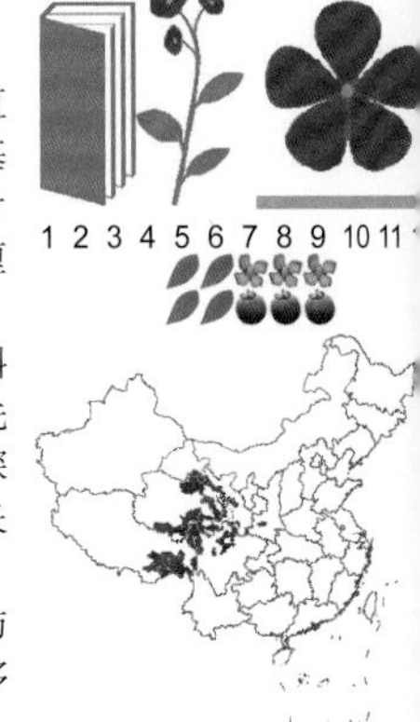

多年生草本，具短根茎；须根黑褐色；茎直立，有时带紫红色，近圆形，具条棱，不分枝，基部被黑褐色枯老叶柄；基生叶1～2对，具柄，叶片矩圆形或卵状矩圆形，长1.5～6厘米，宽0.7～3厘米，先端钝或钝圆，基部楔形，叶柄细，扁平①；茎中部无叶；简单或复聚伞花序；花梗直立或斜伸，有时带蓝紫色，不等长；花萼有时带蓝色，先端渐尖，背面有细而明显的3～5脉；花冠蓝色或深蓝色，先端钝，全缘；花药蓝色，狭矩圆形，长2.5～3毫米②；子房无柄，披针形，长6～8毫米，先端渐尖，柱头小，2裂；蒴果无柄，披针形，与宿存的花冠等长或有时稍长，先端外露；种子多数，褐色，矩圆形。

产达日。生于海拔2850～4300米的高山草甸、灌丛草甸、沼泽草甸、林下。

二叶獐牙菜花冠蓝色或深蓝色，无斑点，裂片基部有2个腺窝；种子无翅，具皱折。

海乳草　报春花科 海乳草属

Glaux maritima

Seamikwort | hǎirǔcǎo

株高2～15厘米，直立或下部匍卧，节间短，通常有分枝；叶交互对生或有时互生，近于无柄，近茎基部的3～4对叶鳞片状，膜质，上部叶肉质，叶线形，长圆形，长椭圆形或卵形，长4～11毫米，宽1.5～3.5毫米，先端钝或稍尖，全缘，基部楔形①；花单生叶腋；花萼钟状，长约4毫米，粉红色，花冠状，分裂达中部，裂片长圆形，宽1.5～2毫米，先端圆形，无花冠②；雄蕊5，稍短于花萼；子房卵球形，上半部密被小腺点，花柱与雄蕊近等长；蒴果卵状球形，长2.5～3毫米，先端稍尖成喙状。

产青海全境。生于海拔2800～4800米的河漫滩草甸、盐生草甸、盐生沼泽。

海乳草叶肉质；花单生叶腋，无花冠，花萼粉红色，花冠状。

1
2
1
2

狭萼报春 报春花科 报春花属

Primula stenocalyx

Narrowcalyx Primrose | xiáèbàochūn

多年生草本；根状茎短；叶基生，成莲座状，叶片连柄长1.5～5厘米，边缘具齿②；花葶直立，高5～20厘米；花萼筒长7～10毫米；花冠紫红色或蓝紫色，冠筒长约1.3厘米，裂片倒心形，先端2深裂①；蒴果长圆形，与花萼近等长。

产青南高原、祁连山地。生于海拔2300～4400米的山地阴坡石隙、高寒灌丛草甸、石崖下。

相似种：苞芽粉报春【*Primula gemmifera*，报春花科 报春花属】叶莲座状，叶片长1～3厘米，边缘具齿，上面被白粉；叶柄具狭翅；花葶被短腺毛③；伞形花序顶生；花萼近钟状，常暗紫色或绿色；花冠紫红色或蓝色，冠筒管状，长1～1.2厘米，冠檐直径1.2～1.6厘米，裂片倒心形，先端2裂④；蒴果长圆形。产青南高原、祁连山地；生于河滩高寒沼泽草甸、河湖水边、高寒灌丛草甸。

狭萼报春花萼具5棱；苞芽粉报春花萼无棱。

天山报春 报春花科 报春花属

Primula nutans

Nodding Primrose | tiānshānbàochūn

多年生草本，全株无粉①；根状茎极短①；叶莲座状，叶片椭圆形，长圆形，椭圆状长圆形，长0.5～3厘米，宽0.4～2厘米，先端圆形，有时钝，基部的圆形或宽楔形，全缘或有稀疏微齿，光滑；叶柄细长具狭翅②；伞形花序；苞片宽长圆形或椭圆形，长3～7毫米，先端渐尖或钝尖；花梗细瘦，长1～3厘米，初花期短③；花萼管状或窄钟状，长5～8毫米，具5棱，绿色，具紫色微小的线段，基部稍加厚，下延成囊状，裂片长圆状披针形，达花萼全长的1/3或稍深，先端急尖或渐尖；花冠紫红色；长花柱花雄蕊着生冠筒中部，花柱稍伸出冠筒口，短花柱花，雄蕊着生于冠筒上部，花柱稍高于冠筒中部④；蒴果长圆形，长7～8毫米，稍长于花萼。

产青海全境。生于河漫滩草甸、高寒沼泽草甸、河湖水边湿草地。

天山报春花冠紫红色，裂片先端2深裂。

1
2
3
4
1
3
2
4

西藏点地梅　报春花科 点地梅属

Androsace mariae

Tibet Rockjasmine | xīzàngdiǎndìméi

多年生草本；莲座叶丛；叶舌形或匙形；伞形花序4～10花；苞片披针形，长约5毫米；花萼钟状，长约3毫米，分裂达中部①；花冠粉红色或白色，冠檐直径6～10毫米，裂片倒卵形，全缘②；蒴果球形，稍长于宿存花萼。

产祁连山地、青南高原及都兰。生于砾石山坡草地、河漫滩高寒草甸、高山流石滩。

相似种：垫状点地梅【*Androsace tapete*，报春花科 点地梅属】多年生垫状草本，轮廓为半球形的坚实垫状体③；花单生，无梗，全花包藏于叶丛中；花萼筒状，长约3～4毫米，具明显5棱；花冠粉红色或变白色，直径约5毫米，裂片倒卵形，边缘近波状④。产青南高原；生于海拔3700～5300米的沟谷山坡、宽谷河滩、湖滨沙砾地、高寒草甸砾地。

西藏点地梅非垫状，有较高花莛从莲座状叶丛中伸出；垫状点地梅为垫状植物，无高花莛。

羽叶点地梅　报春花科 羽叶点地梅属

Pomatosace filicula

Common Pomatosace | yǔyèdiǎndìméi

二年生草本；叶基生，多数①，叶片近长圆形，长2～10厘米，宽10～15毫米，羽状全裂，裂片狭长圆形，宽1～2毫米，先端钝或稍尖，全缘，稀有齿②；花莛多数，自叶丛中抽出，高3～15厘米；伞形花序顶生，含花5～10朵，密集似头状；苞片线形，长2～6毫米③；花萼陀螺状，长2～3毫米，果时稍增大，5裂，裂片裂至花萼的1/3；花冠白色或粉红色，冠筒长约2毫米，冠檐直径约2毫米，裂片倒卵状长圆形，宽约1毫米，先端钝圆；蒴果球形④，直径3～4毫米，盖裂为上下两半；种子黑色。

产青南高原及门源、祁连。生于海拔3100～4800米的高原河漫滩、山前砾石地、高寒草甸砾地、高寒草原。

羽叶点地梅叶一回羽状全裂，蒴果盖裂。

1
2
3
4
1
3
2
4

糙草 紫草科 糙草属

Asperugo procumbens

Roughstraw | cāocǎo

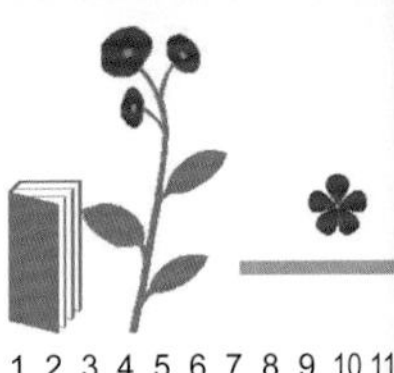

一年生草本；茎柔弱，具棱，棱上有短倒钩刺毛①；叶柄向上渐短至近无柄，叶片匙形至倒卵状长圆形②；花几可生于所有叶腋；花萼钟形，长约2毫米，花后增大，左右压扁，呈蚌壳状，边缘齿不整齐，齿间常有小齿；花冠蓝紫色，筒部稍短③。

产祁连山地、青南高原。生于海拔3200～3900米的田边村舍附近、山坡干旱处。

相似种：微孔草【*Microula sikkimensis*，紫草科微孔草属**】**下部叶具柄，叶片卵状披针形，基部宽楔形至近心形④；花序狭长或短而密集，腋生或顶生，常在花序下有一朵具长柄的花⑤；花冠蓝色或白色被毛；小坚果卵形，有小瘤状突起和短刺毛。产青南高原、祁连山地；生于林缘灌丛草甸砾地、河滩沙砾地、田边、山麓湿润处。

糙草花萼裂片增大为蚌壳状；微孔草花萼裂片无此特征。

西藏微孔草 紫草科 微孔草属

Microula tibetica

Tibet Microula | xīzàngwēikǒngcǎo

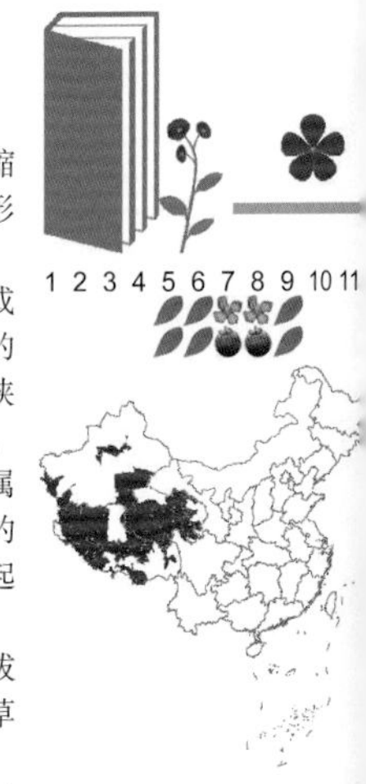

植株平铺地面，高4～10厘米；地上茎极度缩短；叶密集，几呈莲座状，叶片匙形，倒卵状线形至倒披针状线形，长3～15厘米，宽1.2～4厘米，全缘或有疏细齿，齿端具短刚毛，上面被较密有或无基盘的短伏毛，散生短刚毛，下面仅具有基盘的短刚毛；花序密集；苞片下部者叶状；花萼裂片狭披针形，长约1～1.5毫米；花冠蓝色或白色①，筒部长约1.2毫米，檐部直径2.5～3.5毫米，附属物半月形或低梯形，被微毛；小坚果卵形，长约1.5～2.2毫米，多少具小瘤状突起和短刺毛，突起顶端具锚状刺毛，无背孔。

产青南高原、祁连山地及德令哈。生于海拔3600～4700米的高寒草原砾地、沟谷河滩、高寒草甸裸地。

西藏微孔草的茎强烈短缩，莲座状叶平铺地面，植株呈垫状。

1
3
2
4
5
1

野海茄　茄科 茄属

Solanum japonense

Japanese Nightshade | yěhǎiqié

多年生草本；茎直立，多分枝②；叶卵状披针形、三角状披针形或披针形，全缘或基部2～5裂，稀为羽状分裂②；聚伞花序顶生或与叶对生；花冠淡蓝紫色，长约6毫米，径达1.4厘米，冠筒与花萼筒等长，檐部5裂，裂片长约4毫米，先端急尖，具小尖头，基部具10个斑点③；浆果球形，红色①。

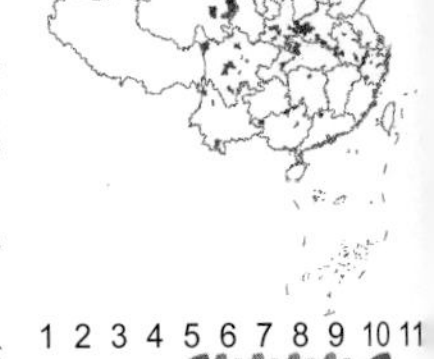

产祁连山地、青南高原。生于海拔1900～2700米的田边荒地、山麓水边、河滩灌丛中。

相似种：龙葵【*Solanum nigrum*，茄科 茄属】一年生直立草本；茎绿色或紫色；叶卵形，先端短尖，基部楔形至阔楔形而下延至叶柄，全缘；蝎尾状花序腋外生⑤，花梗长约5毫米；萼小，浅杯状；花冠白色，花药黄色；浆果球形，熟时黑色④。产祁连山地；生于田边荒地、河岸草地、庄院周围。

野海茄为多年生，花冠基部有10个绿色透明斑点；龙葵为一年生，花冠基部无绿色斑点。

山莨菪　茄科 山莨菪属

Anisodus tanguticus

Tangut Anisodus | shānlàngdàng

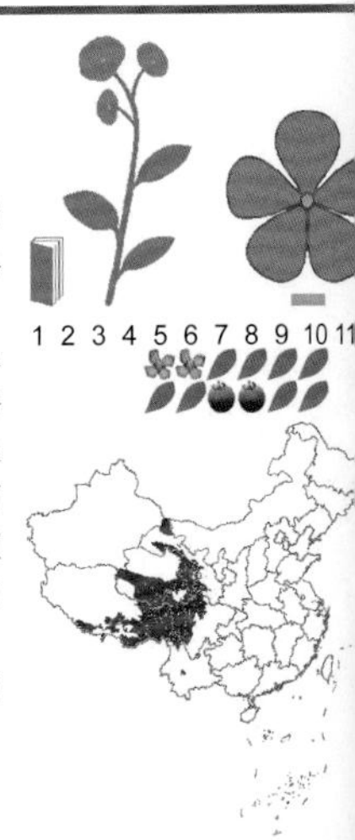

多年生宿根草本；根粗大，近肉质；叶片纸质或近坚纸质，矩圆形至狭矩圆状卵形，全缘或具1～3对粗齿，具啮蚀状细齿；叶柄两侧略具翅①；花俯垂或有时直立；花萼钟状或漏斗状钟形，长2.5～4厘米，裂片宽三角形，其中1～2枚较大且略长；花冠钟状或漏斗状钟形，紫色或暗紫色，长2.5～3.5厘米，内藏或仅檐部露出萼外②，花冠筒里面被柔毛，裂片半圆形；果实球状或近卵状，直径约2厘米，果萼近革质，长约6厘米，肋和网脉明显隆起；果梗长达8厘米，挺直①。

产青南高原。生于海拔2800～4200米的沟谷山坡、山地草坡阳处。

山莨菪植体高大；花冠钟形，紫色或暗紫色；果萼近革质，长约6厘米，肋和网脉明显隆起。

小缬草　忍冬科/败酱科 缬草属

Valeriana tangutica

Tangut Valeriana | xiǎoxiécǎo

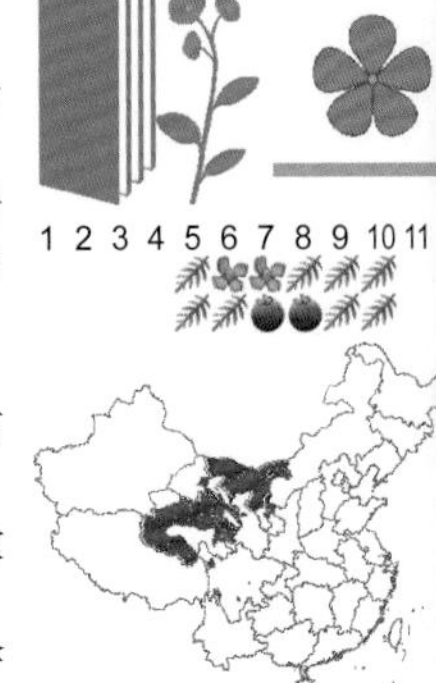

多年生小草本；茎直立，单生①；基生叶多为大头羽状；茎生叶羽状，3～7裂；聚伞花序顶生，开展②；苞片线状披针形，边缘膜质，无毛；花粉红色或淡紫色；花萼小，先端裂多，裂片顶部内弯；花冠漏斗状，长约6毫米，冠檐直径约5毫米，裂片宽长圆形；雌雄蕊伸出花冠之外③。

产青海全境。生于沟谷林缘灌丛、潮湿岩石缝。

相似种：缬草【*Valeriana officinalis*，忍冬科/败酱科 缬草属】茎单生，直立；叶轮廓卵状长圆形；茎生叶对生，羽状深裂，上部的叶裂片为条形；伞房状三出聚伞圆锥花序顶生；苞片条状线形；花萼小，先端多裂；花冠淡紫红色，漏斗状④。产青南高原、祁连山地；生于沟谷山麓草地、河滩疏林灌丛草甸。

1 2 3 4 5 6 7 8 9 10 11

小缬草高不过25厘米，叶的顶裂片大于侧裂片且不同形；缬草高达90厘米，叶的顶裂片与侧裂片同形且等大。

蒙古韭　石蒜科/百合科 葱属

Allium mongolicum

Stoutroot Onion | měnggǔjiǔ

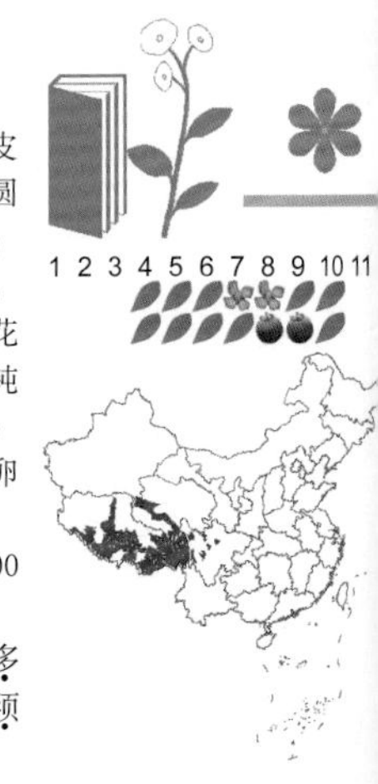

多年生草本；鳞茎丛生，细圆柱状，鳞茎外皮破裂成纤维状，疏松，黄褐色①；叶半圆柱状或圆柱状，直径达2毫米，比花莛短②；花莛圆柱形；伞形花序具疏散的花，近半球形；总苞一侧开裂，宿存；花梗长约1厘米，无小苞片；花紫红色，花被片卵状长圆形，长达1厘米，宽约5毫米，先端钝圆，内轮的略长于外轮，背面具明显的深色中脉；花丝短于花被片，基部合生，内轮的基部扩大成卵形，两侧无齿；子房无蜜腺，花柱内藏③。

产茫崖、都兰、德令哈。生于海拔2800～2900米的荒漠沙窝、干旱山坡、沙砾河滩、荒漠草原。

蒙古韭植株丛生；叶半圆柱形至圆柱形；花多数，密集，花被片先端圆形，内轮花丝不具齿；须根少而疏。

1
2
3
4
1
2
3
4

多刺绿绒蒿 罂粟科 绿绒蒿属

Meconopsis horridula

Spiny Meconopsis | duōcìlǜrónghāo

多年生草本，全体被坚硬而平展的刺④；叶全部基生③，叶片披针形，全缘或波状，两面被刺；花莛5～12或更多，密被刺④；花单生，直径2.5～4厘米⑤；花瓣5～8，宽倒卵形，蓝紫色②；花丝丝状①。

产青南高原、祁连山地。生于高山流石坡、林缘石隙、高寒草甸砾地。

相似种：总状绿绒蒿【*Meconopsis racemosa*，罂粟科 绿绒蒿属】常紫红色，全体被硬刺；叶被刺；花生于茎上部叶腋内；花瓣5～8，倒卵状长圆形，无毛；花丝紫色，花药长圆形，黄色；子房卵形，密被刺毛；蒴果卵形或长卵形⑥。产祁连山地、青南高原；生于阴坡灌丛下、高山草甸裸地、河谷砾地、山麓石隙。

多刺绿绒蒿矮，花莛数个至十数个簇生，花单生；总状绿绒蒿高大，茎常单一，下部有叶，花多数。

1 2 3 4 5 6 7 8 9 10 11

桃儿七 小檗科 桃儿七属

Sinopodophyllum hexandrum

Chinese May-Apple | táoerqī

多年生草本；根状茎粗短，节状，多须根；茎直立，单生，具纵棱，无毛，基部被褐色大鳞片；叶2枚，薄纸质，非盾状，基部心形，3～5深裂几达中部①；叶柄长10～25厘米，具纵棱，无毛①。花大，单生，先叶开放，两性，整齐，粉红色；花瓣6，倒卵形或倒卵状长圆形，长2.5～3.5厘米，宽1.5～1.8厘米，先端略呈波状；雄蕊6，长约1.5厘米，花丝较花药稍短，花药线形，纵裂，先端圆钝②；雌蕊1，长约1.2厘米，子房椭圆形，1室，侧膜胎座，含多数胚珠，花柱短，柱头头状。浆果卵圆形，熟时橘红色③；种子卵状三角形，红褐色，无肉质假种皮。

产祁连山地及班玛、囊谦。生于海拔2300～3800米的沟谷阴坡林下、林缘灌丛。

桃儿七花单生，先叶开放；浆果成熟时橘红色。

1
3
5
2
4
6
1
2
3

青甘韭 石蒜科/百合科 葱属

Allium przewalskianum

Pwzewalsk Onion | qīnggānjiǔ

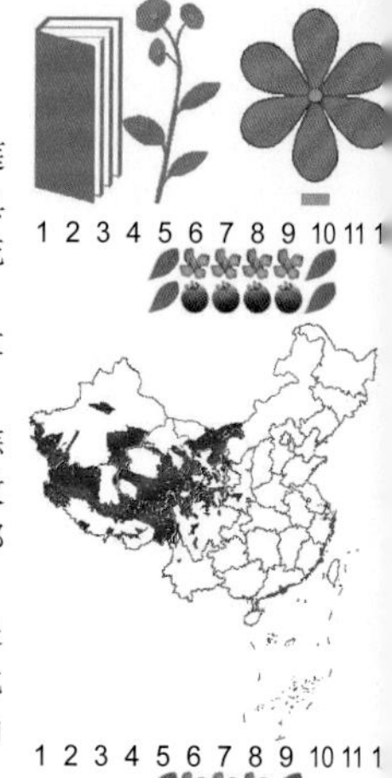

多年生草本，高8～20厘米；鳞茎数枚丛生，卵状圆柱形；叶半圆柱形或圆柱形，中空②；花莛圆柱形，下部被叶鞘；伞形花序球形或半球形，具多而稍密集的花；总苞膜质，单侧开裂，宿存；花梗等长；花淡紫红色或紫红色①。

产青海全境。生于山地阳坡砾地、林缘灌丛草甸。

相似种：杯花韭【*Allium cyathophorum*，石蒜科/百合科 葱属】高15～40厘米；鳞茎单生或数枚丛生，圆柱形；叶条形，扁平；花莛具2纵棱，下部被叶鞘③；伞形花序具多数花，松散；总苞膜质；花紫红色或深紫色；花被片长圆形或椭圆形，长7～9毫米，宽2～4毫米，内轮花被片稍长；花丝比花被片短④。产青南高原；生于沟谷林缘灌丛、山坡草地。

青甘韭花淡紫红色，不垂，花丝长于花被片；杯花韭花深紫红色，下垂，花丝短于花被片。

镰叶韭 石蒜科/百合科 葱属

Allium carolinianum

Carolina Onion | liányèjiǔ

多年生草本；实心；鳞茎粗壮，单生，有时2～3枚丛生，卵状圆柱形或狭卵形；叶条形或披针形，常呈镰刀状弯曲，比花莛短①；花莛粗壮，直径达1厘米；总苞前期常带紫色，2裂；花梗近等长，基部无小苞片；伞形花序具多数密集的花，球形，直径达4厘米；花紫红色或淡黄色；花被片狭长圆形、卵状披针形或披针形，长4.5～8毫米，宽1.5～3毫米，先端钝；花丝锥形，比花被片长，外露；子房近球形，基部具蜜腺，花柱伸出花被外②。

产青海全境。生于海拔2900～5200米的高山流石坡、高原河湖间沙砾滩地、山坡岩隙。

镰叶韭鳞茎粗壮，叶扁平；常镰形弯曲，花色红黄兼有。

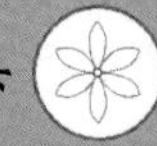

太白韭　石蒜科/百合科 葱属

Allium prattii

Pratt's Onion | tàibáijiǔ

多年生草本②；鳞茎单生或2～3枚聚生，近圆柱状；叶2～3枚；总苞1～2枚，宿存③；伞形花序球形，具多而密集的花；花紫红色或淡红色；花被片长圆形或卵状长圆形，长4～6毫米，宽约1.5毫米，外轮的花被片较宽稍短，先端凹缺；花丝伸出花被外①；子房球形，具3圆棱。

产青南高原。生于海拔3600～4400米的沟谷山地高寒灌丛、高寒草甸。

相似种：天蓝韭【*Allium cyaneum*，石蒜科/百合科　葱属】鳞茎常单生；叶半圆柱形；花莛圆柱形；伞形花序半球形；总苞膜质，单侧开裂；花钟状，天蓝色或深蓝色；内轮花被片稍长；花丝外露；花柱细长，伸出花被外④。产青南高原、祁连山地；生于高山流石坡、高寒灌丛草甸、河谷草甸。

太白韭叶2枚如剑，花紫红色；天蓝韭叶多枚较细，花蓝色。

轮叶黄精　天门冬科/百合科 黄精属

Polygonatum verticillatum

Whorledleaf Solomonseal | lúnyèhuángjīng

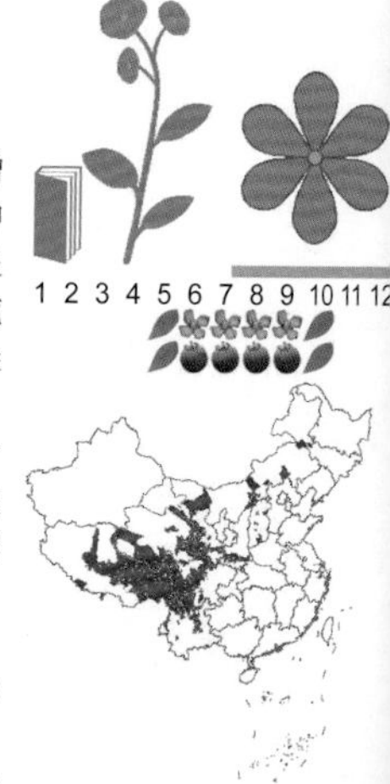

多年生草本，高20～50厘米；根状茎下部增厚，通常为近圆柱状的连珠状；茎由根状茎先端伸出，下部无叶；叶3枚轮生，兼有对生或互生，长圆状披针形、披针形或线形，长4.5～10厘米，宽5～18毫米，先端渐尖，不卷曲①；花多单生或2朵成花序；总花梗或花梗细；花被紫红色或淡紫色，长8～10毫米，筒部直径2～3毫米，先端6裂，裂片长2～4毫米②，端有短毛，雄蕊着生于花被近喉部，花丝长约1毫米，花药长约2毫米；子房卵状球形，长约3毫米，与花柱等长；浆果球形，红色，直径6～10毫米。

产祁连山地、青南高原。生于海拔2400～3800米的沟谷阴坡灌丛、山坡林缘草地。

轮叶黄精叶通常对生、互生或3枚轮生，较宽，先端无卷曲；花长6～8毫米。

马蔺 鸢尾科 鸢尾属

Iris lactea

Chinese Iris | mǎlìn

多年生密丛生草本；基部宿存棕红色或灰褐色纤维状枯叶鞘；叶基生，少茎生，基部具鞘，条形①；2～4花生于茎顶；花径5～9厘米；花被片6，两轮排列，外轮大，蓝色或蓝紫色，雄蕊3，花药黄色；花柱柱头3裂，每裂片复2裂，花柱分枝花瓣状，蓝色②；蒴果具平截喙③。

产青海。生于盐碱滩地、山坡草地、沼泽湿地。

相似种：准噶尔鸢尾【*Iris songarica*，鸢尾科鸢尾属】基部宿存残叶鞘；基生叶条形④；花径7～9厘米；花被片6，外轮花被片较大，黄白色或蓝紫色，先端反折，内轮花被片蓝紫色或紫色⑤，花被管喇叭状；雄蕊3，花药条形，褐色，花柱三裂，裂片花瓣状，蓝紫色；蒴果圆柱形，具长喙④。产祁连山地、青南高原；生于高山杂类草甸、山地灌丛草甸。

马蔺花蓝色，蒴果先端具平截喙；准噶尔鸢尾花紫色，蒴果具长喙。

锐果鸢尾 鸢尾科 鸢尾属

Iris goniocarpa

Angularfruit Iris | ruìguǒyuānwěi

多年生草本；基部宿存纤维状枯叶鞘；叶基生，条形，基部鞘状，互相套迭，直立③，长7～25厘米，宽2～4毫米；花茎直立，高9～25厘米①；苞片2，绿色，边缘膜质，淡粉红色，顶端渐尖，向外反卷，内含1花；花蓝色或淡紫色，直径3～5厘米②；花被片6，外轮花被片长约3厘米，平展或下弯，具深紫色斑纹，向轴面中脉具白色棒毛状附属物，内轮花被片短于外轮花被片，花被管管状，长1.5～2厘米；雄蕊3，花药条形，黄色；子房纺锤形，花柱柱头三裂，每个裂片复二裂，小裂片花瓣状，蓝色④；蒴果椭圆形，具短喙③。

产青南高原、祁连山地。生于海拔2400～4900米的河滩草甸、高寒灌丛草甸、阳坡草地。

锐果鸢尾叶细长；单花，苞片2，花蓝色或淡紫色，外轮花被片具深紫色斑纹和白色棒毛状附属物。

1
3
2
4
5
1
2
3
4

西伯利亚远志 远志科 远志属

Polygala sibirica

Siberian Milkwort | xībólìyàyuǎnzhì

多年生草本；茎丛生；叶互生，下部叶小，向上渐增大，条状披针形或近披针形①；总状花序腋生，或顶生，长3～8厘米，含少数花，排列稀疏；花长4～6毫米，斜升，具3～5毫米的花梗②；萼片5，外层3片小，里面2枚大，花瓣状，镰刀形；花瓣3，蓝紫色，基部合生，侧瓣近卵形，长约3毫米，先端近圆形，结合部分长约2毫米，龙骨瓣略长于侧瓣，中上部具鸡冠状附属物，流苏状；雄蕊8，结合成一侧开裂的长鞘，游离花丝长达1毫米，花药球形，小；子房扁球形，长约5毫米，先端微缺，花柱不加粗③。

产祁连山地、青南高原。生于海拔1800～4000米的沟谷河滩草地、山坡林缘灌丛、田林路边。

西伯利亚远志叶条状披针形或近披针形；花瓣3枚，花丝3/4以上分离；果具缘毛。

藏豆 豆科 藏豆属

Stracheya tibetica

Tibet Stracheya | zàngdòu

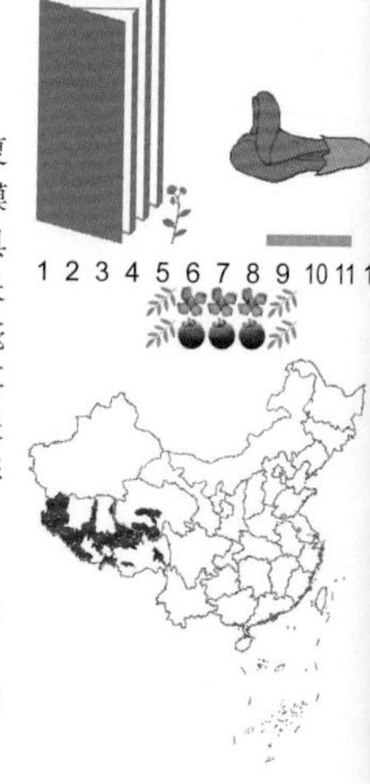

多年生矮小丛生草本；茎极短；奇数羽状复叶；小叶7～23，有时两面具黑色凹陷点；托叶膜质，长4～6毫米，密被长柔毛；总状花序腋生，具2～5花；苞片膜质，长4～5毫米；花萼钟形，长8毫米，萼齿5；花冠紫红色；旗瓣长约17～19毫米，基部具淡黄色小斑点；翼瓣长约15毫米，耳钝圆；龙骨瓣稍短于旗瓣①；雄蕊10枚；荚果长1.5～3厘米，直，扁平，具4列三角形或宽三角形的扁刺状突起，两侧均具明显隆起的网纹状横脉；种子肾形。

产青南高原。生于海拔3900～4600米的沟谷山地高寒草甸、高寒灌丛草甸。

藏豆小叶具黑色凹陷点，果具4列三角形或宽三角形的扁刺状突起。

1
2
3
1

高山豆　豆科 高山豆属

Tibetia himalaica

Himalayan Tibetia | gāoshāndòu

多年生草本，高5～15厘米；茎多分枝；托叶卵形，2枚合生；小叶7～15；伞形花序具2～3花；苞片长三角形，长1.5～2毫米；花萼长4～5毫米；花冠深蓝紫色，长约9毫米；旗瓣扁圆形，长宽各约8毫米，先端凹入；翼瓣等长于旗瓣；龙骨瓣长约4毫米①；子房密被长柔毛；荚果圆柱状，长1.2～2.2厘米；种子肾形，有时不规则，长约2毫米，有斑纹②。

产青南高原、祁连山地。生于海拔2400～4300米的高寒草甸、沟谷山坡林缘灌丛、沙砾质滩地草甸。

高山豆花萼上方2萼齿合生至中部以上；花冠深蓝紫色；旗瓣扁圆形，长宽各约8毫米；花柱内弯成直角。

黑紫花黄芪　豆科 黄芪属

Astragalus przewalskii

Przewalsk's Flower Milkvetch | hēizǐhuāhuángqí

多年生草本；块根纺锤形；茎常带紫色；托叶分离，长6～12毫米，无毛或疏被毛；奇数羽状复叶①；总状花序生上部叶腋，长于叶；总花梗被毛；花梗密被毛；花萼钟状，被黑和白色短柔毛②；花冠黑紫色；子房被毛，有柄，花柱无毛；荚果膨胀，梭状或卵状披针形，疏被黑毛，无隔膜；种子肾形，褐色③。

产大通、祁连、门源、湟中。生于山坡、沟谷的林下、林缘草甸。

1 2 3 4 5 6 7 8 9 10 11 12

相似种：达乌里黄芪【*Astragalus dahuricus*，豆科 黄芪属】一年生或二年生草本；茎直立，多分枝，被毛；奇数羽状复叶；总状花序腋生，较密集；总花梗长2～5厘米；花萼钟状；花冠紫红色④；荚果圆筒形。产民和；生于河滩荒地、沟边。

黑紫花黄芪花黑紫色，荚果膨胀，梭状或卵状披针形；达乌里黄芪花紫红色，荚果圆筒状，常呈镰刀状弯曲。

1
2
1
2
3
4

劲直黄芪 豆科 黄芪属

Astragalus strictus

Strict Milkvetch | jìnzhíhuángqí

多年生直立丛生草本③；主根粗壮，木质；茎基部分枝，有条棱，疏被白色和黑色短柔毛；奇数羽状复叶①；总状花序腋生，密生多花；总花梗长于叶，疏被白色和黑色贴伏长柔毛；花萼长5～6毫米，密被黑色长柔毛，萼齿钻状；花冠紫红色或蓝紫色②；子房密被白色和黑色长柔毛，有短柄；荚果矩圆形弯镰状。

产玉树、囊谦、玛多、玛沁、同德。生于阳坡草地、河滩灌丛、田边湿草地。

相似种：悬垂黄芪【*Astragalus dependens*，豆科黄芪属】多年生草本；主根粗壮；茎基部多分枝；奇数羽状复叶；总状花序腋生，具多花；花萼钟状，萼齿三角形；花冠紫红色④；子房无毛；荚果椭圆形，具长喙。产刚察、共和、海晏；生于山坡草地。

1 2 3 4 5 6 7 8 9 10 11

劲直黄芪小叶狭椭圆形或卵状披针形，荚果矩圆形，稍呈弯镰状；悬垂黄芪托叶离生，小叶长圆形或线状长圆形，荚果椭圆形。

甘青黄芪 豆科 黄芪属

Astragalus tanguticus

Tangut Milkvetch | gānqīnghuángqí

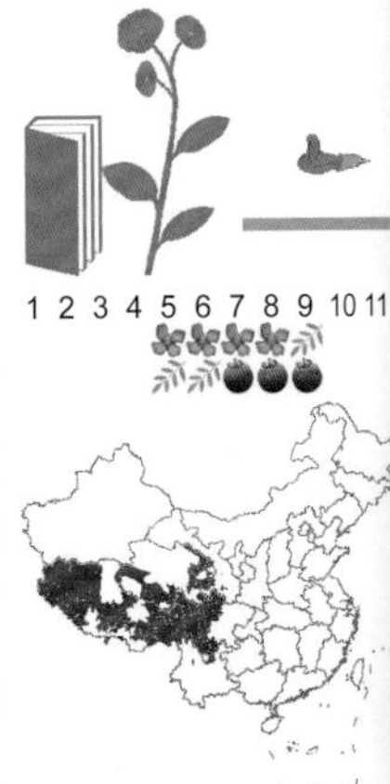

多年生草本；主根粗长，木质；茎匍匐，长10～30厘米，基部多分枝①；托叶披针形，疏被毛；奇数羽状复叶，长2～5厘米；小叶柄短；矩圆形或倒卵状矩圆形，先端圆形或截形，具小突尖，基部圆或圆楔形，腹面疏被毛或近无毛②，背面密被长毛；总状花序腋生，长于叶，具4～12花；总花梗密被白色和黑色长毛；花萼下的2枚小苞片钻状，长约1.5毫米，被毛；花冠蓝紫色，长9～12毫米；子房密被毛，花柱无毛，柱头具髯毛③；荚果倒卵形或圆柱形，长4～9毫米，被毛，2室④。

产西宁、大通、海北、黄南、海南及玉树。生于沟谷林缘、灌丛、砾石坡、河滩草地。

甘青黄芪茎平卧；花萼基部具2个小苞片，花蓝紫色；荚果膨胀，近圆柱形。

1
2
3
4
1
3
2
4

肾形子黄芪 豆科 黄芪属

Astragalus skythropos

Weigokd's Milkvetch | shènxíngzǐhuángqí

多年生草本；根纺锤形，棕褐色；根状茎较细；奇数羽状复叶基生，长4～20厘米；托叶宽披针形，离生，长8～15毫米；小叶卵形或矩圆形，先端钝圆或微凹，基部圆形，腹面无毛或疏被毛，背面疏或密被毛；总状花序密生多花，花下垂并常排列于一侧；总花梗长5～20厘米，被长柔毛；苞片披针形，疏被毛；花梗长1～3毫米，密被黑毛；花萼筒状钟形，长7～10毫米，密被黑色和白色或同棕褐色相混生的长柔毛，萼齿披针形，等长或短于萼筒；花冠红色或紫红色①；子房密被毛，有柄；荚果梭形或卵状披针形，膨胀，长15～20毫米，密被黑白色相间长柔毛②。

产大通及海北、海东、黄南、海南、果洛、玉树。生于高山草甸及阴坡灌丛草甸。

肾形子黄芪花冠红色或紫红色，常下垂，组成排列于一侧的总状花序；小叶腹面无毛或疏被柔毛；龙骨瓣较翼瓣稍长或近等长。

玛沁棘豆 豆科 棘豆属

Oxytropis maqinensis

Maqin Crazyweed | mǎqìnjídòu

多年生草本③；小叶15～23，卵状披针形或长圆形①；总状花序密生多花；花冠淡蓝紫色；旗瓣长15～16毫米，瓣片卵形，宽约8毫米，先端微凹；翼瓣长14毫米，瓣片斜长倒卵形，宽4毫米；龙骨瓣长12毫米，喙长约1毫米②；荚果长圆形，长15～20毫米，密被白色和黑色柔毛。

产青南高原。生于草甸、山坡砾地、沟谷岩隙。

相似种：斜茎黄芪【*Astragalus adsurgens*，豆科 黄芪属】多年生草本；根粗壮，暗褐色；茎多分枝，斜升或直立；奇数羽状复叶。总状花序腋生，密生多花；总花梗长于叶，疏被毛；花冠蓝紫色或紫红色；子房被毛，具柄④。产西宁、大通及海北；生于林缘、盐碱沙地、山坡草甸。

1 2 3 4 5 6 7 8 9 10 11

玛沁棘豆被单毛，花序近头状，龙骨瓣先端有喙；斜茎黄芪被丁字毛，花序呈圆筒状，龙骨瓣先端无喙。

1
2
1
2
3
4

雪地黄芪 豆科 黄芪属

Astragalus nivalis

Snow Milkvetch | xuědìhuángqí

多年生草本；根粗壮，木质；茎密丛生，纤细，常匍匐生长，被灰白色并间有黑色短柔毛①；奇数羽状复叶，长2.4～3.8厘米；托叶小，卵状披针形，先端尖，下部彼此联合，但不与叶柄合生②；总状花序密集成头状，具6～20花；总花梗长2.4～4.8厘米，被白色和黑色丁字毛；苞片宽披针形，密被长柔毛③；花萼筒状，膜质，密被黑白色相间的长柔毛；花后期萼筒十分膨大，萼齿短，披针形，背面密被黑色毛，腹面密被黑色白色相间的毛；花冠紫色或蓝紫色③；荚果斜矩圆形，两面凸起，包于萼筒内，长6～9毫米，密被白色毛，腹缝线处密被黑色毛，具长柄，背缝线向内凹陷④。

产玉树及称多、杂多、玛多、玛沁。生于砾质山坡、河沟石隙、干旱草原。

雪地黄芪植株被丁字毛，托叶合生，小叶两面密被毛；花萼在花期后即膨大呈膀胱状，并包被荚果。

宽苞棘豆 豆科 棘豆属

Oxytropis latibracteata

Broadbract Crazyweed | kuānbāojídòu

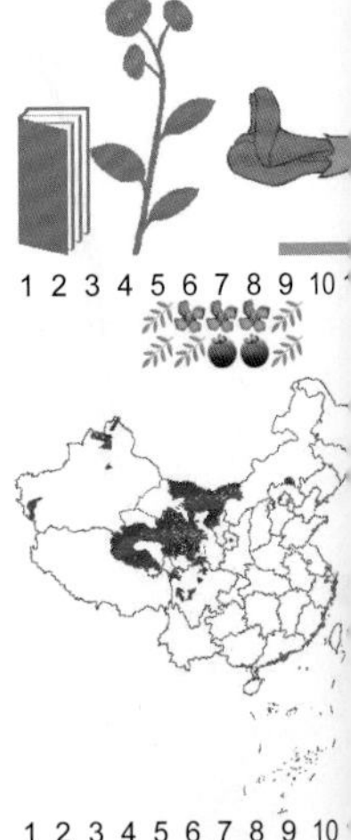

多年生草本；茎极短缩②；小叶卵形至披针形；总状花序近头状；花萼筒状③；花冠紫红色、蓝色或蓝紫色；旗瓣矩圆形，长20～25毫米，宽7～8毫米，先端微凹；翼瓣长18～21毫米；龙骨瓣长17毫米①；荚果膨胀，卵状矩圆形或卵形，先端具喙。

产青海全境。生于草甸、高寒草原、林缘灌丛。

相似种：茵垫黄芪【*Astragalus mattam*，豆科 黄芪属】多年生高山垫状草本；主根粗壮；茎短，分枝密；奇数羽状复叶；托叶膜质，卵形；总状花序腋生，苞片披针形，膜质，花萼钟状，萼齿与萼筒等长；花冠紫堇色带白色；旗瓣倒卵形，先端微凹，爪短宽；子房条形被毛，有长柄，花柱无毛④。产治多、曲麻莱、玛多、玛沁；生于高山草甸、阴坡草地。

宽苞棘豆非垫状，龙骨瓣先端有喙，旗瓣矩圆形；茵垫黄芪垫状，龙骨瓣先端无喙，旗瓣倒卵形。

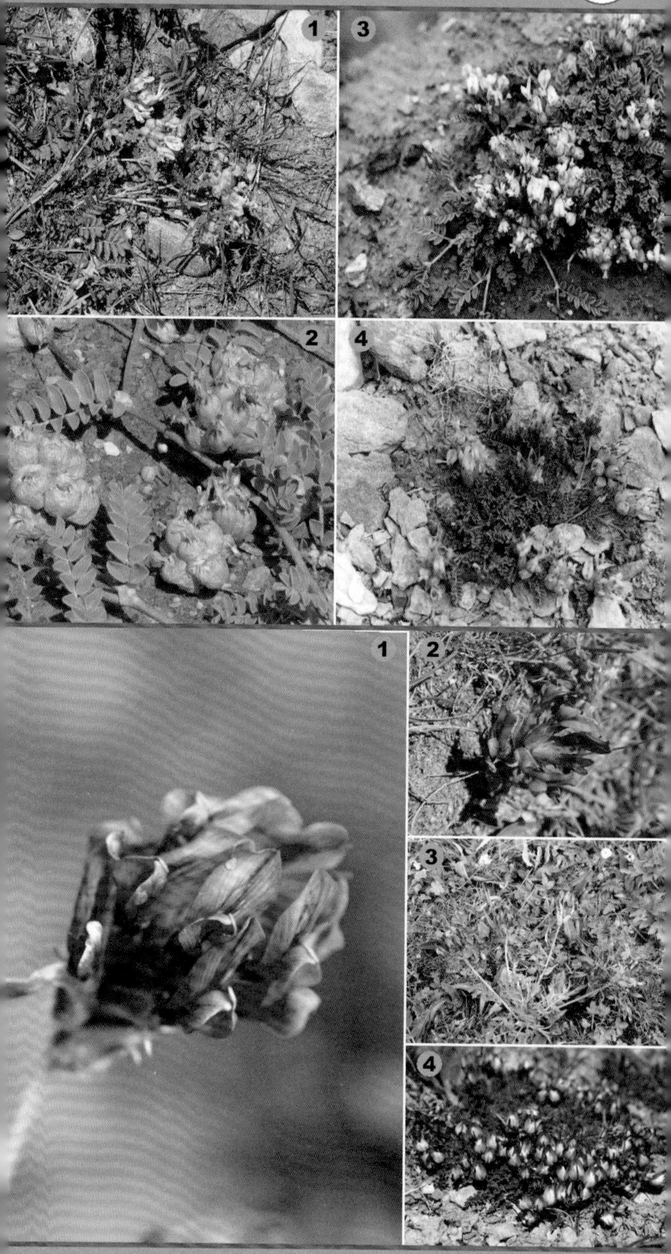
1
3
2
4
1
2
3
4

镰形棘豆　豆科 棘豆属

Oxytropis falcata

Falcate Crazyweed | liánxíngjídòu

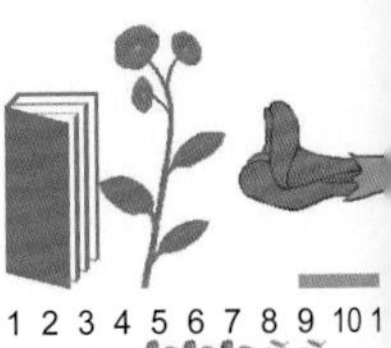

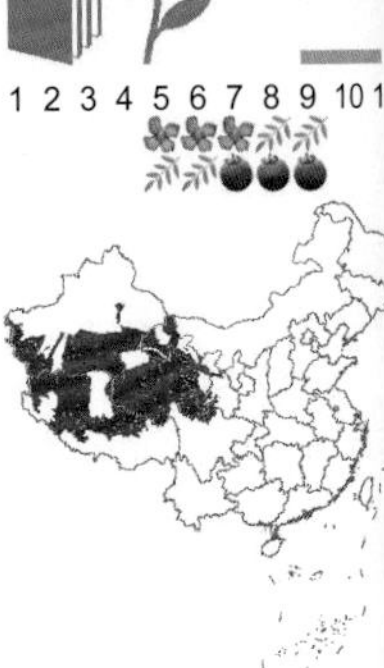

多年生草本，高10～25厘米，具腺体；有黏性；茎短缩，丛生；小叶20～45，对生或互生，少有4枚轮生，条状披针形或条形②；总状花序近头状，密集6～10花；花冠蓝紫色①；荚果镰刀形弯曲，长2～3.5厘米③。

产青海全境。生于海拔2700～5200米湖滨沙滩、河滩砾石地、山麓砾石质草地。

相似种：冰川棘豆【*Oxytropis glacialis*，豆科 棘豆属】全株密被白色长柔毛，呈灰白色；茎极短缩；小叶矩圆形或矩圆状披针形，两面密被白色较开展的绢状长柔毛；总状花序呈球形或矩圆形，具多花；花冠紫红色或蓝紫色④；夹果卵状球形或矩圆状球形④。产青南高原；生于高寒草原、河滩沙砾地、宽谷湖滨草地。

镰形棘豆具腺体，有黏性；冰川棘豆全株密被白色长柔毛，呈灰白色。

二色棘豆　豆科 棘豆属

Oxytropis bicolor

Twocolor Crazyweed | èrsèjídòu

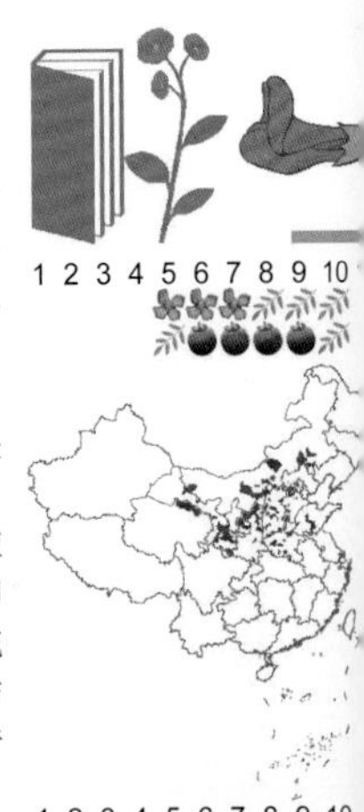

多年生草本，全株被开展白色长柔毛②；近无茎，花莛及叶平卧；小叶5～15，对生或3～4枚轮生，卵形、条形至披针形①；花萼筒状，长9～15毫米；花冠蓝紫色，干后常有黄绿色斑；旗瓣长18～24毫米，宽9～10毫米；翼瓣长15～20毫米；龙骨瓣长约15毫米，喙长2毫米③；荚果矩圆形。

产祁连山地。生于沙质草地、沙砾滩地、堤坝。

相似种：急弯棘豆【*Oxytropis deflexa*，豆科 棘豆属】呈灰绿色；茎短缩或近无茎；小叶密集，卵形、卵状披针形或矩圆形；总状花序密生多花；花冠淡蓝紫色；旗瓣长约7毫米，宽约4毫米；翼瓣与旗瓣近等长；龙骨瓣长约5毫米④。产祁连山地、青南高原；生于高寒草甸、灌丛草甸、河滩沙地。

二色棘豆小叶多轮生，花果不下垂，旗瓣长18～24毫米，有黄色斑；急弯棘豆小叶无轮生，花果下垂，旗瓣长约7毫米，无色斑。

1
3
2
4
1
2
3
4

青海棘豆 豆科 棘豆属

Oxytropis qinghaiensis

Qinghai Crazyweed | qīnghǎijídòu

多年生草本，高15～40厘米，通体密被白色开展长柔毛，植株呈灰色①；小叶13～29，卵形或卵状披针形②；总状花序腋生，密集多花，头状；花萼筒状钟形，长6～8毫米③；花冠紫红色或蓝紫色；旗瓣长约12毫米，瓣片宽卵形，先端微凹；翼瓣长约10毫米；龙骨瓣长约9毫米，具短喙④；子房被黑白色相间的柔毛；荚果长椭圆形，长12～16毫米，宽5～7毫米，膨胀，密被白色或黑白色相间的柔毛；种子肾形，棕色，长约1.5～2毫米。

产祁连山地、青南高原。生于海拔3000～3600米的滩地高寒草甸、山地高寒灌丛草甸。

青海棘豆茎为多棱柱形，具明显沟棱，通体密被开展的白色长柔毛；花冠紫红色或蓝紫色；荚果长椭圆形，膨胀，被毛。

锡金岩黄芪 豆科 岩黄芪属

Hedysarum sikkimense

Sikkim Sweetvetch | xījīnyánhuángqí

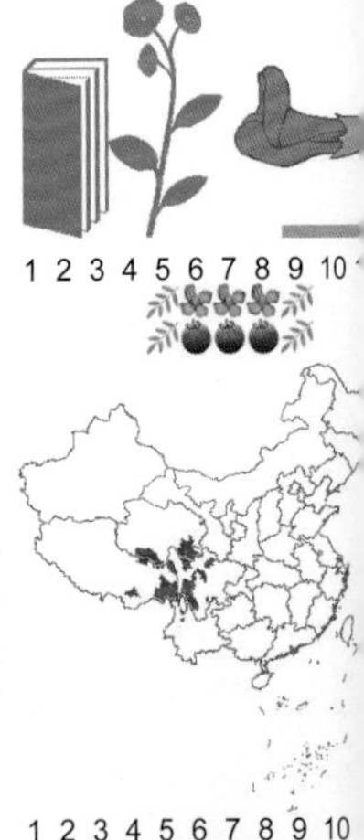

多年生草本；小叶矩圆形、椭圆形或卵状椭圆形，先端圆形或微凹；总状花序腋生，密生12～20花①；花萼钟状，密被黑褐色或白色柔毛，萼齿披针形，长于萼筒，两面被毛，常呈黑褐色；花冠紫红色；旗瓣短于翼瓣；龙骨瓣最长②；子房密被毛；荚果2～5节，下垂，节荚具网纹，被毛。

产青南高原。生于海拔3500～4900米的沟谷滩地高寒草甸、林缘高寒灌丛草甸。

相似种：唐古特岩黄芪【*Hedysarum tanguticum*，豆科 岩黄芪属】高10～25厘米③；萼齿披针形，长于或等长于萼筒，被长毛④，花长21～25毫米，玫瑰紫色，龙骨瓣前端呈棒状⑤。产青南高原；生于沟谷山地草甸、山地阴坡灌丛草甸。

锡金岩黄芪花紫红色，龙骨瓣前端不呈棒状；唐古特岩黄芪花玫瑰紫色，龙骨瓣前端呈棒状。

红花岩黄芪　豆科 岩黄芪属

Hedysarum multijugum

Multijugate Sweetvetch | hónghuāyánhuángqí

半灌木或灌木；茎基部粗至3厘米；小叶椭圆形、卵形或倒卵形，长5～12毫米③；总状花序疏生9～25花；花萼斜钟状，长5～6毫米；花冠长15～19毫米，紫红色，有黄色斑点①；荚果扁平，常1～3节，节荚两侧有网纹和小刺②。

产祁连山地、柴达木盆地、青南高原东部。生于山地阳坡、沟谷岩隙、沙砾质滩地。

相似种：苦马豆【*Sphaerophysa salsula***，豆科苦马豆属】**多年生草本或矮小半灌木；小叶倒卵状椭圆形或长圆形④；腋生总状花序长于叶，具数至10余花；花梗基部有1苞片，上端有2小苞片；花冠蓝紫色或朱红色，长约12毫米⑤；荚果膜质，矩圆形。产柴达木盆地、祁连山地、青南高原东部；生于田埂渠岸及河谷等沙质碱性土壤上。

红花岩黄芪花冠紫红色，有黄色斑点；苦马豆花冠蓝紫色或朱红色。

大花野豌豆　豆科 野豌豆属

Vicia bungei

Bunge's Vetch | dàhuāyěwāndòu

一年生或二年生缠绕或匍匐状草本；茎有棱，多分枝，近无毛；偶数羽状复叶；卷须有分枝；托叶半箭头形，长3～7毫米，有锯齿；小叶3～5对，长圆形或狭倒卵状长圆形，长1～2.5厘米，宽2～8毫米，先端平截、微缺，稀齿状，腹面叶脉不明显，背面叶脉明显被疏柔毛②；总状花序长或等长于叶；花萼钟形，疏被柔毛，萼齿披针形①；花冠红紫色或蓝紫色，旗瓣倒卵状披针形，先端微缺；翼瓣短于旗瓣，长于龙骨瓣；子房柄细长，沿腹缝线被金色绢毛，花柱上部被长柔毛③；荚果扁长圆形，长2.5～3.5厘米，宽约7毫米④。

产祁连山地及班玛。生于水沟边草地、灌丛草地。

大花野豌豆小叶上面被毛；总花梗长，花冠红紫色或蓝紫色；花序具2～4（7）花；荚果长25～35毫米，光滑无毛。

1
3
4
2
5
1
2
3
4

歪头菜 豆科 野豌豆属

Vicia unijuga

Pair Vetch | wāitóucài

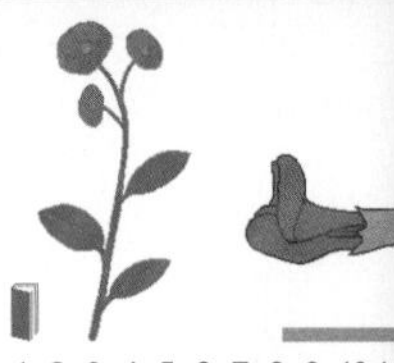

1 2 3 4 5 6 7 8 9 10 11

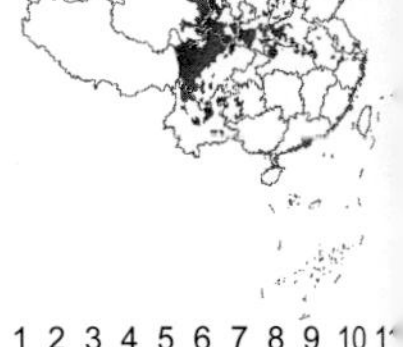

1 2 3 4 5 6 7 8 9 10 11

多年生草本；常数茎丛生；叶轴顶端为细刺尖头，稀为卷须；托叶戟形或近披针形；小叶1对，卵状披针形或近菱形①；花序密生8～20花；花萼紫色，斜钟状或钟状；花冠蓝紫色、紫红色或淡蓝色②；旗瓣倒提琴形，中部缢缩；荚果扁，长圆形。

产祁连山地、青南高原。生于海拔1800～3000米的林缘草甸、沟谷山地灌丛、河边疏林下。

相似种：窄叶野豌豆【*Vicia angustifolia*，豆科野豌豆属】卷须发达；托叶半箭头形或披针形；小叶4～6对，线形或线状长圆形，先端平截或微缺，具短尖头③；花单生，或总状花序具2～4花；花冠红色或紫红色，长1～1.5厘米；旗瓣倒卵形；花柱先端具一束髯毛④。产青南高原东部、祁连山地；生于河滩田埂草丛、山地林缘。

歪头菜小叶1对，卵状披针形或近菱形；窄叶野豌豆小叶4～6对，线形或线状长圆形。

薄荷 唇形科 薄荷属

Mentha canadensis

Wild Mint | bòhe

多年生草本；茎四棱形，被微柔毛，于基部分枝；叶柄长2～10毫米，疏被茸毛；叶片长圆状披针形、披针形、椭圆形，基部楔形至近圆形，先端锐尖，边缘在基部上具较粗大的齿状锯齿，两面均被较密的柔毛①；轮伞花序球形，腋生，具梗或无，被微柔毛；花萼管状钟形，长约2.5毫米，外被微柔毛，具10条脉纹，萼齿5，狭三角状钻形，先端长锐尖；花冠淡紫色，长4毫米，外面略被微柔毛，内面在喉部被微柔毛，冠檐4裂，上裂片先端2裂，较大，其余3裂片近等大，长圆形，先端钝②。

产祁连山地。生于海拔1800～2600米的田埂路边、河滩疏林、溪流水沟边。

薄荷茎四棱形，叶片边缘具较粗大的锯齿；轮伞花序，花冠淡紫色。

1
3
2
4
1
2

独一味 唇形科 独一味属

Lamiophlomis rotata

Common Lamiophlomis | dúyīwèi

多年生草本，花莛高2.5～10厘米③；基出叶常4枚，莲座状排列；叶片菱状圆形、菱形、扇形、横肾形以至三角形，基部浅心形或宽楔形，边缘具圆齿，具皱纹②；轮伞花序密集排列成有短葶的头状或短穗状花序；花萼管状；花冠紫红色，长约1.2厘米，冠檐二唇形，上唇近圆形，下唇3裂，中裂片长约4毫米，宽约3毫米①。

产青南高原。生于海拔3600～4500米的高原强度风化的碎石滩、石质高寒草甸、河滩砾地。

相似种：尖齿糙苏【*Phlomoides dentosa*，唇形科 糙苏属】高25～30厘米；茎直立，四棱形；花冠粉红色，长12～15毫米，二唇形，上唇盔形，内面被长柔毛，下唇3裂，中裂较大④。产祁连山地；生于海拔1800～2800米的干旱山坡、田边、河滩。

独一味无茎，基出叶常4枚交互对生，无柄；尖齿糙苏茎直立，基生叶有长柄。

甘肃黄芩 唇形科 黄芩属

Scutellaria rehderiana

Rehder Skullcap | gānsùhuángqín

多年生草本；叶对生，叶片卵状披针形②；总状花序顶生，苞片小，稍长于花萼；花萼钟状，花冠蓝紫色，长约2.4厘米，二唇形，上唇盔形，下唇3裂，中裂片较大；雄蕊4，前对较长，具半药，后对较短，具全药①；小坚果球形，具瘤状突起。

产循化。生于山坡草地、林缘草甸。

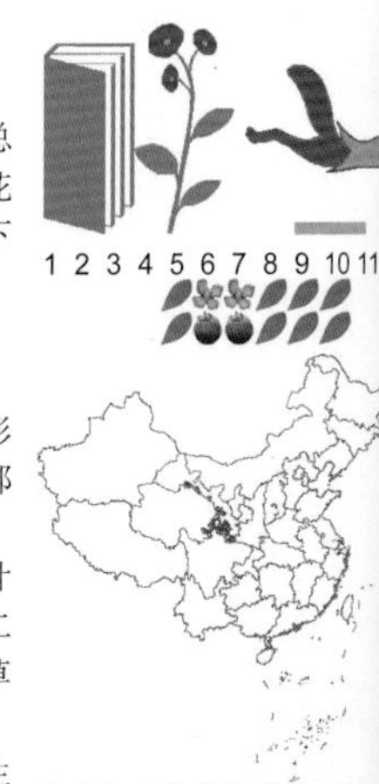

相似种：并头黄芩【*Scutellaria scordifolia*，唇形科 黄芩属】叶具短柄；叶片披针形或长卵形，基部浅心形或近截形，边缘具不明显的波状齿或全缘，具凹点；花单生叶腋，偏向一侧，近基部有一对叶状小苞片③；花冠蓝紫色，冠筒基部膝曲，冠檐二唇形④。产祁连山地；生于沟谷林缘灌丛、山坡草甸、田林路边。

甘肃黄芩多花组成顶生花序；并头黄芩花单生叶腋。

1
2
3
4
1
2
3
4

唐古特青兰　唇形科 青兰属

Dracocephalum tanguticum

Tangut Dragonhead | tánggǔtèqīnglán

多年生草本；茎钝四棱形；叶具柄；叶片轮廓为椭圆状卵形或椭圆形，羽状全裂，裂片2～3对①；轮伞花序生于茎上部，通常具4～6花，形成间断的穗状③；花冠紫蓝色至暗紫色，长2～2.7厘米，外面被短毛，下唇长为上唇的二倍②。

产青南高原、祁连山地。生于海拔2400～4200米的阳坡石隙、林缘灌丛、沟谷草地。

相似种：康藏荆芥【*Nepeta prattii*，唇形科 荆芥属】高70～90厘米；叶卵状披针形、宽披针形至披针形，基部浅心形，边缘具密锯齿；轮伞花序生于茎、枝上部，顶部的3～6节密集成穗状；花冠紫色或蓝色，长2.8～3.5厘米，花冠筒微弯，长于萼，向上骤然宽大成喉，冠檐二唇形④。产祁连山地、青南高原；生于阳坡草地、河滩草甸、疏林田埂。

唐古特青兰叶羽状全裂；康藏荆芥叶不裂。

蓝花荆芥　唇形科 荆芥属

Nepeta coerulescens

Blueflower Nepeta | lánhuājīngjiè

多年生草本，高25～42厘米；茎丛生；叶披针状长圆形，基部截形或浅心形，边缘浅锯齿状①；轮伞花序生于茎端，密集成长3～5厘米卵形的穗状；苞叶叶状，向上渐变小；花萼长6～7毫米，喉部极斜；花冠蓝色，长10～12毫米，花冠筒长约6毫米，宽1.5毫米，向上骤然扩展成喉，冠檐二唇形，上唇直立，长约3毫米，2深裂片圆形，下唇长约6.5毫米，3裂，中裂片大，下垂，倒心形；雄蕊短于上唇；雌蕊花柱略伸出②。

产青南高原、祁连山地。生于海拔2900～4600米的山麓多石处、阳坡草甸、河滩田埂。

蓝花荆芥苞叶蓝色，长于每节的轮伞花序；花长10～12毫米。

1
2
3
4
1
2

美花筋骨草 唇形科 筋骨草属

Ajuga ovalifolia* var. *calantha

Beautiful-flower Bugle | měihuājīngǔcǎo

一年生草本；高10～24厘米，茎四棱形②；叶长圆状椭圆形至阔卵状椭圆形，边缘中部以上具波状或不整齐的圆齿，叶脉常紫色①；穗状聚伞花序顶生，几呈头状，长2～3厘米，由3～4轮伞花序组成；苞叶大，叶状，卵形或椭圆形，长1.5～4.5厘米；花萼管状钟形，长5～8毫米，萼齿5；花冠红紫色至蓝色，筒状，微弯，长2～2.5厘米，内面近基部有毛环，冠檐二唇形，上唇2裂，下唇3裂，中裂片略大；雄蕊4，二强，内藏，着生于上唇下方的冠筒喉部；雌蕊花柱先端2浅裂③。

产久治、班玛、玉树。生于海拔3200～4200米的山地林缘灌丛草甸、阴坡河滩草甸。

美花筋骨草叶长圆状椭圆形至阔卵状椭圆形，具波状齿或圆齿，叶脉常紫色；苞片短于花，花红紫色至蓝色。

扭连钱 唇形科 扭连钱属

Marmoritis complanata

Complanate Phyllophyton | niǔliánqián

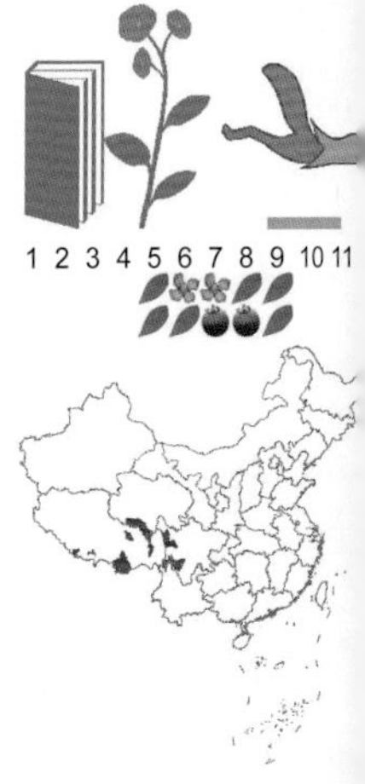

多年生草木；茎上升或匍匐状，四棱形，高13～25厘米，下部常无叶，呈紫红色①；叶片通常呈覆瓦状紧密排列于茎中上部，叶片宽卵状圆形、圆形或近肾形，基部楔形至近心形，先端极钝或圆形，边缘具圆齿及缘毛②；聚伞花序通常3花；苞叶与茎叶同形；小苞片线状钻形；花萼管状，向上略膨大，微弯，口部偏斜，略呈二唇形，萼齿5，上唇3齿略大；花冠淡红色，长1.5～2.3厘米，花冠筒管状，向上膨大，冠檐二唇形，倒扭，上唇(扭转后变下唇)2裂，下唇(扭转后变上唇)3裂，中裂片宽大；雄蕊4，二强，后对(扭转后变前对)伸出花冠；雌蕊花柱细长，微伸出花冠，先端2裂③。

产青南高原。生于高山流石坡石隙间。

扭连钱茎叶密集，相互覆盖；花冠筒伸出萼外，花冠倒扭，上下唇易位。

1
2
3
1
3
2

甘西鼠尾草 唇形科 鼠尾草属

Salvia przewalskii

Przewalsk's Sage | gānxīshǔwěicǎo

1 2 3 4 5 6 7 8 9 10 11

多年生草本；叶片三角状或椭圆状戟形，基部心形或戟形，边缘具圆齿；轮伞花序2～4花；花萼钟形，二唇形，长11毫米；花冠紫红色，长21～38毫米，冠筒长约17毫米，宽约2毫米，冠檐二唇形，上唇长圆形，下唇3裂；能育雄蕊伸于上唇下面；雌蕊花柱略伸出花冠，先端2浅裂①。

产祁连山地、青南高原。生于海拔1900～4050米的沟谷山地高寒草甸、河谷林缘草地。

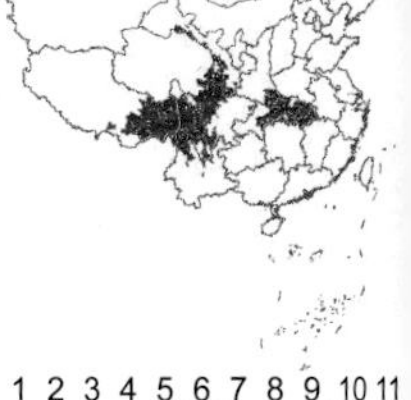

相似种：康定鼠尾草【*Salvia prattii*，唇形科 鼠尾草属】叶多为基生，叶片长圆状戟形或卵状心形，边缘有圆齿；轮伞花序2～6花，于茎顶排列成总状复花序；花冠蓝紫色，长35～40毫米，下唇长于上唇，3裂，中裂片最大，倒心形②。产青南高原；生于海拔3550～5200米的高寒草甸、高寒灌丛草甸。

1 2 3 4 5 6 7 8 9 10 11

甘西鼠尾草花紫红色，长21～38毫米；康定鼠尾草花蓝紫色，长35～40毫米。

甘露子 唇形科 水苏属

Stachys sieboldii

Japanese Artichoke | gānlùzi

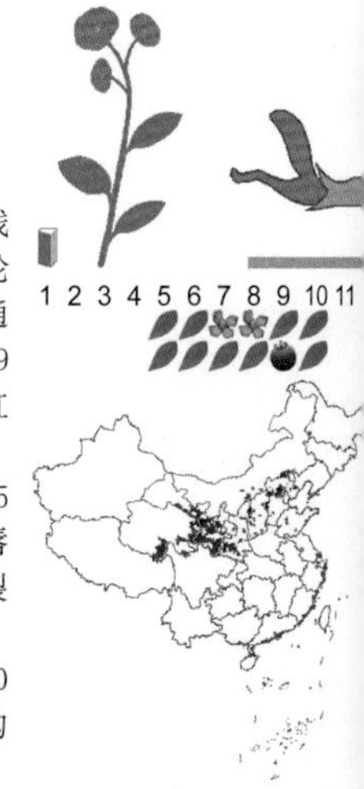

多年生草本①；具念珠状根茎；茎四棱形；茎生叶卵圆形或长椭圆状卵圆形，基部平截至浅心形，有时宽楔形或近圆形，边缘有锯齿③；轮伞花序通常6花；苞叶向上渐变小，呈苞片状，通常反折；小苞片线形；花梗短；花萼狭钟形，长9毫米，萼齿5，先端具刺尖头；花冠粉红色至紫红色，下唇有紫斑，长约1.3厘米，冠筒长约9毫米，冠檐二唇形，3裂，中裂片较大，近圆形，径约3.5毫米，侧裂片短小；雄蕊4，前对较长，升至上唇片之下；雌蕊花柱丝状，略超出雄蕊，先端2浅裂②。

产祁连山地、青南高原。生于海拔2000～4200米的沟谷林缘草地、河滩及山麓石堆中、田埂水沟边。

甘露子具念珠状根茎；花冠粉红色至紫红色，下唇有紫斑。

1
2
1
3
2

密花香薷 唇形科 香薷属

Elsholtzia densa

Denseflower Elsholtzia | mìhuāxiāngrú

多年生草本；高30～60厘米；茎直立，四棱形①；叶片长披针形至椭圆形②；轮伞花序穗状着生于茎顶端；苞片宽卵圆形，紫红色，边缘具密集的睫毛；花冠淡紫红色，长不逾3毫米，外面及边缘密被紫色串珠状长柔毛，冠檐二唇形，上唇直立，先端微凹，下唇3裂；雄蕊4；雌蕊花柱伸出冠外，先端2裂③。

产青海全境。生于海拔1800～4300米的山坡林缘草甸、滩地高寒草甸、田埂路边。

相似种：细穗香薷【*Elsholtzia densa* var. *ianthina*，唇形科 香薷属】植株高达60厘米以上；叶狭披针形，先端常尾尖；花序一般较细长，径不足10毫米④。产祁连山地、青南高原；生于海拔2300～3800米的沟谷山地高寒草甸、林缘草地、田边荒地。

密花香薷叶较宽，穗状花序短粗；细穗香薷叶狭细，常有尾尖，花序细长。

宝盖草 唇形科 野芝麻属

Lamium amplexicaule

Henbit Deadnettle | bǎogàicǎo

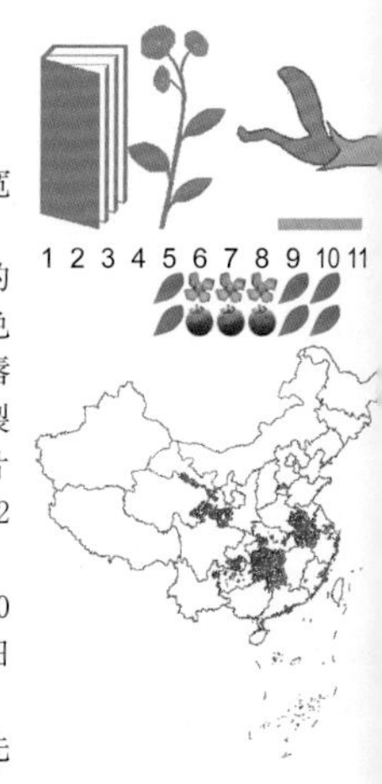

一年生草本，高10～20厘米；茎基部多分枝，四棱形；叶片圆形或肾形，长0.5～2厘米，宽0.7～2.5厘米，边缘具圆齿①；轮伞花序6～8花；苞片披针形，具缘毛；花萼钟形，外面密被白色的长柔毛，萼齿5，披针形，长约2毫米；花冠紫红色或粉红色，长约1.8～2厘米；冠筒细长，冠檐二唇形，上唇直伸，长约4毫米，下唇稍长，3裂，中裂片倒心形，先端深凹，基部收缩，侧裂片浅圆裂片状②；雄蕊花丝光滑；雌蕊花柱丝状，柱头不等2浅裂，子房无毛。

产祁连山地、青南高原。生于海拔2100～4300米的山坡草地、林缘灌丛草甸、河谷沼泽草甸、田边荒地。

宝盖草叶片圆形或肾形，边缘具圆齿；萼齿先端尖；花冠紫红色或粉红色，上唇被紫色柔毛。

1
2
3
4
1
2

细叶益母草　唇形科 益母草属

Leonurus sibiricus

Siberian Motherwort | xìyèyìmǔcǎo

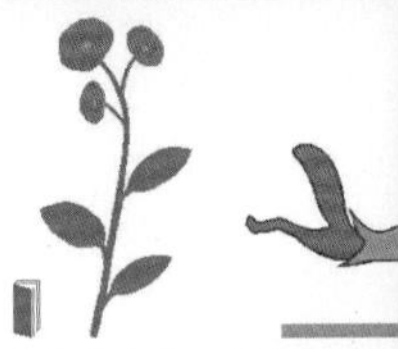

二年生草本；茎直立，四棱形，被倒向糙伏毛，常从基部分枝，丛生；叶长3～5厘米，掌状3全裂，裂片再3裂或羽状分裂，小裂片线形；叶柄长约2厘米，被糙伏毛；最上部苞叶3全裂①；轮伞花序多花，组成疏离的穗状化序；小苞片刺状；花萼筒状，长约10毫米，外面密被有节长柔毛，萼齿5，钻形，具刺尖，开展或下翻；花冠粉红色，长约1.6厘米，外面被长柔毛，内面近基部有毛环，二唇形，上唇比下唇长1／4，直伸，内面无毛，下唇3裂，中裂片倒心形，先端微凹，有紫色脉纹；雄蕊4，平列于上唇之内，花丝中部有鳞状伏毛，花药卵形②。

产祁连山地及兴海、同德。生于海拔2230～2600米的阳坡山麓砾石地、田边荒地、路边墙根。

细叶益母草叶二回掌状深裂；花萼外面密被有节长柔毛；花冠粉红色，上唇比下唇长1／4。

密花角蒿　紫葳科 角蒿属

Incarvillea compacta

Compace Incarvillea | mìhuājiǎohāo

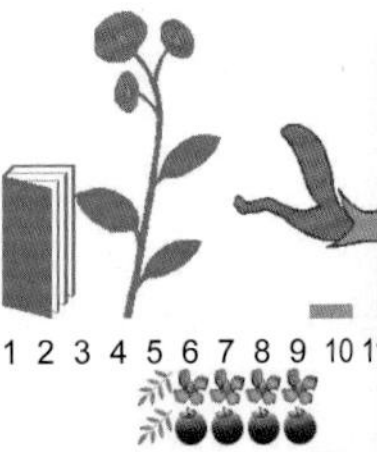

多年生草本①；叶一回羽状分裂，聚生于茎基部，顶生小叶远大于侧生小叶，卵圆形，或狭披针形，长1.2～3.4厘米，宽0.5～3厘米，全缘；侧生小叶2～6对，卵形，长1.5～3厘米，宽0.8～1.2厘米，先端渐尖，基部圆形②；总状花序密集，初时聚生于叶丛中，果期抽出叶丛外；苞片三角状线形，无柄；花萼钟状，长1～1.5厘米，萼齿三角形；花冠紫红色，筒部具深紫色斑点，长3.6～4.6厘米，裂片近圆形，先端微凹；退化雄蕊呈突起状③；蒴果长披针形，稍具四棱，长约11厘米，宽厚约1厘米①；种子扁平，具翅，上面密被鳞片，下面光滑。

产青南高原、祁连山地。生于海拔2400～4600米的阳坡山麓砾地、沙砾河滩、高寒草甸裸地、山坡石隙。

密花角蒿具单叶，花期近基生，大头羽裂，裂片全缘；花冠紫红色，筒部具深紫色斑点；蒴果长披针形，稍具四棱。

列当 列当科 列当属

Orobanche coerulescens

Skyblue Broomrape | lièdāng

寄生草本植物；茎直立，无分枝，基部稍增大③；叶卵状长圆形、卵状披针形或披针形，坚硬，栗色②；花序穗状，长10～16厘米；苞片叶状，较花萼长；花萼宽钟状，长约1厘米，2深裂达基部；花冠蓝紫色，花冠筒中部外弯，口部二唇形，上唇浅裂，下唇3裂，边缘有齿；花药卵形，基部有小尖头①。

产祁连山地、青南高原。寄生于海拔2300～3500米的阳坡草地、湖滨沙地的蒿属植物根上。

相似种：矮生豆列当【*Mannagettaea hummelii*，列当科 豆列当属】低矮肉质寄生草本；茎上疏生鳞片；鳞片卵状长圆形；花数朵簇生于枝顶，或近伞房状花序或成头状；花萼管状；花冠管状，全缘，下唇三裂，裂片线形④。产青南高原及祁连；寄生于沟谷山地阴坡灌丛中的鬼箭锦鸡儿根上。

列当为穗状花序，花冠疏被毛；矮生豆列当花聚集于茎端，近头状，花冠密被毛。

藓生马先蒿 列当科/玄参科 马先蒿属

Pedicularis muscicola

Muscicolous Woodbetony | xiǎnshēngmǎxiānhāo

多年生草本；茎丛生，柔弱，分枝多而细长，常弯曲上升或铺地生长，长达20厘米，常成密丛；叶互生，具长达2.5厘米的柄；叶片卵状披针形，羽状全裂，小裂片边缘具重锯齿，先端有胼胝；花单生于所有叶腋；花萼圆筒状，长达12毫米，齿5枚；花冠红色至紫红色，下唇近喉部白色，长4.8～5.3厘米，管长约4厘米，外面被毛，下唇宽达2厘米，3裂，侧裂片极大，宽达1厘米，盔直立，自基部向左扭折使其顶向下，前方渐细卷曲或成S形的长喙，喙长约10毫米；花柱伸出于喙端①。

产祁连山地、青南高原东部。生于海拔约3650～4300米左右的山地阴坡云杉林下湿处、林缘沼泽地。

藓生马先蒿茎柔弱，常弯曲上升或铺地生长；花红色至紫红色，单生于叶腋，管长约4厘米，下唇有白斑。

四川马先蒿 列当科/玄参科 马先蒿属

Pedicularis szetschuanica

Sichuan Woodbetony | sìchuānmǎxiānhāo

一年生草本；叶4枚轮生，叶片卵状长圆形或长圆状披针形，羽状浅裂至半裂，两面被疏毛②；穗状花序多花而密；苞片三角状披针形或三角状卵形，被长白毛；花萼钟形，膜质；花冠紫红色，管部膝曲，向喉部稍扩大，下唇基部近心形；雄蕊花丝2对均无毛；柱头稍伸出①。

产格尔木、兴海、称多。生于草甸、流石滩。

相似种：大花草甸马先蒿【*Pedicularis roylei* subsp. *megalantha*，列当科/玄参科 马先蒿属】茎通常紫黑色；叶片卵状长圆形或长圆形，羽状深裂；茎生叶2～4枚轮生，较小③；花序总状，除花冠外的花序各部密被紫色多节毛；花萼钟状；花冠紫红色；花柱稍伸出盔端④。产玉树；生于阳坡高寒草甸。

四川马先蒿叶边缘浅裂，裂片具齿，花丝2对，无毛；大花草甸马先蒿叶羽状全裂，裂片再深裂至全裂，花丝无毛。

大唇马先蒿 列当科/玄参科 马先蒿属

Pedicularis rhinanthoides* subsp. *labellata

Large Rhinanthus-like Woodbetony | dàchúnmǎxiānhāo

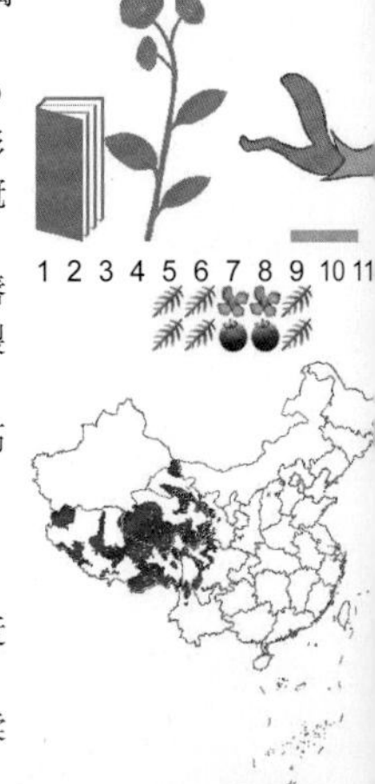

多年生草本；根纺锤形，肉质；叶片长椭圆形或长圆形，羽状全裂；花小近头状，花少①；花冠玫瑰红色，盔下部及喉部黄白色，喙长达10毫米，筒部长2.2～2.6厘米，花管外被长毛及腺毛；下唇基部心形，长1～1.2厘米，宽2.1～2.4厘米，中裂片小②。

产青海全境。生于海拔2700～4800米的山坡高寒草甸、河谷高寒沼泽草甸、高寒灌丛草甸。

相似种：极丽马先蒿【*Pedicularis decorissima*，列当科/玄参科 马先蒿属】茎缩短，与叶成密丛；叶基生或茎生，互生，均有柄；叶片狭长圆形，近羽状全裂或基生叶浅裂，裂片大而少；花均腋生；苞片叶状；花萼筒形；花冠淡紫红色，外面被疏柔毛③。产同仁、化隆；生于高寒灌丛草甸。

大唇马先蒿花冠玫瑰红色；极丽马先蒿花盔深紫红色，下唇淡紫红色至白色。

1
2
3
4
1
3
2

甘肃马先蒿

列当科/玄参科 马先蒿属

Pedicularis kansuensis

Kansu Woodbetony | gānsùmǎxiānhāo

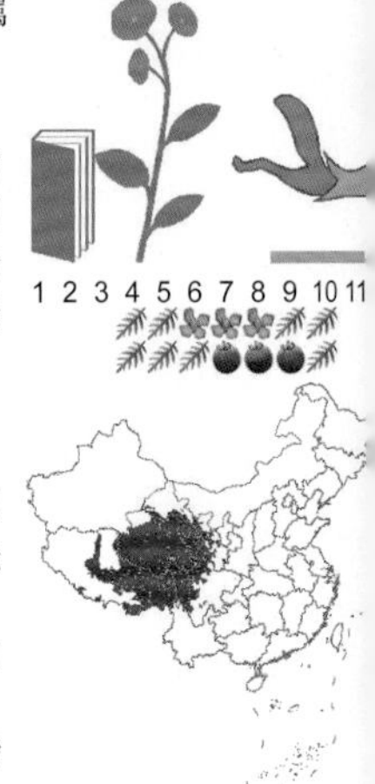

一年生草本；茎常自基部发出多条；基生叶宿存，茎生叶3～4枚轮生；叶片线状长圆形或长圆形，羽状全裂，裂片羽状深裂②；花冠紫红色或粉红色，长15～18毫米，下唇长6～8毫米，宽7～9毫米，盔额高凸，常具鸡冠状凸起；柱头伸出①。

产青海全境。生于草甸、田埂荒地。

相似种：青藏马先蒿【*Pedicularis przewalskii*，列当科/玄参科　马先蒿属】叶片线状长圆形，羽状浅裂；花序常密集；花萼卵状椭圆形，长达18毫米，口部收缩③；花冠紫红色，喉部内面黄白色，外面被长毛；花柱不伸出④。产青南高原、祁连山地；生于草甸、河滩高寒沼泽草甸。

甘肃马先蒿叶轮生，花冠仅长至18毫米，盔端不裂；青藏马先蒿叶多基生，仅花冠管部就长达28～33毫米，喙端2裂。

绒舌马先蒿

列当科/玄参科 马先蒿属

Pedicularis lachnoglossa

Hairytongued Woodbetony | róngshémǎxiānhāo

多年生草本；干时变黑；叶片线状披针形，羽状全裂①；花序总状顶生，长约15厘米；花萼圆筒状长圆形，被紫色长缘毛；花冠淡紫红色至紫红色，长13～15毫米，管部向前稍弓曲，下唇3深裂，被浅红褐色缘毛；盔转折而指向前下方，其颏部等处密被紫色长柔毛②。

产青南高原。生于林缘高寒草甸、山地高寒草甸。

相似种：全缘马先蒿【*Pedicularis integrifolia*，列当科/玄参科　马先蒿属】多年生草本；根肉质，纺锤形或圆柱形，有分枝根；茎单一或根茎发出多条，被短毛；基生叶丛生，叶片狭长圆状披针形，羽状浅裂；花萼筒状钟形，花管深紫红色，被稀疏黑紫色短腺毛；雄蕊着生于花管的顶端，花丝2对，中部以上密被柔毛③。产称多；生于沟谷山地高山草甸。

绒舌马先蒿叶为羽状全裂；全缘马先蒿叶浅裂。

1
2
3
4
1
3
2

碎米蕨叶马先蒿　列当科/玄参科　马先蒿属

Pedicularis cheilanthifolia

Lipfernleaf Woodbetony | suìmǐjuéyèmǎxiānhāo

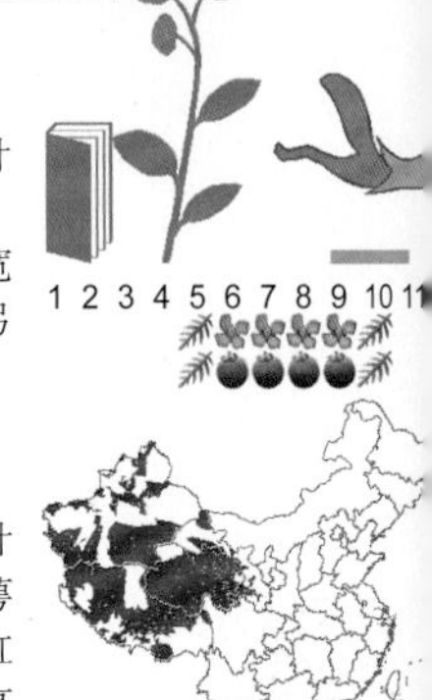

多年生草本；茎有时带紫红色；叶片线状披针形，羽状全裂①；花序紧密穗状；花冠颜色多变，自紫红色直至纯白色②③，长20～25毫米，下唇宽心形，有褶，长约8毫米，宽约13毫米，盔镰状弓曲，长约11毫米，端几无喙；花柱伸出喙端④。

产青海全境。生于高寒灌丛草甸、林缘草地。

相似种：轮叶马先蒿【*Pedicularis verticillata*，列当科/玄参科　马先蒿属】茎生叶通常4枚轮生，叶片较基生叶宽短，羽状全裂；花序密集总状；花萼卵球形，常红色，密被紫红色长毛；花冠通常紫红色，稀粉红色；雄蕊花药有时紫红色⑤。产青南高原、祁连山地；生于沟谷山地高寒草甸、高寒灌丛草甸、河滩草地。

碎米蕨叶马先蒿唇端有喙，花柱伸出喙端；轮叶马先蒿唇端无喙，花柱不伸出喙端。

1 2 3 4 5 6 7 8 9 10 11

绵毛马先蒿　列当科/玄参科　马先蒿属

Pedicularis pilostachya

Polosestachys Woodbetony | miánmáomǎxiānhāo

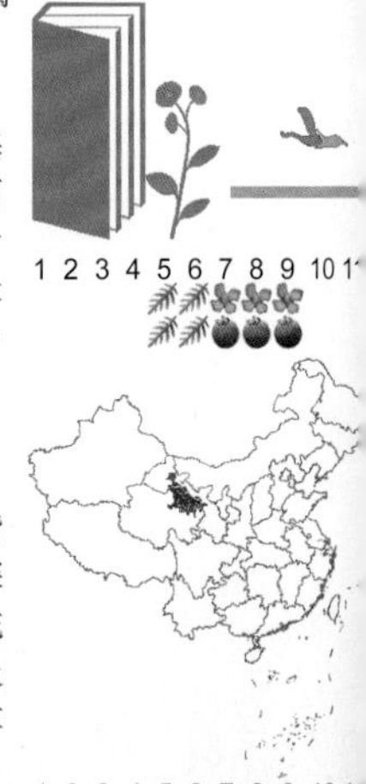

多年生草本；根肉质，有分枝，被绵毛；叶基生，叶片长圆状披针形，羽状全裂①；花序穗状而紧密，花冠外密被白色长绵毛；苞片基部宽，披针形，先端全缘或具疏齿；花萼近无梗，膜质，全缘或有疏齿；花冠深紫红色，在花萼口部以直角弓曲；雄蕊花丝2对均无毛；花柱不伸出盔端②。

产兴海。生于沟谷山地高山草甸上。

相似种：团花马先蒿【*Pedicularis sphaerantha*，列当科/玄参科　马先蒿属】茎单一，直立，黑紫色，被密毛；叶茎生者对生；叶片长圆形，羽状深裂；花序密集近头状，花少；花萼长约9毫米；花冠紫红色，盔部色深，下唇3裂③。产青南高原及乐都、互助；生于沟谷山地灌丛草甸、滩地高寒草甸。

绵毛马先蒿叶仅对生，雄蕊花丝2对均无毛；团花马先蒿叶3～4枚轮生，雄蕊花丝前方1对被疏毛。

1
2
4
3
5
1
3
2

短管兔耳草 车前科/玄参科 兔耳草属

Lagotis brevituba

Shorttube Lagotis | duǎnguǎntùěrcǎo

多年生草本，高5～15厘米；根状茎横卧或斜伸②；茎通常1～2条，直立或蜿蜒状上升，有时呈紫红色，高出叶②；基生叶3～6枚；叶片卵圆形或披针形，中脉有时紫红色，基部宽楔形至近心形，缘有圆齿；茎生叶小④；穗状花序密集呈头状或长圆形，长2～3厘米；苞片有时蓝绿色或灰紫色；花萼佛焰苞状，长6～9毫米；花冠蓝紫色、浅蓝色至白色，长7～11毫米，筒部通常直或略弯曲，稍短于唇部，上唇顶端钝或微凹，下唇稍长，通常2～3裂；雄蕊2，花丝极短，内藏，花药肾形；花柱内藏，柱头微2裂①；果实长圆形③。

产青南高原、祁连山地。生于海拔3700～5200米的高山流石坡、高寒草甸砾地。

短管兔耳草茎蜿蜒状上升；穗状花序密集呈头状或长圆形，花萼佛焰苞状，花冠蓝紫色、浅蓝色至白色。

肉果草 兰石草 通泉草科/玄参科 肉果草属

Lancea tibetica

Tibet Lancea | ròuguǒcǎo

多年生草本，茎生叶几成莲座状；叶片倒卵形或倒卵状披针形、匙形，全缘或有疏齿；花3～5朵簇生；苞片钻状披针形；花萼钟状，长约6毫米；花冠紫色或蓝紫色，长1.3～2厘米，上唇裂片稍翻卷，2深裂，下唇开展，先端3浅裂，具褶，密被黄色长柔毛；雄蕊着生于花冠筒中部，后方2枚稍短；柱头扇状①。

产青海全境。生于海拔2200～4400米的沟谷山地高山灌丛草甸、河滩疏林草甸、水沟岸边。

相似种：白花肉果草【*Lancea tibetica* f. *albiflora*，通泉草科/玄参科 肉果草属】基生叶几成莲座状；叶片长1.5～6厘米，宽0.5～2.5厘米，先端钝，常有小突尖，全缘或有疏齿，通常光滑或有时幼叶被毛；花白色②。产祁连山地；生于海拔2800～3600米的沟谷山地高山灌丛草甸。

肉果草花冠紫色或蓝紫色；白花肉果草花白色。

1
2
3
4
1
2

长果婆婆纳 车前科/玄参科 婆婆纳属

Veronica ciliata

Longfruit Speedwell | chángguǒpópónà

多年生草本；茎直立；叶对生；叶片卵形或卵状披针形，长1～4厘米，宽0.5～2厘米，先端急尖，边缘有锯齿或全缘，基部圆钝①；总状花序1～4条，侧生于茎顶叶腋，除花冠外各部分被白色或有时夹杂红色多细胞柔毛或长硬毛；苞片近线形；花萼裂片通常5；花冠蓝色或蓝紫色，近辐状，长3～6毫米，筒部有时黄褐色，远短于花冠全长，内面无毛，裂片4，倒卵形或近圆形，不等宽；雄蕊较花冠短；子房被毛，花柱长1～2毫米②；蒴果长圆形，长5.5～8毫米，宽2.5～4毫米，先端钝且微凹，被长硬毛。

产青海全境。生于海拔2450～4750米的高山流石滩、河滩草甸裸地、高寒灌丛草甸、沟谷山坡荒地。

长果婆婆纳叶片卵形或卵状披针形；花冠蓝色或蓝紫色，筒部远短于花冠全长，内面无毛，裂片4。

毛果婆婆纳 车前科/玄参科 婆婆纳属

Veronica eriogyne

Hairyfruit Speedwell | máoguǒpópónà

多年生草本；全株被白色多细胞长柔毛；茎直立；叶对生；叶片线状披针形或披针形，边缘有整齐的浅锯齿①；总状花序1～4条，侧生于茎近顶端叶腋，花密集，穗状，果期被长柔毛；苞片条形；花萼裂片5，后方1枚小或缺失，条状披针形；花冠蓝色或蓝紫色，近辐状，长4.5～6毫米，筒部较长，占全长的1/2～2/3，里面被疏毛或无毛，裂片5，倒卵圆形或长圆形，前方2枚稍窄；雄蕊较花冠短②；子房密被毛，柱头近头状；蒴果长圆形，密被毛。

产青南高原。生于海拔2900～4000米的林缘、河滩灌丛、沼泽地、沙地及阴坡草地。

毛果婆婆纳叶片线状披针形或披针形；花冠蓝色或蓝紫色，筒部占全长的1/2～2/3，里面被疏毛或无毛，裂片5。

1
2
1
2

单花翠雀花 毛茛科 翠雀属

Delphinium candelabrum* var. *monanthum

Oneflower Larkspur | dānhuācuìquèhuā

直立草本；茎下部无毛，上部被短柔毛；基生叶在茎基部簇生，具长柄；叶片肾状五角形②；花梗上部密被黄色柔毛；花大，萼片蓝紫色；花瓣暗褐色，疏被短柔毛或无毛，先端全缘；退化雄蕊紫色，近圆形，腹面有黄色柔毛；雄蕊无毛①。

产循化、湟中、湟源、大通、贵南、兴海。生于高山灌丛、高寒草甸、洪积扇、河岸湿地。

相似种：白蓝翠雀花【*Delphinium albocoeruleum*，毛茛科 翠雀属】叶片五角形，裂片深裂③；伞房花序；小苞片匙状线形，长7～12毫米；萼片蓝紫色或蓝白色（另见196页），花瓣无毛；退化雄蕊黑褐色，2浅裂，腹面有黄色髯毛④。产祁连山地、青南高原；生于河谷山麓沙砾地、高寒草甸裸地。

单花翠雀花叶掌状全裂，单花；白蓝翠雀花叶掌状深裂，花序伞房状。

毛翠雀花 毛茛科 翠雀属

Delphinium trichophorum

Trichophore Larkspur | máocuìquèhuā

多年生草本，高20～60厘米，叶片肾形或圆肾形①；总状花序密生多花；萼片灰白色、淡蓝色或紫色，长1～2厘米，两面均被长糙毛，上萼片船状卵形，距下垂，长1.5～2.5厘米，基部直径3～5毫米③；花瓣先端微凹或2浅裂②；退化雄蕊瓣片卵形，2浅裂；雄蕊无毛；心皮3。

产青南高原及门源。生于海拔3200～4350米的高山灌丛、山坡石隙、高寒草甸砾地。

相似种：蓝翠雀花【*Delphinium caeruleum*，毛茛科 翠雀属】叶片五角形，3深裂；伞房花序，下部苞片叶状；小苞片匙状线形；萼片蓝紫色或蓝白色；花瓣无毛④；退化雄蕊蓝色，2浅裂，腹面有黄色髯毛；心皮3。产青海全境；生于宽谷滩地草甸、高寒灌丛草甸、沟谷河岸石隙。

毛翠雀花叶片肾形或圆肾形，退化雄蕊黑色或黑褐色；蓝翠雀花叶片五角形，退化雄蕊蓝色，腹面被黄色髯毛。

1
2
3
4
1
2
3
4

红花紫堇 罂粟科 紫堇属

Corydalis livida

Redflower Corydalis | hónghuāzǐjǐn

多年生草本；叶三回羽状全裂①；总状花序疏具10～15花；花冠淡紫红色或白色③②，长1.8～2.5厘米，距约与瓣片等长，稍下弯；内轮花瓣淡黄色，具鸡冠状突起；雄蕊束狭卵状披针形；蒴果线形，长1.5～2厘米④。

产青南高原及循化、民和。生于河岸水边石隙、山麓沙砾滩地、阴坡高寒灌丛草甸。

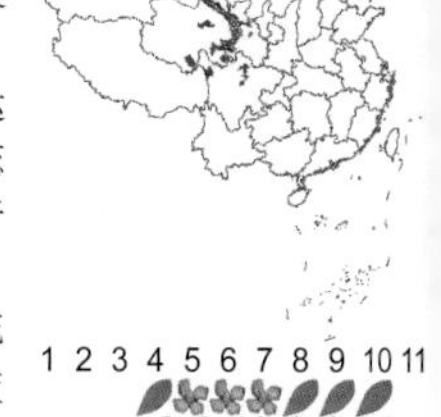

相似种：弯花紫堇【*Corydalis curviflora*，罂粟科 紫堇属】块根纺锤形或棒状；基生叶具长柄，叶片五角形，三全裂；茎生叶无柄，近指状分裂达基部；总状花序长2～5厘米；花瓣4，蓝色⑤；雄蕊6，花丝连合成二束。产祁连山地、青南高原；生于高寒草甸、阴坡高寒灌丛草甸。

红花紫堇叶小裂片卵形、倒卵形或长圆形，花淡紫红色或白色；弯花紫堇叶小裂片条形，花蓝色。

裂叶堇菜 堇菜科 堇菜属

Viola dissecta

Dissected Violet | lièyèjǐncài

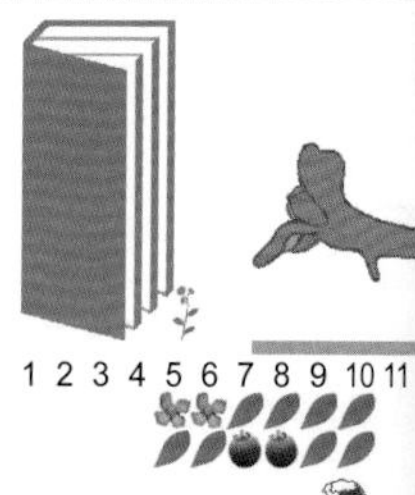

多年生草本；无茎；叶基生，叶片肾形或阔卵形，长约1.5厘米，宽1.5～2厘米，掌状分裂，一般3全裂，中裂片3～5深裂，末回裂片全缘；花腋生，下部具2线形小苞片；花瓣紫色或蓝紫色，近匙形或倒卵状长圆形，长8～10毫米，下面花瓣较短，长约8毫米，基部之距近筒状，长约6毫米①。

产祁连山地。生于田林路边草地、水沟边。

相似种：西藏堇菜【*Viola kunawarensis*，堇菜科 堇菜属】叶基生，叶片卵形、近椭圆形至长圆形，全缘；无茎；花腋生，花梗近中部具苞片2枚，线形、膜质，长约5毫米；花瓣蓝紫色或具紫色条纹，肾形，长6～8毫米，先端钝圆，下部花瓣稍短②，基部之距囊状；雄蕊高约3毫米。产青南高原、祁连山地；生于灌丛草甸、河漫滩草甸、林缘草甸。

裂叶堇菜叶片肾形或阔卵形，3全裂；西藏堇菜叶片卵形、近椭圆形至长圆形，全缘。

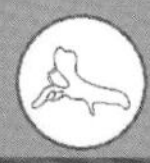

1
3
2
4
5
1
2

唐古特乌头　毛茛科 乌头属

Aconitum tanguticum

Tangut Monkshood | tánggǔtèwūtóu

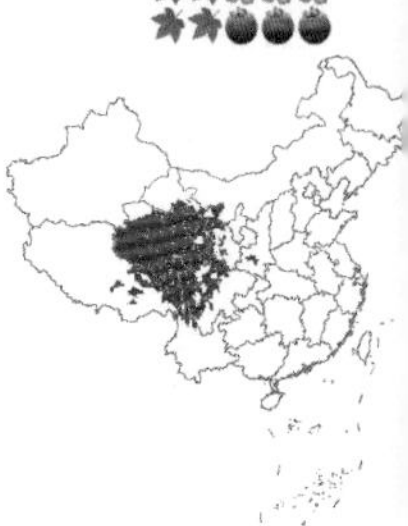

多年生草本①；茎分枝；基生叶具长柄，叶片圆形或圆肾形，3深裂；茎生叶1～2②，顶生总状花序具数花；萼片蓝紫色，上萼片船形，高1.5～2.5厘米，宽5～7毫米，下缘稍凹或平直，长1.2～2厘米，下萼片宽椭圆形；花瓣极小，距短③；心皮5。

产青南高原、祁连山地。生于海拔3450～4700米的阴坡高寒灌丛草甸、高寒草甸、高山流石坡。

相似种：露蕊乌头【*Aconitum gymnandrum*，毛茛科 乌头属】一年生草本；叶片宽卵形，3全裂④；总状花序具数花至多花；萼片蓝紫色，上萼片船形，高1.5～2厘米，侧萼片长1.2～1.8厘米；花瓣片长6～8毫米⑤；心皮6～13。产祁连山地、青南高原；生于山麓砾地、沟谷林缘灌丛草甸、田埂渠岸。

唐古特乌头多年生，块根纺锤形或倒圆锥形，花瓣极小，心皮5；露蕊乌头一年生，根圆柱形，花瓣较大，心皮6～13。

西南手参　兰科 手参属

Gymnadenia orchidis

Southwestern Gymnadenia | xīnánshǒushēn

多年生；茎直立；具叶3～6，叶片椭圆形或窄椭圆形，基部鞘状抱茎①；总状花序，长5～10厘米；下部苞片显长于花；花紫红色、粉红色或带白色，中萼片卵形，长4～5毫米，宽约3毫米，花瓣宽卵状三角形，斜歪，与中萼片等长且较宽，边缘具波状齿，唇瓣前部三浅裂②。

产青南高原。生于海拔3200～4300米的沟谷林下、山地高寒灌丛草甸。

相似种：绶草【*Spiranthes sinensis*，兰科 绶草属】地生兰；叶宽线形或宽线状披针形，基部抱茎③；花序具多数密生的花，长4～9厘米，呈螺旋状扭转④；花小，紫红色、粉红色或白色，在花序轴上呈螺旋状排列；花瓣斜菱状长圆形⑤。产祁连山地；生于沟谷山坡林下、灌丛草甸、河滩沼泽草甸。

西南手参花序不呈螺旋状扭转；绶草花序呈螺旋状扭转。

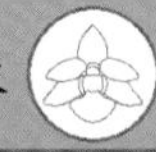

1
2
3
4
5
1
2
3
4
5

阿尔泰狗娃花 菊科 狗娃花属

Heteropappus altaicus

Altai Heteropappus | āěrtàigǒuwáhuā

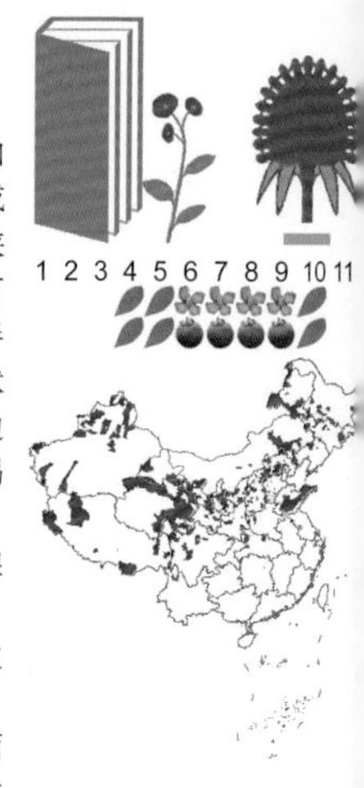

多年生草本①；茎直立，有分枝，被密而上曲或有时开展的毛，上部常杂有疏腺点②；叶条形或矩圆状披针形、倒披针形或近匙形，上部叶渐狭小，条形，全部叶两面或下面被粗毛或糙毛，常有腺点③；头状花序单生枝端或排成伞房状；总苞半球形，总苞片2～3层，近等长或外层稍短，矩圆状披针形或条形，草质，被毛，常有腺点，中内层边缘膜质，下部常呈龙骨状突起；冠毛污白色或红褐色，长4～6毫米，有不等长的微糙毛④；瘦果扁，倒卵状矩圆形，灰绿色或浅褐色，被绢毛，杂有腺毛。

产青海全境，但以祁连山地为多。生于田林边荒地、干旱山地阳坡、土崖。

阿尔泰狗娃花根木质；茎直立或斜生；叶两面或下面有短毛；舌状花少，15～20个，全部小花有同形冠毛。

夏河紫菀 菊科 紫菀属

Aster yunnanensis* var. *labrangensis

Labrang Aster | xiàhézǐwǎn

多年生草本；茎直立，上部分枝②；基部具莲座状叶丛；中上部叶长圆形、卵状披针形，全缘，半抱茎①；头状花序2～5个，排成伞房状；总苞半球形，总苞片2层，线状披针形，长10～15毫米；舌状花蓝紫色，长约2厘米；管状花黄色，长约7毫米①。

产青南高原及共和、刚察。生于林缘草甸、河谷高寒灌丛、滩地高寒草甸。

相似种：重冠紫菀【*Aster diplostephioides*，菊科 紫菀属】下部叶长圆状匙形或倒被针形；中上部叶小，长圆状或线状披针形；头状花序单生③；舌状花常2层，舌片蓝色或蓝紫色，长2～3厘米；管状花长5～6毫米，上部紫褐色或紫色，后黄色④。产青南高原、祁连山地；生于滩地高寒草甸、河谷阶地。

夏河紫菀茎上部分枝，基生叶心形或圆形，半抱茎，两面有腺点；重冠紫菀茎不分枝，基生叶不抱茎，无腺点。

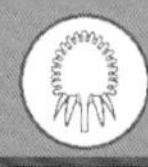

盘花垂头菊　　菊科 垂头菊属

Cremanthodium discoideum

Discoid Cremanthodium | pánhuāchuítóujú

多年生草本；丛生叶和茎基部叶片卵状长圆形或卵状披针形，茎上部叶线形；头状花序单生，下垂，总苞半球形，密被紫褐色有节长柔毛，总苞片线状披针形；小花多数，紫黑色，全部管状，长7～8毫米，管部长2～3毫米，冠毛与花冠等长或略长①。

产青海全境的高原、高山区。生于沟谷山地林中、山谷草坡、高山流石滩、宽谷河滩沼泽地。

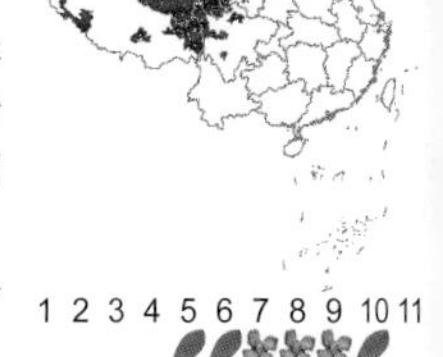

相似种：飞蓬【*Erigeron acris*，菊科 飞蓬属】基生叶密集成莲座状，倒披针形②；头状花序多数，圆锥状或伞房状；总苞片3层，线状披针形，紫色；缘花雌性，外层舌状，舌片淡红紫色，内层细管状，花柱伸出管部；中央两性花管状，黄色③。产青南高原、祁连山地；生于河滩高寒草甸、灌丛草甸。

盘花垂头菊头状花序单生，下垂，被紫褐色毛，无舌状花；飞蓬头状花序多数，不下垂，不被紫褐色毛。

牛蒡　　菊科 牛蒡属

Arctium lappa

Great Burdock | niúbàng

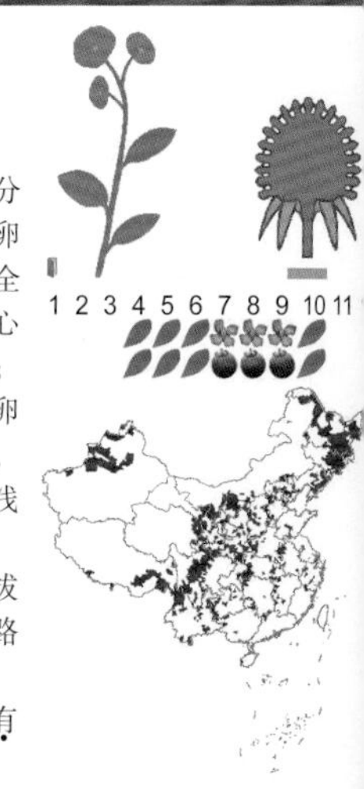

二年生草本，高可达2米；茎直立，粗壮，分枝，通常带紫红色或淡紫红色①；叶有柄，宽卵形，基部心形，边缘浅波状，具稀疏的小齿或全缘；基生叶大，向上叶渐小，最上部叶的基部浅心形或截形①；头状花序成伞房状或圆锥伞房状②；总苞径2～4厘米；总苞片多层，先端有倒钩刺，卵球形或球形总苞状似刺猬③；小花管状，紫红色，花冠长达1.5厘米，细管部稍长于檐部，檐部5浅裂，裂片长约2毫米④。

产祁连山地及兴海、同德。生于海拔1800～2800米的山坡林缘、河滩疏林草甸、田林路边湿地、宅旁水渠边。

牛蒡叶大型，不裂；总苞球形，总苞片先端有钩状刺；小花紫红色。

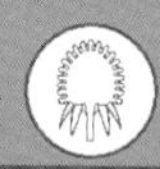

1
2
3
1
2
3
4

砂蓝刺头　菊科 蓝刺头属

Echinops gmelinii

Gmelin's Globethistle | shāláncìtóu

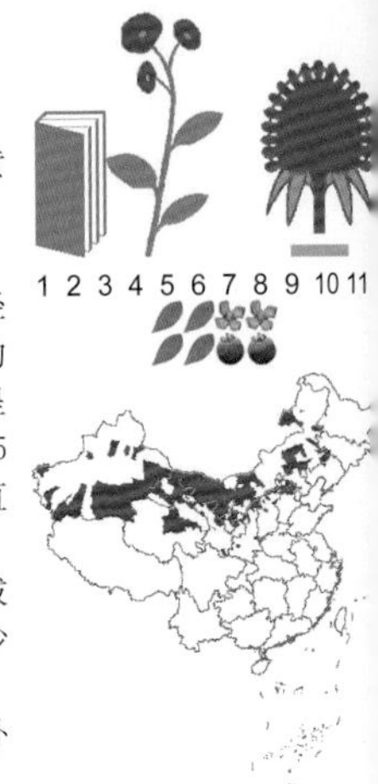

二年生草本，高10～30厘米；茎直立，淡黄色，分枝或不分枝；茎下部叶线形或线状披针形，半抱茎，缘具刺齿或刺状缘毛；茎上部叶同形，渐小①；复头状花序单生茎或枝端，球形，直径2～3厘米；头状花序长约1.5厘米；总苞片线状约12个，3～4层，线形或线状倒披针形，先端渐尖呈针刺状；小花管状，蓝色或白色，长约8毫米，5深裂；瘦果倒圆锥形，长约7毫米，密被向上的直毛，遮盖冠毛②。

产都兰、乌兰、共和、贵德。生于海拔2200～3400米的固定和半固定沙丘、湖滨沙地、沙质土坡。

砂蓝刺头叶互生，缘有刺；头状花序球形，外围具刚毛状苞片，仅含1个小花。

缢苞麻花头　菊科 麻花头属

Klasea centauroides **subsp.** ***strangulata***

Contracted Sawwort | yìbāomáhuātóu

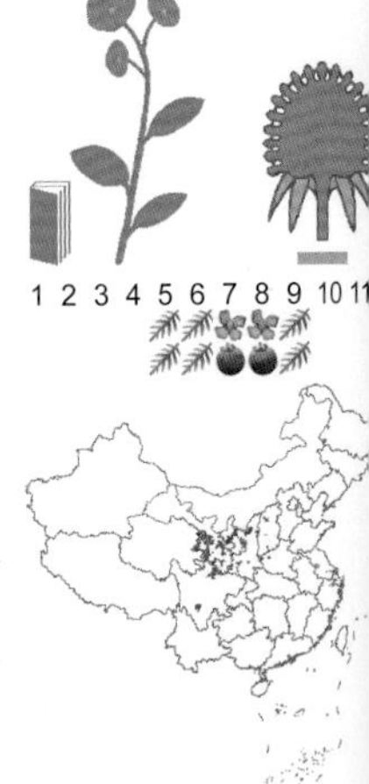

多年生草本；茎直立②；叶椭圆形或倒披针形，羽状浅裂至深裂，或具羽状大齿，裂片长达2.5厘米，宽0.4～1厘米，全缘或边缘有齿；最上部常无叶①；头状花序单生茎或枝端；总苞半球形，长2～2.5厘米，宽2～3.5厘米；总苞片多层紧密覆瓦状排列，先端渐尖；小花管状，紫红色，长2～2.5厘米③；瘦果扁压，有肋；冠毛褐色，多层，不等长，长约7毫米。

产祁连山地。生于海拔2230～3200米的田林路边草地、水沟边。

缢苞麻花头羽状裂叶互生茎中下部；革质，多层紧密包裹；小花管状，紫红色，冠毛糙毛状。

1
2
1
2
3

丝毛飞廉 菊科 飞廉属

Carduus crispus

Curly Bristlethistle | sīmáofēilián

二年生草本；茎直立，茎翅的边缘密生刺和针刺；叶羽状浅裂至深裂，缘具三角形刺齿，叶基部沿茎下延成翅①；头状花序呈伞房状；总苞径2～2.5厘米；总苞片先端针刺状②；花紫红色，花冠长约1.5厘米，檐部5深裂，裂片长6毫米③。

产祁连山地、青南高原。生于沟谷山坡田边。

相似种：刺儿菜【*Cirsium setosum*，菊科 蓟属】茎直立；叶向上渐小，全缘，具齿或浅裂，有短针刺④；头状花序1～多数；总苞钟状，总苞片多层，先端具短刺尖；雄株花序小，总苞长1.5～2厘米，小花两性，花冠紫红色；雌株花序大，总苞长达2.7厘米，小花雌性，花冠紫红色⑤。产祁连山地、青南高原东部；生于河滩疏林、农田、水沟边荒草地。

丝毛飞廉茎有具刺齿的翅，花丝被卷毛，冠毛锯齿状；刺儿菜茎无翅，花丝有长毛，冠毛羽毛状。

葵花大蓟 菊科 蓟属

Cirsium souliei

Soulie's Thistle | kuíhuādàjì

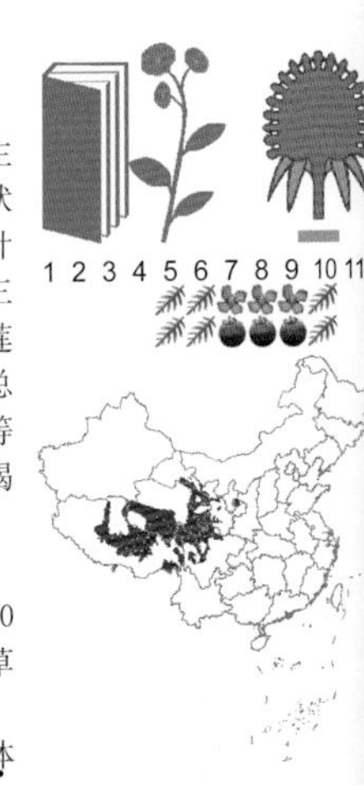

多年生无茎草本；叶全部基生，莲座状，沿主脉被多细胞长节毛，长椭圆形、狭披针形或椭圆状披针形，长10～20厘米，宽2～6厘米，叶尖具细针刺，叶片羽状浅裂至深裂，裂片边缘有针刺或具三角形刺齿而齿顶有针刺；头状花序多数，簇生于莲座状叶丛之中①；总苞宽钟状，直径3～4厘米；总苞片先端有针刺；花紫红色，檐部长8毫米，不等5浅裂，细管部长1.2厘米；瘦果长椭圆状，黑褐色，长约5毫米；冠毛白色，基部稍带浅黄褐色，长可达2厘米。

产青南高原、祁连山地。生于海拔2500～4400米的沟谷山地高寒草甸、宽谷河滩草甸、退化草滩。

葵花大蓟为无茎草本，莲座状；除花以外全体被刺。

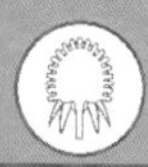

1
2
4
3
5
1

青海鳍蓟　菊科 猬菊属

Olgaea tangutica

Tangut Olgaea | qīnghǎiqíjì

多年生草本；有主根；茎直立，具茎翅，翅缘有尖刺，一面密被白色茸毛，一面光滑，有光泽①；叶线形或线状椭圆形，先端渐尖，有刺尖，侧裂片不整齐，三角形，边缘具2～3刺齿及小刺，基部渐狭呈柄；中上部叶无柄，基部下延成茎翅，上面光滑，下面密被白色茸毛②；头状花序单生枝顶；总苞宽钟形，长2.5～3厘米，宽2.5～4厘米③；总苞片多层，线形或线状披针形，先端针刺状，不等长；小花蓝紫色，管状，长2.5～2.8厘米④；瘦果光滑，有斑点；冠毛多层，浅褐色，糙毛状，不等长，向内层渐长，与花冠管部等长。

产祁连山地及泽库。生于灌丛草甸、田边砾地。

青海鳍蓟叶坚硬，下面被灰白色茸毛；花丝无毛。

顶羽菊　菊科 顶羽菊属

Acroptilon repens

Creeping Acroptilon | dǐngyǔjú

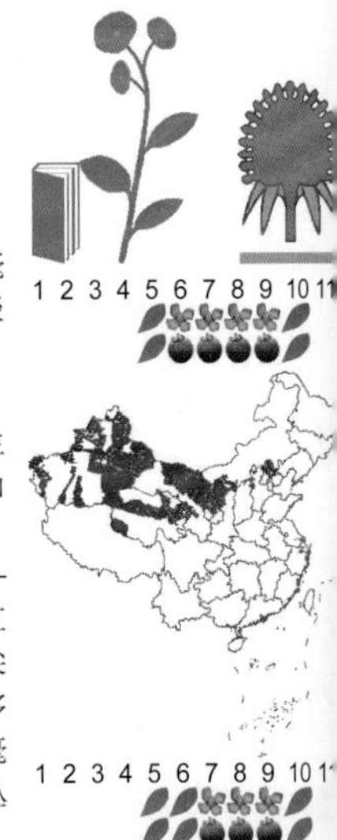

多年生草本；茎直立，分枝多；叶长椭圆形、匙形或线形，全缘或羽状半裂①；头状花序多数，呈伞房状或伞房圆锥状；总苞卵形，直径5～15毫米；总苞片向内渐长，先端具附片；花粉红色或淡紫红色，花冠长约1.5厘米，管部与檐部近等长，檐部5浅裂，裂片长3毫米②；冠毛白色。

产祁连山地、柴达木盆地、青南高原东部。生于海拔1800～3000米的农田边、荒漠草原、干山坡。

相似种：柳兰叶风毛菊【*Saussurea epilobioides*，菊科 风毛菊属】茎单生，直立，常带紫红色；叶线状长圆形至窄披针形，边缘具细小的尖齿，中下部叶的基部耳状心形抱茎③；头状花序多数，伞房状；小花管状，紫红色④，瘦果长3～4毫米。产祁连山地、青南高原；生于山坡草丛和灌丛中。

顶羽菊叶不抱茎；柳兰叶风毛菊茎下部叶基部耳状心形抱茎。

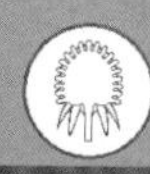

1
2
3
4
1
3
2
4

矮丛风毛菊

菊科 风毛菊属

Saussurea eopygmaea

Dwarf Saussurea | ǎicóngfēngmáojú

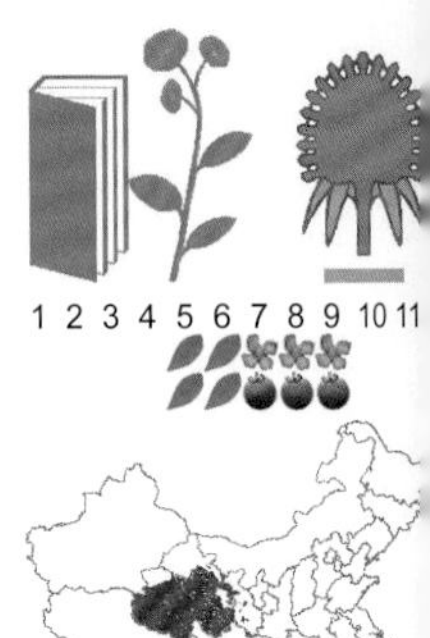

多年生样本；茎直立，不分枝，常紫褐色，密被白色长绢毛；叶线形，基部鞘状，全缘、边缘反卷；基生叶较长，茎生叶向上渐小①；头状花序单生茎端；总苞半球形，小花管状，紫红色，长1～1.5厘米；冠毛2层，内层羽毛状，褐色，短于花冠②。

产青南高原、祁连山地。生于海拔3300～4950米的高寒灌丛草甸，在滩地高寒草原可成纯群落。

相似种：钝苞雪莲【*Saussurea nigrescens*，菊科风毛菊属】多年生草本；叶狭线形，上面无毛，下面密被白色绢毛③；头状花序单生茎端；总苞近球形，直径2厘米；总苞片4层，紫色，被褐色和白色的长柔毛；小花紫色，长1.4厘米，细管部与檐部各长7毫米④；瘦果圆锥状，无毛；产青海全境；生于沟谷山地灌丛中、滩地草甸。

矮丛风毛菊头状花序下无膜质苞叶；钝苞雪莲头状花序被扩大的膜质、紫红色苞叶承托。

1 2 3 4 5 6 7 8 9 10 11

草甸雪兔子

菊科 风毛菊属

Saussurea thoroldii

Thorold's Saussurea | cǎodiànxuětùzi

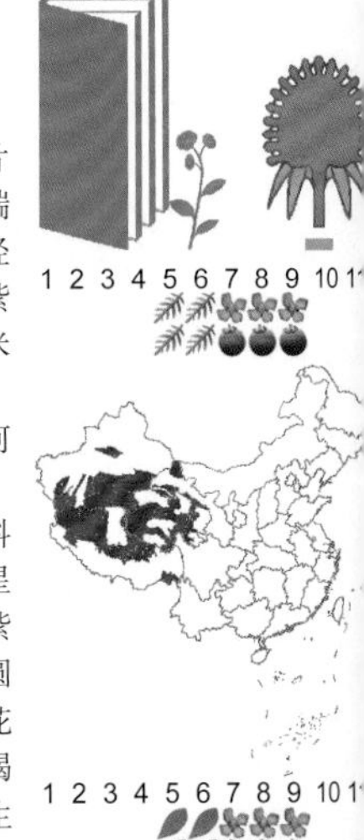

多年生无茎草本；叶莲座状，全部基生，叶片狭披针形至线形，羽状深裂至全裂，稀浅裂，先端有刺尖，全缘或有锯齿①；头状花序成半球形，径3～6厘米；总苞圆柱状；总苞片3～4层，先端常紫红色；小花管状，蓝紫色或紫红色，长7～10毫米②。

产青海全境。生于海拔3100～4750米的宽谷河滩、湖滨沙滩、高寒草甸盐碱湿地。

相似种：星状雪兔子【*Saussurea stella*，菊科风毛菊属】叶全部基生，莲座状，线状披针形，星状辐射排列，全缘，先端长渐尖，中部以下常显紫红色；头状花序成半球形，径约1厘米③；总苞圆柱形，宽8～10毫米；总苞片5层，端常暗紫色；花紫红色④，花冠长14～20毫米；冠毛污白色或淡褐色，外层短，内层长。产青南高原、祁连山地；生于河滩高寒草甸、高寒沼泽草甸、阴湿山坡草甸。

草甸雪兔子叶羽状分裂，基部偶紫红色；星状雪兔子叶全缘，基部常紫红色。

1 2 3 4 5 6 7 8 9 10 11

1
3
2
4
1
3
2
4

美丽风毛菊　菊科 风毛菊属

Saussurea superba

Arrogant Saussurea | měilìfēngmáojú

多年生草本；茎直立，密被白色长柔毛；基生叶莲座状，叶片倒披针形或椭圆形；茎生叶较小，狭倒披针形至线状披针形②；头状花序单生茎顶；总苞宽钟形，宽2.5～4厘米；总苞片4～5层，常黑褐色；小花管状，紫色，长18～21毫米，檐部5深裂①。

产青海全境。生于海拔2800～4600米的沟谷山坡高寒草甸、高寒灌丛草甸、宽谷河滩草甸。

相似种：沙生风毛菊【*Saussurea arenaria*，菊科风毛菊属】茎短或无；叶大部基生呈莲座状，线状长圆形或披针形，密被白色茸毛，具波状齿③；头状花序单生；总苞宽钟形，宽2.5～3.5厘米；花紫红色④；冠毛淡棕色。产青南高原、柴达木盆地及共和、祁连；生于宽谷河滩高寒草甸裸地、河谷沙地、山坡草地。

美丽风毛菊叶全缘，花长18～21毫米；沙生风毛菊叶缘有齿，花长16～18毫米。

水母雪兔子　菊科 风毛菊属

Saussurea medusa

Medusa Saussurea | shuǐmǔxuětùzi

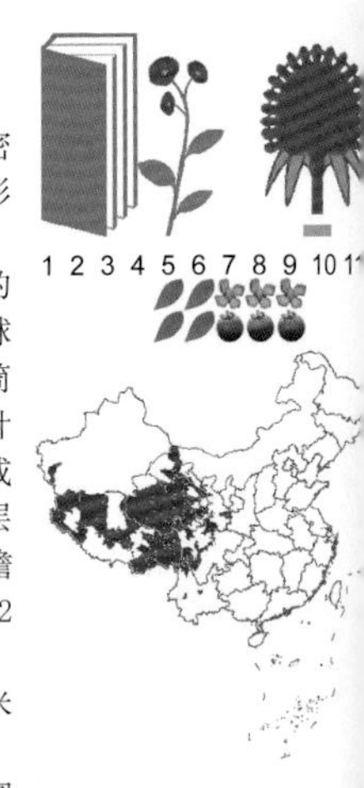

多年生草本①；茎直立，密被白色绵毛；叶密集，两面被白色长绵毛；叶片倒卵形、圆形、扇形或菱形，上半部边缘具条裂状粗齿或羽状浅裂②；茎上部叶向下反折，最上部叶线形，边缘具较长的条形细齿③；头状花序多数，在茎端密集成半球形；苞叶线状披针形，密被白色长绵毛；总苞狭筒形，宽5～7毫米；总苞片多层，线状长圆形至披针形，长10～11毫米，宽2～4毫米，膜质，被白色或褐色绵毛；外层总苞片常黑紫色，长渐尖，中内层总苞片先端钝；花蓝紫色，花冠长10～12毫米，檐部5中裂；冠毛白色，外层长约4毫米，内层长约12毫米④。

产青海全境的高山区。生于海拔3700～5200米的高山流石滩。

水母雪兔子密被白色长绵毛，叶片倒卵形、圆形、扇形或菱形，具条裂状粗齿或羽状浅裂；茎上部叶全部向下反折披挂。

1
2
3
4
1
2
3
4

唐古特雪莲　菊科 风毛菊属

Saussurea tangutica

Tanggut Saussurea | tánggǔtèxuělián

多年生草本；茎直立，单生；叶两面疏被腺毛，叶片长椭圆形至披针形，边缘有锯齿，背面主脉突起且常紫红色；基生叶基部鞘状，鞘内有柔毛；茎生叶半抱茎；上部苞叶膜质，紫红色，宽卵形或圆形，边缘有锯齿，包被顶生花序①；头状花序1～5，单生或簇生于茎端，外被苞叶；总苞宽钟状，宽2～3厘米；总苞片4层，全部或边缘黑紫色；小花蓝紫色，长1.4～1.5厘米，檐部5裂达中部；冠毛白色，外层长约4毫米，内层长约1.2厘米②。

产青海全境的高山区。生于海拔3800～5000米的高山流石滩、高寒草甸。

唐古特雪莲头状花序无梗，单生或簇生；苞叶膜质，紫红色，有锯齿。

紫花合头菊　菊科 合头菊属

Syncalathium porphyreum

Purple Syncalathium | zǐhuāhétóujú

多年生草本；茎顶端或上半部膨大，中空；叶基生呈莲座状或部分散生茎上；叶片长圆形或近圆形，长0.8～2厘米，宽0.7～1厘米，先端钝，边缘具不整齐的小尖齿①；头状花序多数，密集成半球形，径至5厘米；总苞圆柱形，长5～6毫米，总苞片3，长圆形，一层②；舌状花紫红色，长约1厘米，舌片长圆形，与管部等长，宽至3毫米，先端截平有齿③；瘦果倒卵形，扁平，两面各有1肋或2肋；冠毛白色，长约5毫米。

产囊谦、扎多。生于海拔4500～4600米的高原山坡裸地、高寒草甸裸地。

紫花合头菊叶莲座状；头状花序密集成半球形；舌状花紫红色，先端截平有齿。

1
2
1
2
3

绢毛苣 菊科 绢毛苣属

Soroseris glomerata

Glomerate Soroseris | juànmáojù

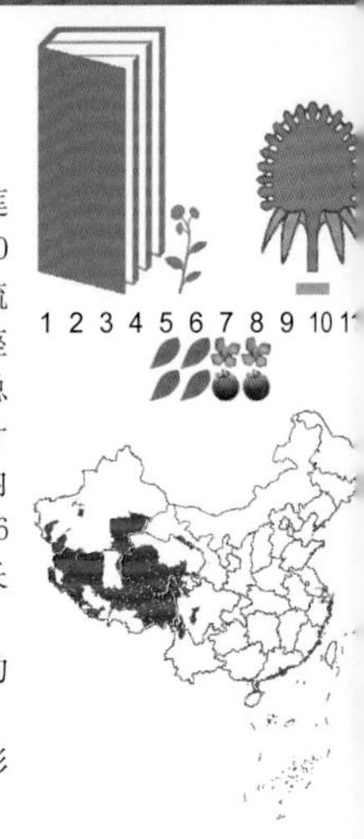

多年生草本，高3～6厘米；茎短而膨大，被莲座状叶丛；叶倒卵形、匙形或长圆形，长10～20毫米，宽5～8毫米，先端圆钝，全缘或有极稀疏的齿，叶柄紫红色，具翼；头状花序多数，在莲座状叶丛中密集成直径3～5厘米的半球形复花序；总苞狭圆柱形，长6～16毫米，宽2～4毫米；总苞片2层；外层总苞片2枚，直立而紧贴内层总苞片；内层总苞片3～5枚；花粉红色、白色或灰黄色，4～6枚，舌片线形，长2～5毫米，宽约1毫米；瘦果长圆柱形，长约6毫米，黄棕色，具多数细肋①。

产青南高原及祁连。生于海拔3800～5200米的高山流石滩。

绢毛苣茎具退化的鳞片状叶，叶倒卵形、匙形或长圆形；舌状花粉红色、白色或灰黄色。

川甘毛鳞菊 菊科 毛鳞菊属

Chaetoseris roborowskii

Roborowsk's Chaetoseris | chuāngānmáolínjú

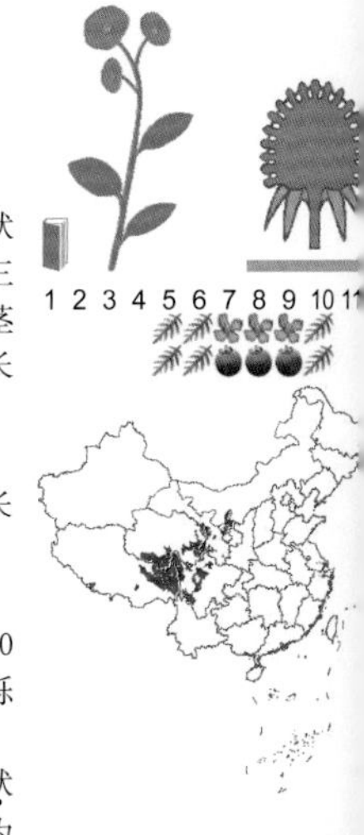

多年生草本，高15～90厘米；茎直立，单生，上部花序有分枝；叶两面无毛；中下部叶倒向羽状深裂至羽状全裂，最下部基生叶的顶裂片较大，三角状戟形或箭形；上部茎生叶小，基部耳状抱茎①；头状花序多数，呈圆锥状；总苞圆柱状，长5～8毫米，宽3～4毫米；总苞片顶端常紫红色；花紫红色或蓝紫色，10～12枚，舌片长约5毫米，花冠筒长约2毫米②；瘦果黑褐色，宽纺锤形，长3～4毫米；喙长近1毫米；冠毛白色，外层极短，内层长约3毫米。

产青南高原、祁连山地。生于海拔2300～3700米左右的沟谷林缘灌丛、干旱砾石山坡、田埂砾地。

川甘毛鳞菊植体具乳汁，叶互生，叶倒向羽状深裂至羽状全裂，顶裂片三角状戟形或全部裂片为线形；总苞片背部具一行长毛。

1
1
2

红花绿绒蒿 罂粟科 绿绒蒿属

Meconopsis punicea

Redflower Meconopsis | hónghuālǜrónghāo

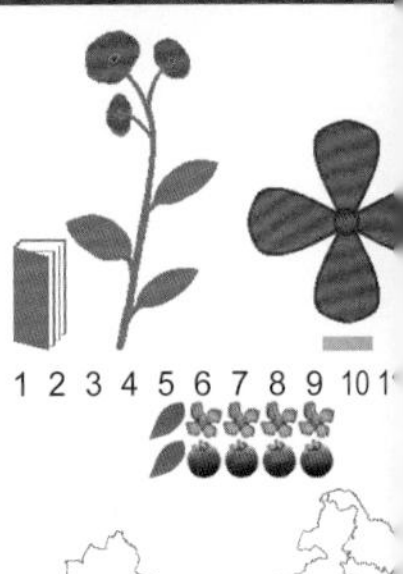

多年生草本；叶全部基生，莲座状，叶片倒披针形或狭倒卵形，边缘全缘；叶柄基部略扩大成鞘；花莛1～6，从莲座叶丛中生出①；花单生，下垂；萼片卵形，长1.5～4厘米；花瓣4～6，菱形或椭圆形，长6～10厘米，宽2～5厘米，朱红色；雄蕊多数，花丝扁平，倒披针形，长3～10毫米，红色，花药长圆形，淡黄色；子房密被淡黄色羽状毛，花柱极短，柱头4～6圆裂；蒴果椭圆状长圆形，长1.8～2.5厘米，粗1～1.3厘米，无毛或密被淡黄色、具分枝的刚毛，4～6瓣自顶端微裂②。

产青南高原及循化。生于海拔2300～4600米的沟谷山坡高寒灌丛草甸。

红花绿绒蒿叶基生；花单生，下垂；花瓣4～6，朱红色。

唐古特报春 甘青报春 报春花科 报春花属

Primula tangutica

Tangut Primrose | tánggǔtèbàochūn

多年生草本，全株无粉①；叶片椭圆形披针形或倒披针形，连柄长4～22厘米，边缘具细齿；叶柄短，具狭翅②；花莛高12～40厘米；伞形花序1～2轮，每轮具2～7花；苞片狭披针形，长5～10毫米；花梗长5～36毫米，花时稍下弯；花萼筒状，长1～1.2厘米，开裂达全长的1/3～1/2，裂片披针形或三角状披针形；花冠红褐色，冠檐直径约1.5厘米，裂片线形，长达10毫米，宽仅1毫米；长花柱花的雄蕊着生筒基部或中部，花柱长约6毫米；短花柱花的雄蕊着生在近喉部，花柱长约2毫米③；蒴果筒状，红褐色，明显长于宿存花萼④。

产祁连山地、青南高原。生于海拔2600～4600米的溪流水边林缘草甸、沟谷山坡高寒灌丛草甸。

唐古特报春茎直立单生；花梗花期下弯而果期直立；花冠红褐色，裂片宽仅1毫米；蒴果筒状，红褐色。

1
2
1
2
3
4

山丹 百合科 百合属

Lilium pumilum

Low Lily | shāndān

多年生草本；鳞茎卵形或圆锥形，高2～3厘米，直径1～2厘米，鳞片长圆形或长卵形，白色；茎直立，高25～40厘米，有乳突及紫色条纹；叶多生于茎中部，条形，长3～6厘米，宽1.5～3毫米，边缘有细乳突；无叶柄①；花单生或数朵排成总状花序，鲜红色，下垂；花梗长3～4.5厘米，下具叶状苞片，长1.5～2.5厘米；花被片向外反卷，长3～4厘米，宽6～10毫米，长圆形或长圆状披针形；雄蕊6，花丝下部白色，长1.5～2.5厘米，花药橘红色，长圆形，长5～10毫米；子房圆柱形，长约1厘米，花柱细，长约1.3厘米，柱头膨大，3裂；蒴果长圆形，无翅②。

产祁连山地、青南高原东部。生于海拔1900～3600米的干旱山坡草地、荒漠草原、灌丛草地、石隙。

山丹花鲜红色，下垂，无斑点；花被片向外反卷。

鸡爪大黄 蓼科 大黄属

Rheum tanguticum

Tangut Rhubarb | jīzhuǎdàhuáng

多年生高大草本；根粗壮，肥厚；茎直立，粗壮，圆柱形，中空，直径2～4厘米，上部有分枝①；基生叶、茎下部叶具长柄；叶片轮廓宽心形、近圆形或宽卵形，长15～60厘米，先端窄长急尖，基部稍心形，通常掌状5至7深裂，裂片常为三回羽状深裂，小裂片狭长披针形；茎上部叶较小；托叶鞘大型膜质，褐色②③；圆锥花序顶生，多分枝；花小，淡黄色至乳白色或紫红色；花梗中下部具关节；花被片6，长约1.5毫米，内轮较大；雄蕊通常9；子房宽圆形，花柱3，下弯④；瘦果椭圆形或长圆状卵形。

产青南高原、祁连山地。生于海拔2300～4200米的沟谷山地林下、林缘、河沟溪水边、半阳坡高寒灌丛。

鸡爪大黄为高大草本；茎中空；叶羽状深裂；花小；瘦果椭圆形或长圆状卵形，具三棱，沿棱具翅。

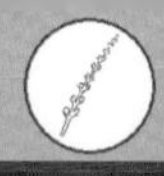

单花金腰 虎耳草科 金腰属

Chrysosplenium uniflorum

Uniflowered Goldsaxifrage | dānhuājīnyāo

多年生草本，具鳞茎；鞭匐枝出自叶腋，丝状，无毛；茎无毛①；叶互生，叶片肾形，具7～11圆齿，基部近心形②；花单生于茎顶，或聚伞花序具2～3花；苞叶卵形至圆状心形，边缘具5～11圆齿，基部圆形至心形；雄蕊8，花丝长1～1.6毫米。

产青南高原及互助。生于山地阴坡高寒草甸、高寒灌丛草甸、河谷崖下阴湿石隙。

相似种:裸茎金腰【*Chrysosplenium nudicaule*，虎耳草科 金腰属】茎无叶；基生叶具长柄，叶片革质，肾形，边缘具浅齿③；聚伞花序密集呈半球形，长约1.1厘米；苞叶革质，阔卵形至扇形；萼片在花期直立，扁圆；雄蕊8；蒴果先端凹缺；种子黑褐色，卵球形④。产青南高原、祁连山地；生于高寒草甸裸地、河滩湿沙地、河岸石隙。

单花金腰具不育枝和鞭匐枝；裸茎金腰无不育枝或鞭匐枝。

五福花 五福花科 五福花属

Adoxa moschatellina

Muskroot | wǔfúhuā

多年生矮小草本，高达7厘米，全株无毛；地下茎近块状；匍匐枝1到数条，纤细，丝状；茎纤细，四棱形；基生叶1～3枚，为1～2回三出复叶；小叶宽卵形或长圆形，长7～12毫米，再3裂；茎生叶2枚，对生，稀1枚；叶片较小；5朵单花聚生成头状花序；花黄绿色，直径4～5毫米，顶生花和侧生花两型；花萼浅杯状，花萼裂片2和3；花冠辐状，花瓣4和5；内轮雄蕊退化为腺状乳突，外轮雄蕊为4和5，花丝2裂几至基部；花柱为4和5，基部联合，柱头4和5，点状；核果黄白色，宽卵形或近圆形，径约4毫米；种子长圆形，扁平①。

产祁连山地、青南高原。生于海拔2600～4200米的沟谷山地云杉林下潮湿处、山坡高寒灌丛。

五福花的根茎匍匐，茎通常单生；基生叶1～3；聚伞花序呈头状，花基数4或5。

北重楼 藜芦科/百合科 重楼属

Paris verticillata

Verticillate Paris | běichónglóu

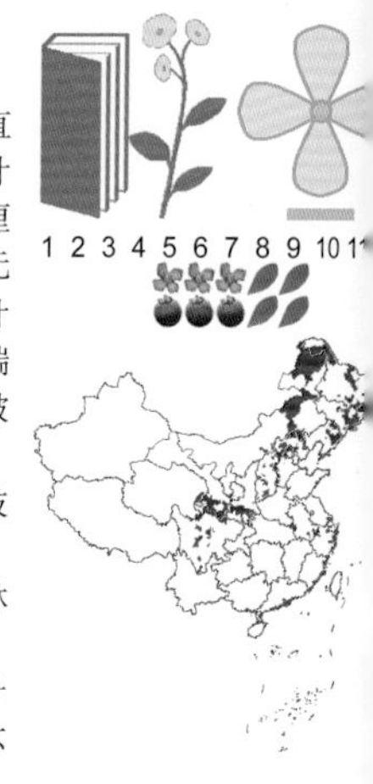

多年生草本，高20～30厘米；根状茎细长，直径3～5毫米，节间长；茎绿白色，下部带紫色；叶4～7枚排成1轮，倒披针形或狭长圆形，长6～7厘米，宽1.5～2.5厘米，先端渐尖，基部楔形，近无柄；花单生，花梗长约8厘米；外花被片绿色，叶状，卵状披针形，长约2.5厘米，宽约1厘米，先端渐尖，基部近圆形，内花被片线形，短于外花被片；花药长约1厘米，药隔突出部分长4～5毫米；子房球形，紫褐色，顶端无盘状花柱基，花柱分枝4或5，细长；蒴果浆果状，不开裂①。

产循化。生于海拔2700米左右的沟谷林下、林缘灌丛。

北重楼叶4～7枚排成1轮；外花被片绿色，叶状，卵状披针形，长约2.5厘米；蒴果浆果状，不开裂。

囊种草 簇生柔子草 石竹科 囊种草属

Thylacospermum caespitosum

Caespitose Thylacospermum | nángzhǒngcǎo

多年生垫状草本，高1～4厘米，常呈球形伏地，全株无毛；根木质化，自颈部多分枝；茎基部多分枝，节间极短缩；叶排列紧密，呈覆瓦状，叶片卵状披针形或披针形，长2～4毫米，宽1～2毫米，先端急尖或渐尖，质硬，有光泽①。花单生茎顶，无梗；萼片卵状披针形，长2.5毫米，宽约1.3毫米，先端急尖；花瓣5，白色或淡黄色，卵状长圆形，长为萼片的1/2，先端圆钝；花柱3，线形，常伸出萼外；蒴果球形，长约3毫米，草黄色，有光泽，6齿裂；种子近圆形，直径约1.5毫米，种皮海绵质，囊状，淡草黄色②。

产青南高原。生于海拔4500～5300米的高山冰缘地带、高寒草甸砾地、高山流石坡稀疏植被。

囊种草为多年生垫状草本，高1～4厘米，常呈球形伏地；萼片中部以下合生；种子具海绵质种皮。

1
1
2

矮泽芹 伞形科 矮泽芹属

Chamaesium paradoxum

Low Chamaesium | ǎizéqín

多年生草本，高8～30厘米；茎单生，直立，有分枝，中空；基生叶或茎下部叶有柄，叶片长圆形，羽状分裂，羽片4～6对，全缘或稀在先端具2～3齿；茎上部叶有羽片3～4对，呈卵状披针形至阔线形，全缘；复伞形花序顶生或腋生；顶生的伞形花序有伞辐8～17，开展，不等长；小总苞片1～6，线形，长3～4毫米；小伞形花序小花多数，紧密；花白色或淡黄色，萼齿细小；花瓣倒卵形，长约1.2毫米，宽约1毫米，先端浑圆；花丝长约1毫米，花药近卵圆形；果实长圆形，基部略呈心形①。

产青南高原。生于海拔3300～4800米沟谷山地高寒草甸、高寒沼泽草甸、高寒灌丛草甸。

矮泽芹具单叶，叶片羽状全裂；总苞片2～3，全缘或2～5全裂；小总苞片1～6，线形，短于小伞形花序。

圆萼刺参 忍冬科/川续断科 刺参属

Morina chinensis

Chinese Morina | yuán'ècìshēn

多年生草本；茎直立④，有纵沟，上部常带紫色①；基生叶丛生，茎生叶轮生，每轮4～6叶，全部叶线状披针形，长4～12厘米，宽1～1.5厘米，先端渐尖，边缘羽状浅裂或中裂，裂片近三角形，边缘和先端具刺，无柄，轮生叶的基部合生①；轮伞花序顶生，6～11轮；总苞片4，披针形或卵状披针形，长1.5～2厘米，边缘和先端具刺；小总苞筒状，边缘具长短不同的硬刺，仅2条硬刺较长③；花萼二唇形，长约1厘米，露出小总苞之外，唇片先端2浅裂，先端无刺尖；花冠二唇形，短于花萼，淡绿色②；瘦果表面有皱纹。

产祁连山地、青南高原。生于宽谷滩地高寒草甸、山坡高寒灌丛草甸、河谷岩隙、山麓砾地。

圆萼刺参穗状轮伞花序间断或顶生呈假头状，叶羽状浅裂，叶缘和总苞片具针刺。

石刁柏 天门冬科/百合科 天门冬属

Asparagus officinalis

Garden Asparagus | shídiāobǎi

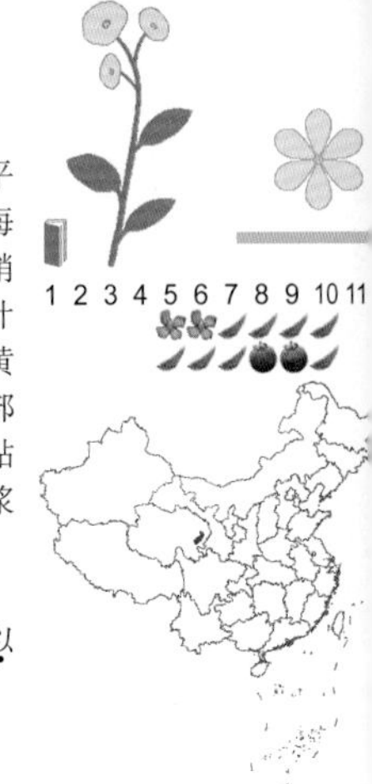

直立草本，高可达1米；根粗2～3毫米；茎平滑，上部在后期常俯垂，分枝较柔弱；叶状枝每3～6枚成簇，近扁圆柱形，略有钝棱，纤细，常稍弧曲，长5～30毫米，粗0.3～0.5毫米；鳞片状叶基部有刺状短距或近无距①；花每1～4朵腋生，黄绿色；花梗长8～12（～14）毫米，关节位于上部或近中部；雄花花被长5～6毫米，花丝中部以下贴生于花被片上；雌花较小，花被长约3毫米②；浆果直径7～8毫米，熟时红色，有2～3颗种子。

产西宁。栽培于海拔2300米以下地区。

石刁柏为栽培植物；叶状枝丝状，长3厘米以上；花黄绿色。

裂瓣角盘兰 兰科 角盘兰属

Herminium alaschanicum

Alashan Herminium | lièbànjiǎopánlán

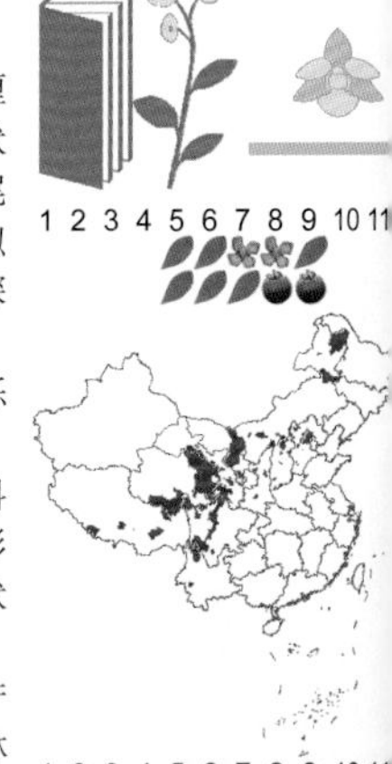

地生兰；块茎圆球形或椭圆形，直径1～2厘米；茎直立；叶长圆状披针形或近线形，基部鞘状抱茎①；总状花序具多花；苞片披针形，先端呈尾状；花小，绿色，垂头，钩手状；中萼片卵形，似舟状，花瓣卵状披针形，唇瓣长圆形，近中部三深裂②。

产祁连山地、青南高原。生于滩地高寒草甸砾石地、山坡高寒灌丛草甸、河谷草甸。

相似种：角盘兰【*Herminium monorchis*，兰科角盘兰属】块茎圆球形；茎直立；叶椭圆状披针形或椭圆形，抱茎④；总状花序具多数花；苞片线状披针形或披针形；花小，黄绿色，垂头，钩手状；花瓣长约5毫米；唇瓣长约4毫米，顶部三裂③。产祁连山地、青南高原；生于河滩草甸、沼泽地、林缘灌丛草地。

裂瓣角盘兰叶长圆状披针形或近线形，花绿色，有距；角盘兰叶椭圆状披针形或椭圆形，花黄绿色，无距。

1
2
1
2
3
4

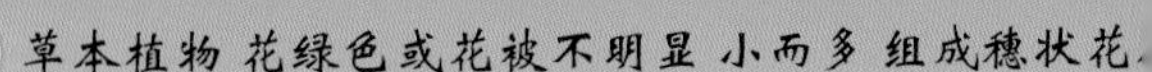

绳虫实　苋科/藜科 虫实属

Corispermum declinatum

Declinate Tickseed | shéngchóngshí

一年生草本；茎直立，分枝较多；叶线形；穗状花序顶生和侧生，细长，稀疏，长5～15厘米，直径约0.5厘米，圆柱形，苞片较狭，由条状披针形过渡成狭卵形，具白膜质边缘；花被片1，稀3，近轴花被片宽椭圆形，先端全缘或啮齿状；果实无毛；果翅窄或几近于无翅①。

产西宁、贵南、共和、兴海。生于河谷湖滨沙滩、干旱的草原沙丘、戈壁。

相似种：华虫实【*Corispermum stauntonii*，苋科/藜科　虫实属】一年生草本；被星状毛；叶条形；穗状花序顶生和侧生，棒状，紧密；苞片具白色膜质边缘，整个掩盖果实；花被片1～3；雄蕊3～5，长于花被片；果翅宽，边缘具不规则细齿②。产囊谦、共和、治多；生于沙砾山坡、湖滨沙丘。

绳虫实花序细瘦，疏或稍密，长柱状，果翅极狭或近无翅；华虫实花序粗壮，密集，呈棒状，果翅宽。

灰绿藜　苋科/藜科 藜属

Chenopodium glaucum

Oakleaf Goosefoot | huīlǜlí

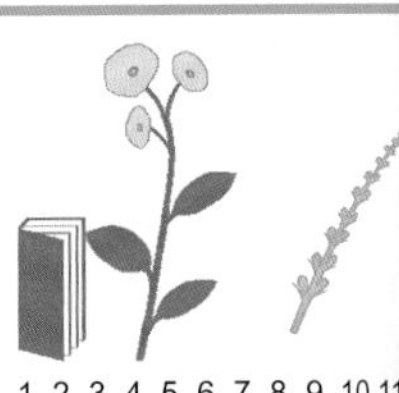

一年生草本；茎平卧或外倾，具条棱及绿色或紫红色条纹②；叶片长圆状披针形，长2～4厘米，宽6～20毫米，肥厚，边缘具缺刻状牙齿，上面无粉，下面有粉而呈灰白色或稍带紫红色；中脉明显，黄绿色①；数花聚成团伞花序，再于分枝上排列成有间断而短于叶的穗状或圆锥状花序；花被裂片3～4，浅绿色，稍肥厚，长不及1毫米，先端钝；雄蕊1～2，花丝不伸出花被，花药球形；柱头2，极短③④；胞果顶端露出于花被外，果皮膜质，黄白色；种子扁球形，直径0.75毫米，暗褐色或红褐色，表面有细点纹。

产青海全境。生于海拔1800～3760米的田林路边、宅院墙脚、畜圈周围、盐碱性荒地。

灰绿藜茎平卧或外倾，具红绿色条纹；叶片长圆状披针形，肥厚，边缘具缺刻状牙齿；花被裂片3～4。

1
2
1
2
3
4

菊叶香藜 苋科/藜科 藜属

Chenopodium foetidum

Foetis Goosefoot | júyèxiānglí

一年生草木，有强烈气味；茎直立，具绿色色条，通常有分枝②③；叶片矩圆形，边缘羽状浅裂至羽状深裂，先端钝或渐尖，有时具短尖头①；复二歧聚伞花序腋生；花两性，花被片5，有狭膜质边缘；雄蕊5；胞果扁球形。

产青海全境。生于海拔2000～4300米的宅旁墙脚、田林路边、河滩疏林下及林缘草地、沟渠河岸。

相似种：刺藜【*Teloxys aristata*，苋科/藜科 刺藜属】一年生草本；茎直立，分枝多而开展，株体呈圆锥状；叶宽线形或狭披针形，先端钝或稀具微尖头，全缘；复二歧式聚伞花序生于各级枝端和叶腋，花序末端分枝针刺状，果期常呈紫红色；花被裂片5④。产青南高原、祁连山地；生于田埂路边沙质地。

菊叶香藜有腺体，有浓烈气味，叶片矩圆形，羽状裂；刺藜无腺体，无气味，叶宽线形至狭披针形，全缘。

柴达木猪毛菜 苋科/藜科 猪毛菜属

Salsola zaidamica

Zaidam Russianthistle | cháidámùzhūmáocài

一年生草本，自基部分枝；植体密生乳头状小突起；叶互生，多而密集，叶片狭披针形，近扁平，先端有刺状尖，基部边缘膜质，通常反折①；花单生，几遍布于全植株；苞片长于小苞片，先端有刺状尖；小苞片卵形，基部边缘膜质；花被片长卵形，近膜质，无毛，果时变硬呈革质②。

产柴达木盆地。生于海拔2800～3000米的荒漠戈壁沙地、湖滨湿沙地、河滩沙地。

相似种：沙蓬【*Agriophyllum squarrosum*，苋科/藜科 沙蓬属】茎直立，坚硬；叶披针形、披针状条形或条形；穗状花序紧密，卵圆状或椭圆状，腋生；苞片宽卵形，先端具小尖头，后期反折；花被片1～3，膜质；雄蕊2～3；果实卵圆形或椭圆形③。产共和、贵德、贵南、同德；生于固定沙丘、荒漠沙坡。

柴达木猪毛菜密生乳头状小突起，叶为半圆柱形；沙蓬无乳头状小突起，叶扁平。

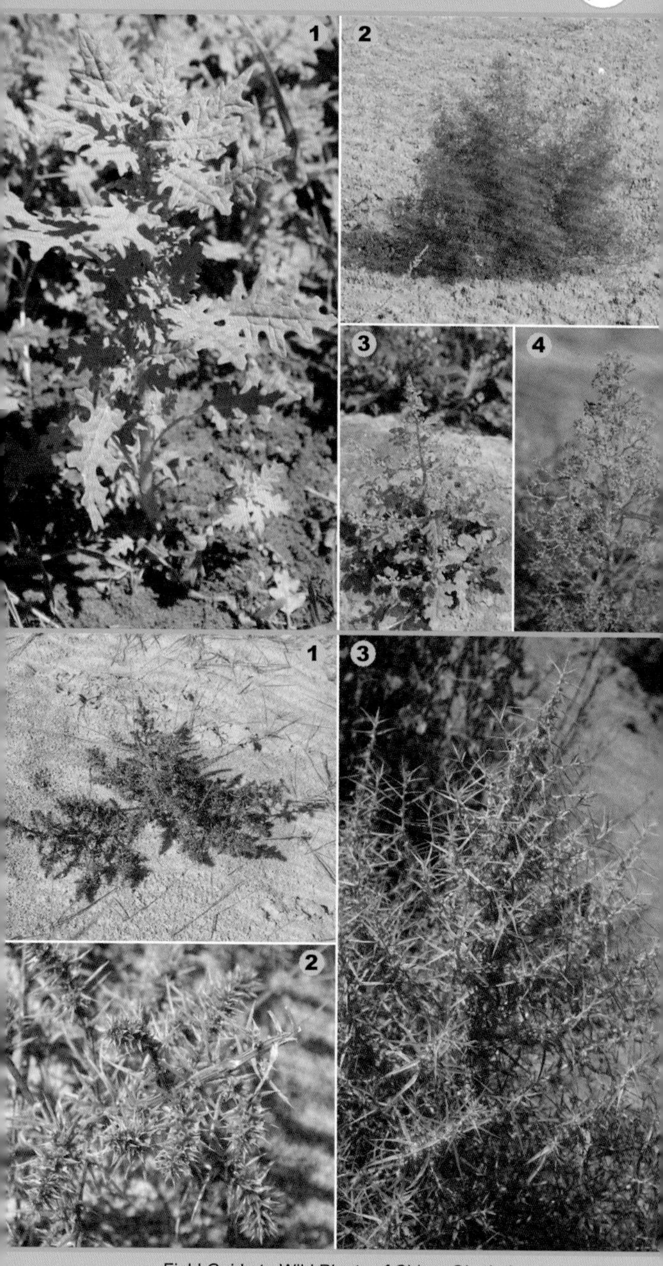
1
2
3
4
1
3
2

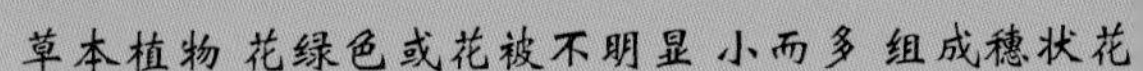

单脉大黄 蓼科 大黄属

Rheum uninerve

Singlevein Rhubarb | dānmàidàhuáng

多年生草本；花莛高8～15厘米；叶基生；叶片长椭圆形或卵状椭圆形，边缘波状褶皱，主脉单一；花序圆锥状；花梗基部具关节；花被黄绿带淡紫红色，内轮3片倒卵形，长约2.5毫米，外轮3片卵状披针形，长约1.5毫米；雄蕊9，花药黄色；子房三棱形，花柱3，向外下弯；瘦果具三棱及翅，淡紫红色①。

产循化。生于干旱沙石山坡、河谷阶地砾石地。

相似种：歧穗大黄【*Rheum przewalskyi*，蓼科大黄属】多年生草本，无茎；叶基生，叶片革质，全缘或微波状；叶柄常紫红色②；总状花序呈穗状，花梗下部具关节，黄白色或绿白色；雄蕊9；花柱3，外弯；果实具3棱及宽翅，紫红色③。产青海全境的高山、高原区；生于高山流石坡、沟谷石缝。

单脉大黄叶片长椭圆形或卵状椭圆形，基出脉1，花莛不分枝；歧穗大黄叶片卵形或菱形，基出脉5，花莛常2～3分枝。

小大黄 蓼科 大黄属

Rheum pumilum

Dwarf Rhubarb | xiǎodàhuáng

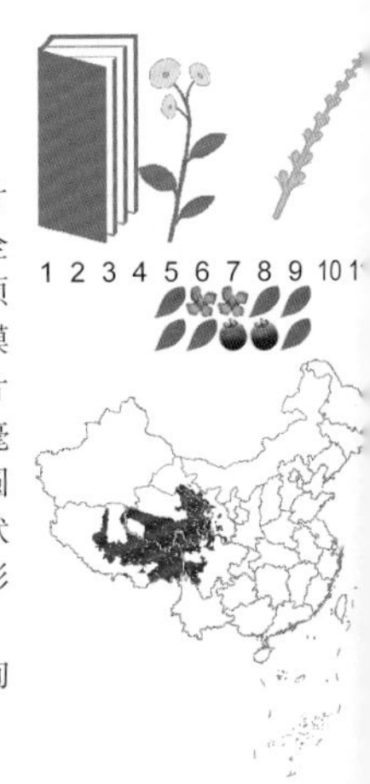

多年生草本；根粗壮，肉质，圆锥状萝卜形；茎直立①；叶多基生，具柄；叶柄半圆柱状；叶片椭圆形或卵状心形，近革质，基部心形或圆形，全缘或微波状；茎生叶1～2，较小②；圆锥花序顶生，狭窄，具分枝；花2～3朵簇生，紧密；苞片膜质，鞘状；花梗纤细，中部以下具关节；花被片6，淡绿色或带紫红色边缘，椭圆形，长1.5～2毫米，外轮3片较小；雄蕊9，短于花被片；子房椭圆形，花柱3，短，柱头头状；果实三角形或三角状卵形，长约5毫米，具狭翅，基部近圆形或稍心形③。

产青海全境高原、高山区。生于高寒沼泽草甸裸地、河滩林缘、高山流石坡、高寒灌丛草甸。

小大黄植株矮小，高25厘米以下；叶片不裂，叶长不超过5厘米；瘦果三角状卵形。

1
2
3
1
3
2

皱叶酸模　蓼科 酸模属

Rumex crispus

Crispate Dock | zhòuyèsuānmó

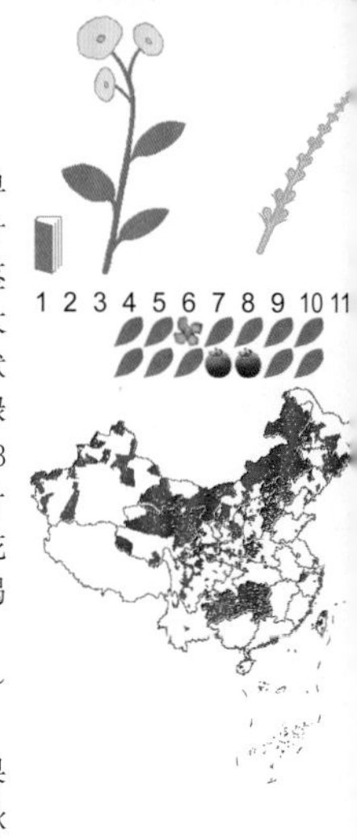

多年生草本；根圆锥形，棕黄色，肥厚；茎单一，直立，中空，通常不分枝①；基生叶柄短于叶片；叶片长圆状披针形或披针形，边缘皱波状；茎上部叶片渐小；托叶鞘白色，薄膜质②；花序大型圆锥状，分枝多，直立，具狭长叶片；花轮状簇生；花梗纤细，中部以下具关节；花被片6，绿色带紫红色，外轮3枚椭圆形，长约1毫米，内轮3枚卵圆形，长约4毫米，边缘微波状或全缘，每片中脉基部具1卵形或尖卵形的小瘤；雄蕊3对；花柱3，弯垂，柱头画笔状③；瘦果卵状三棱形，褐色，有光泽④。

产祁连山地及泽库、都兰。生于海拔2000～3000米的田边、路边、沟边、宅旁荒地。

皱叶酸模茎中空；叶基部楔形；内轮花被片果期卵圆形，基部浅心形，微波状或全缘，每片中脉基部具1疣状突起。

平车前　车前科 车前属

Plantago depressa

Depressed Plantain | píngchēqián

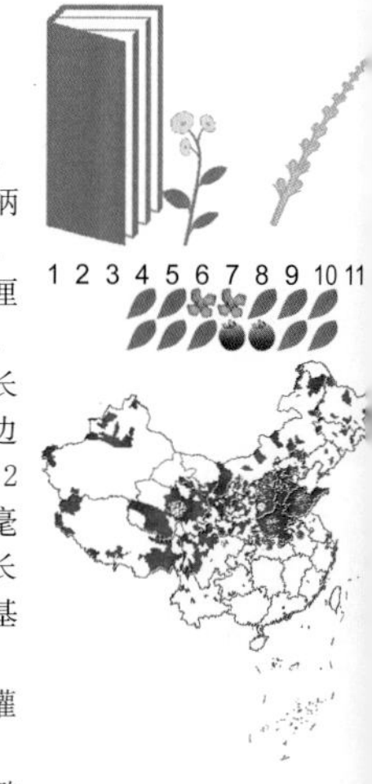

一年生或二年生草本①；叶基生，莲座状，椭圆状披针形，全缘或边缘具不规则锯齿；叶柄长1.3～2.5厘米，基部扩大成鞘②；花3～11个，长5～10厘米③；穗状花序细圆柱形，长4～12厘米，上部花密，下部花较疏；苞片三角状卵形，内凹，中间具短龙骨状突起，边缘白色膜质，长约2.2～2.5毫米；萼片4，椭圆形至宽椭圆形，边缘膜质较宽；花冠白色，无毛，花冠筒长2～2.2毫米，膜质，顶部4裂，裂片卵圆形，长0.9～1毫米，花后向外反卷；雄蕊4，伸出花冠外，花药长0.9毫米，先端具三角状突起；蒴果圆锥形，于基部上方周裂④；种子4或5枚，黑色或棕褐色①。

产青海全境。生于海拔2200～4100米的河谷灌丛草甸、撂荒地、田埂路边。

平车前直根圆柱状；叶基生，莲座状，叶片椭圆状披针形；穗状花序细圆柱形。

1
2
3
4
1
3
2
4

大籽蒿 菊科 蒿属

Artemisia sieversiana

Sievers's Wormwood | dàzǐhāo

一、二年生草本；茎单一，直立，分枝多；茎、枝被灰白色微柔毛；茎下部和中部叶宽卵形，二至三回羽状全裂，裂片常再羽状全裂或深裂，小裂片线形，边缘常有缺齿，先端钝或渐尖；上部叶及苞叶羽状全裂或不分裂；全部叶两面被微柔毛①；头状花序近球形，大，直径4～6毫米，多数，在分枝上排列成总状，而在茎上组成开展或略狭的圆锥状；总苞片3～4层，覆瓦状排列；雌花2～3层，20～30朵，花冠狭圆锥状，黄色，檐部具3～4裂齿；两性花多层，80～120朵，筒状，黄色②，檐部5齿裂；瘦果长圆形。

产青海全境。生于海拔2000～4300米的沟谷山地荒漠草原、田林路边荒地、林缘草甸、干草原。

大籽蒿茎上的花序呈锥状；头状花序半球形，径5～9毫米；总苞片边缘浅褐色或黄白色，膜质。

臭蒿 菊科 蒿属

Artemisia hedinii

Hedin's Wormwood | chòuhāo

一年生草本，高3～100厘米，有臭味；茎单一；叶下面密生腺毛；茎下部叶多数，密集，二回栉齿状羽状分裂，裂片再羽状分裂，小裂片披针形，具多枚栉齿①；头状花序半球形，直径3～5毫米，穗状排列，在茎上部组成圆锥状；总苞片3层，外层边缘紫褐色，膜质；两性花紫色，外面有腺点。

产青海全境。生于海拔2200～4700米的田林路边、灰堆旁、宅旁荒地。

臭蒿植株常呈宝塔状；圆锥状花序密集，总苞片3层，外层边缘较宽，紫褐色，膜质。

1
2
1

青藏大戟 大戟科 大戟属

Euphorbia altotibetica

Tibet Euphorbia | qīngzàngdàjǐ

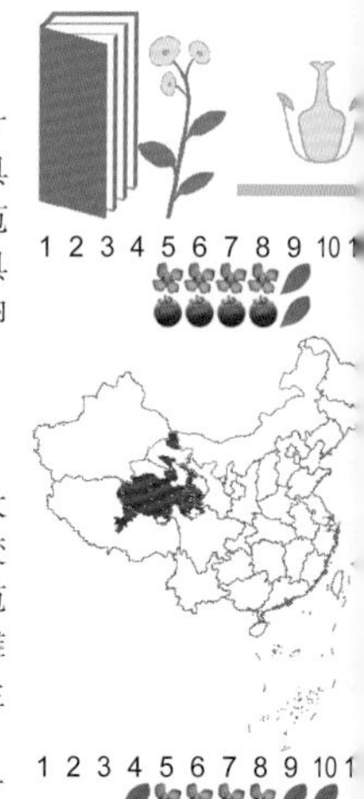

多年生草本；茎生叶互生，茎上部渐大；叶片三角状心形、椭圆形至近披针形，边缘浅波状或具齿①；杯状花序组成聚伞花序；顶生者其下部具苞叶3；总苞5裂；子房柄明显伸出总苞外；花梗下具苞片5，花瓣状，长3毫米，先端具齿①；蒴果阔卵球形②。

产青南高原、祁连山地。生于高寒草甸砾地、荒漠湿沙地、沙丘、沟谷山坡石隙。

相似种：甘肃大戟【*Euphorbia kansuensis*，大戟科 大戟属】叶互生，茎下部叶鳞片状，向上则变大；杯状伞形花序，苞叶5；腋生者具1伞梗；总苞杯状，边缘具齿；雄花18～21，伸出总苞之外；雌花1，花柱3，先端2浅裂③。产青南高原及共和；生于高山流石坡、高寒草甸、沙砾滩地、石隙。

青藏大戟杯状花序顶生者具苞叶3，总苞裂片先端2裂；甘肃大戟杯状花序顶生者具苞叶5，总苞裂片边缘具齿。

乳浆大戟 大戟科 大戟属

Euphorbia esula

Leafy Euphorbia | rǔjiāngdàjǐ

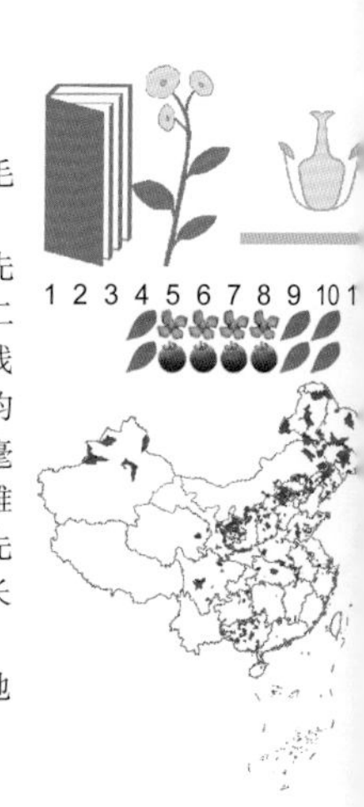

多年生草本；茎直立，分枝，具条纹，无毛①；茎生叶多互生，稀杂有对生，基部叶鳞片状，以上则为线形，长1.4～3.4厘米，宽2～4毫米，先端钝，全缘，无毛②；杯状花序顶生者组成伞形二歧聚伞花序，下部具轮生苞叶10，苞叶长圆形至线形，长6～10毫米；1级伞梗约10，2级以上伞梗均为2，各具苞叶2；总苞5裂，裂片膜质，长约0.7毫米，先端2浅裂；腺体4，新月形，长约1毫米；雄花6～7；雌花1，子房球形，具微突，花柱3，先端2裂；花梗下具苞片10余枚，近匙形或线形，长1.5～2毫米③；果被微突；种子具种阜，无毛。

产乐都、循化。生于海拔1900～2300米田埂地边、林缘灌丛草甸。

乳浆大戟茎叶无毛，叶多互生，稀杂有对生，线形；苞片10余枚，近匙形或线形；果被微突。

1
3
2
1
2
3

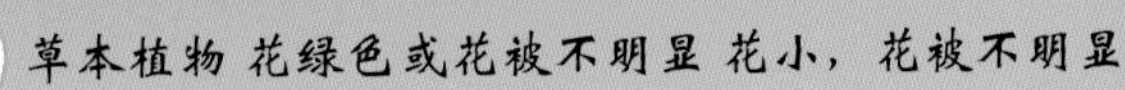

泽漆　大戟科 大戟属

Euphorbia helioscopia

Sun Euphorbia | zéqī

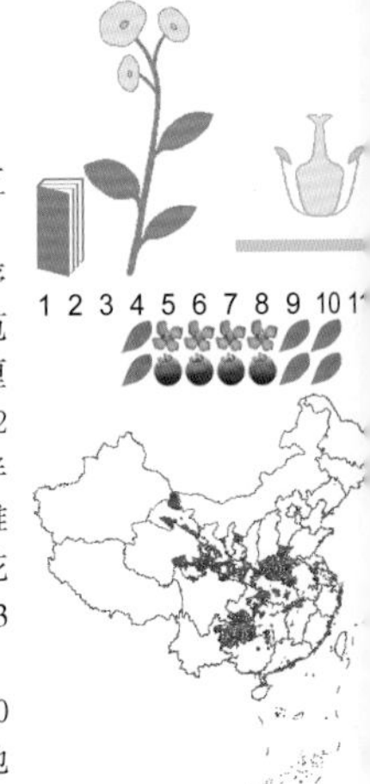

一年生草本；茎自基部多分枝，无毛①；叶互生，倒卵形，长1.5～2.2厘米，宽0.7～1.5厘米，先端微凹并具细齿，边缘中下部全缘②；杯状花序组成聚伞花序，顶生和腋生；顶生者下部具总苞叶5，倒卵状长圆形，长1.5～3厘米，宽1～1.5厘米，先端具齿；总伞幅5枚，长2～4厘米，苞叶2枚，卵圆形，先端具齿；总苞杯状，5裂，裂片半圆形，长约0.5毫米；腺体4，盘状，中部内凹；雄花10，明显伸出总苞外；雌花1，子房具微突，花柱3，合生，先端2裂；无苞片；蒴果卵球形，具3纵沟，表面被微突③。

产祁连山地、青南高原。生于海拔2200～3800米的沟谷山坡林缘灌丛草甸、河滩草甸、田埂地边。

泽漆植体无毛；叶互生，倒卵形，先端微凹并具细齿；子房具微突；种子具网纹。

伞花繁缕　石竹科 繁缕属

Stellaria umbellata

Umbelate Starwort | sǎnhuāfánlǚ

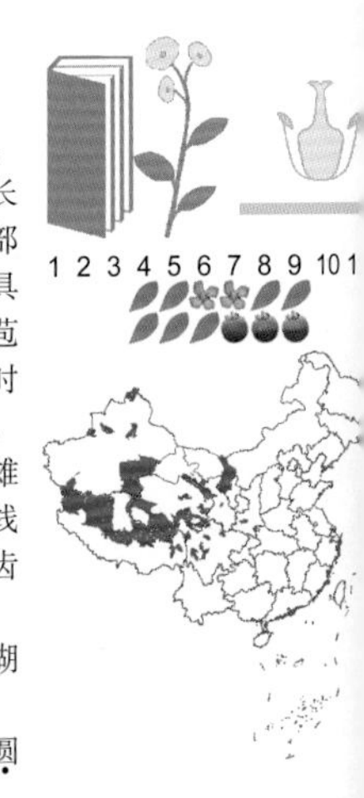

多年生草本，全株无毛；茎疏丛生，不分枝，直立或斜升①；叶片椭圆状披针形或椭圆形，长5～15毫米，宽1.5～5毫米，先端钝或急尖，基部宽楔形，微抱茎，无毛②；聚伞状伞形花序，具3～6花，稀单生，花序基部具数枚卵形白色膜质苞片；花梗丝状，长5～20毫米，果时微伸长，有时花梗下部具1对白色膜质小苞片；萼片5，披针形，长2～3毫米，先端渐尖，边缘膜质；花瓣缺；雄蕊10，短于萼片；子房长圆状卵形，花柱3，短线形；蒴果长圆状卵形，比宿存萼片长近1倍，6齿裂；种子肾脏形，略扁，表面具皱纹③。

产祁连山地、青南高原。生于河谷阶地、河湖岸边石隙、高寒草甸砾地、沟谷林缘灌丛草甸。

伞花繁缕植株细弱，叶片椭圆状披针形或椭圆形；聚伞状伞形花序，具3～6花。

1
3
2
1
2
3

星叶草 星叶草科/毛茛科 星叶草属

Circaeaster agrestis

Fieid Circaeaster | xīngyècǎo

一年生矮小草本，高6～9厘米；根须状，簇生；茎细弱而短；具宿存子叶2，线形或披针形，与叶簇生于茎顶，长4～10毫米，基部渐狭，先端钝，中肋褐色；叶菱状倒卵形或匙形，长0.3～1.5厘米，宽2～6毫米，基部渐狭呈细长柄，先端圆形，具细齿，齿先端有刺状尖，具放射状褐色细脉①；花小；萼片2～3，长约0.5毫米；花瓣缺；雄蕊1～2（3），长0.5～1毫米，花丝线形，花药椭圆状球形；心皮1～3，稍长于雄蕊，长圆形，柱头近椭圆状球形①；瘦果长圆形或纺锤形，长2～4毫米，被钩状毛。

产青南高原、祁连山地。生于海拔3050～4500米的沟谷山坡林下、林缘高寒灌丛草甸、高寒草甸裸地、河岸荫蔽石崖下。

星叶草为一年生矮小草本；具宿存线形或披针形子叶2；萼片2～3；雄蕊1～2（3）。

杉叶藻 车前科/杉叶藻科 杉叶藻属

Hippuris vulgaris

Marestail | shānyèzǎo

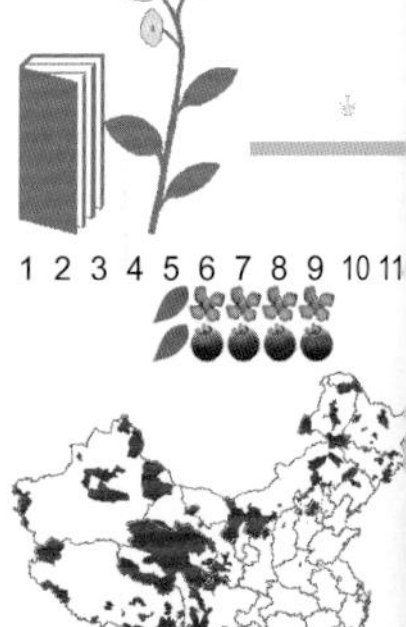

水生草本；根状茎直径3～9毫米，节上生不定根；茎直立，圆柱形，直径4～9毫米，不分枝①，具纵沟纹，有节，无毛；叶轮生，每轮通常10～12枚，线形，长1.3～3厘米，宽1～1.6毫米，先端钝，全缘，无毛，具单脉，无柄②；花小，两性，稀单性，单生于叶腋；花梗极短，无毛；萼筒浅杯状，长约0.3毫米，无毛，包围着雄蕊和花柱下部，无萼齿；无花瓣；雄蕊1，长约1.7毫米，花丝线形，花药椭圆形，底着；子房近下位，椭圆形，长约1毫米，1室，花柱丝状，长约2毫米，被柔毛；核果淡紫色，椭圆形，长约1.4毫米③。

产青海全境。生于海拔2080～4600米的高寒沼泽草甸、河湖水边、浅水溪流、静水池沼。

杉叶藻茎直立，圆柱形，不分枝，节部增粗，无毛，上部露出水面；叶轮生，每轮通常10～12枚，线形。

1
1
3
2

秦岭槲蕨 水龙骨科/槲蕨科 槲蕨属

Drynaria baronii

Chinese Drynaris | qínlǐnghújué

土生或石生②，偶附生树干基部；植株高16～50厘米；根状茎肉质，粗壮，横走，密被棕色到棕褐色、膜质鳞片④；叶二型，不育叶小，无柄，卵状披针形或长圆披针形，黄绿色或褐黄色，羽状深裂达羽轴；能育叶柄长3～8厘米，深禾秆色；叶片狭长或长圆状披针形，先端渐尖，下部裂片略狭或缩成耳形，长20～40厘米，宽4～10厘米，羽状深裂达叶轴；裂片15～25对，互生，线状披针形，长2.5～6厘米，宽0.5～1厘米，先端钝或渐尖，边缘有细齿或缺刻；叶纸质，两面沿叶脉及叶轴疏被白色短毛；叶脉网状，明显，有内藏小脉①；孢子囊群圆形，沿主脉两侧各排成整齐的1行，靠近主脉③。

产祁连山地、青南高原。生于海拔2100～3800米的沟谷山坡林下、林缘高寒灌丛草甸、岩石缝隙。

秦岭槲蕨的根状茎粗1～2厘米；叶有不育叶和能育叶，黄绿色或褐黄色，羽状深裂达羽轴。

天山瓦韦 水龙骨科 瓦韦属

Lepisorus albertii

Albert's Lepisorus | tiānshānwǎwéi

植株高6～12厘米；根状茎横走，粗壮，直径3～5毫米，密被鳞片；鳞片褐色或黑色，披针形或卵状披针形，先端长渐尖，边缘具开展的细长针状齿，筛孔长方形，透明有虹光；叶近生；叶柄长1～2.5厘米，纤细，禾秆色；叶片线状披针形①，长5～10厘米，宽3～7毫米，先端钝渐尖或钝圆，基部下延，楔形，两侧边全缘；叶脉不明显；叶干后为厚纸质，褐绿色，背面淡灰色，光滑或偶有少许黑褐色、披针形小鳞片；孢子囊群圆形，中等大，直径1～2毫米，靠近中肋着生，彼此相距2～3毫米；孢子囊环带的孢壁不增厚；隔丝盾形，黑色，边缘具刺状齿。

产祁连山地、青南高原。生于海拔3100～4000米的沟谷林下、林缘山坡灌丛、岩石缝隙。

天山瓦韦叶薄纸质，背面淡绿色或褐绿色，叶柄细瘦，径约0.5毫米；叶片线状披针形。

1
2
3
4
1

海韭菜　水麦冬科/眼子菜科 水麦冬属

Triglochin maritima

Shore Podgrass | hǎijiǔcài

多年生水生或湿生草本①；茎光滑，直立，不分枝，高3.5～30厘米；叶基生，条形，具宽鞘；叶舌膜质③；总状花序具密集多数小花；花小，绿色或绿紫色，花被片6，鳞片状，外轮3枚，宽卵形，内轮3枚稍狭；雄蕊6；雌蕊由6枚合生心皮组成，柱头毛笔状②；蒴果具6棱。

产青海全境。生于高寒沼泽草甸、河湖水域。

相似种：水麦冬【*Triglochin palustris*，水麦冬科/眼子菜科 水麦冬属】茎直立，圆柱形，无毛，有时紫红色；叶全部基生，条形或半圆柱状，基部具鞘⑤；总状花序顶生，花多数，排列疏散；花小，紫绿色，长2～2.5毫米；花被片6，具狭膜质边缘；雄蕊6，近无花丝，花药卵形；心皮3，柱头刷状④。产青海全境；生于高寒沼泽草甸、河湖水域、湿地。

海韭菜茎粗壮，总状花序密集，果实开裂为6瓣；水麦冬茎细瘦，总状花序稀疏，果实开裂为3瓣。

狭叶香蒲　水烛　香蒲科 香蒲属

Typha angustifolia

Narrowleaf Cattail | xiáyèxiāngpú

多年生水生或沼生草本，具根状茎，地上茎直立，高1～2米①；叶片条形，扁平或下面稍隆起，叶片长50～120厘米，宽4～8毫米，深绿色；叶鞘细长，具膜质边②；雌雄花序相距2.5～7厘米；雄花序长20～30厘米，花序轴具褐色柔毛，单出或分叉，叶状苞片1～3枚，雄花具2～3枚雄蕊，花药长约2毫米，花丝短、细弱；雌花序圆柱形，长15～30厘米，径1～2.5厘米，淡褐色，基部具1枚叶状苞片，宽于叶，雌花小苞片匙形，黄褐色，孕性雌花柱头褐色，花柱长1～1.5毫米，子房纺锤形，不孕雌花子房倒圆锥形，具褐色斑点，柱头短尖；小坚果长约1毫米，具褐色斑。

产祁连山地、柴达木盆地。生于海拔2000～2800米的淡水池沼、湖泊和渠边。

狭叶香蒲叶互生，直立，两行排列，叶片条形；雄花序狭棒状在上，雌花序粗棒状或短圆柱形在下。

1
3
4
2
5
1
2

展苞灯芯草 灯芯草科 灯芯草属

Juncus thomsonii

Thomson's Rush | zhǎnbāodēngxīncǎo

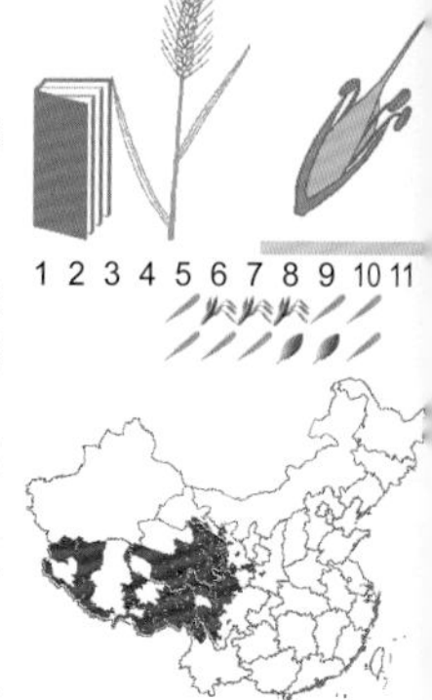

多年生草本；茎直立，丛生，圆柱形；叶基生，通常2枚，叶片窄线形，扁平；叶鞘红褐色，边缘稍膜质①；头状花序单一顶生，含4～8朵花，直径4～10毫米；苞片开展，常褐红色；花具短梗；花被片淡黄白色、黄色或红褐色，长4～5毫米；雄蕊6，花药线形，黄色；柱头3分叉②。

产祁连山地、青南高原。生于沟谷山地林缘草甸、高寒灌丛草甸、河滩沼泽草甸。

相似种：小灯芯草【*Juncus bufonius*，灯芯草科灯芯草属】一年生草本；直立或倾斜，常常聚生、簇生或丛生③；叶片线形；二歧聚伞花序，花单生枝腋或茎顶；具2～3枚三角状卵形膜质苞片；花被片6，边缘白色宽膜质，雄蕊6，柱头3④。产青海全境；生于沼泽草甸、河流溪边浅水中、河滩湿地。

展苞灯芯草头状花序含4～8花；小灯芯草花单生枝腋或茎顶。

喜马灯芯草 灯芯草科 灯芯草属

Juncus himalensis

Himalayan Rush | xǐmǎdēngxīncǎo

多年生草本；茎直立，高15～50厘米，圆柱形，较粗壮；叶基生和茎生，叶片扁平或对折；叶鞘基部红褐色，茎生叶1～2枚，线形，边缘常内卷或对折①；花序顶生，由3～7个头状花序组成伞房状聚伞花序；头状花序含3～8花；叶状总苞片1～2枚，线状披针形，长于花序；花被片褐色或淡褐色，狭披针形，长5～6毫米，近等长或内轮者稍短，先端锐尖；雄蕊短于花被片，花药淡黄色至白色；雌蕊黄褐色，三棱状长圆形；种子长圆形，顶端和基部具白色附属物②。

产祁连山地、青南高原。生于海拔2600～4000米的阴坡高寒灌丛草甸、溪流水边草甸、沟谷滩地沼泽草甸。

喜马灯芯草叶线形，内卷或对折，叶鞘基部红褐色；由多个头状花序组成伞房状聚伞花序。

1
2
3
4
1
2

粗壮嵩草　莎草科 嵩草属

Kobresia robusta

Robust Koburesia | cūzhuàngsōngcǎo

多年生粗壮草本①；秆密丛生，坚挺，高15～40厘米，近圆柱形，直立或弧形弯曲；叶短于秆，边缘内卷，近革质，先端尾尖②；穗状花序单一顶生，圆柱形，粗壮，长2～5厘米，径5～7毫米，小穗多数，顶部少数小穗雄性，侧生的为雄雌顺序，即基部1朵雌花，其上为2～4朵雄花；鳞片大，宽卵形，卵状长圆形或长圆形，长5～10毫米，淡褐色③，先端圆或钝，背面有脉3条，具宽白色膜质边缘；先出叶囊状，卵状长圆形或椭圆形，长8～10毫米，淡褐色，上部白色膜质，背面具2脊；柱头3；小坚果长圆形或椭圆形，有3钝棱，基部具短柄。

产青南高原及共和、刚察。生于山前洪积扇、河湖边沙丘、砾石质高寒草原。

粗壮嵩草植株粗壮；花序两性，侧生支小穗为雄雌顺序，即基部1朵雌花，其上为2～4朵雄花；先出叶囊状。

帕米尔薹草　莎草科 薹草属

Carex pamirensis

Pamir Sedge | pàmǐěrtáicǎo

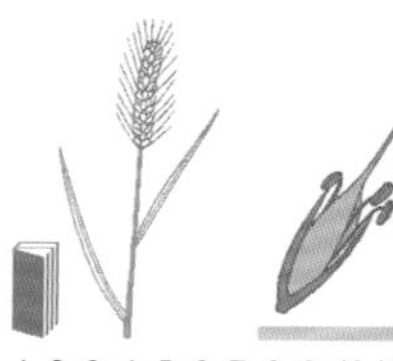

多年生草本①；秆基部叶鞘红褐色，叶片扁平或向下对折，最下面的苞片叶状，长于花序②；小穗4～5，上部1～3枚为雄性，雄花鳞片红褐色；其余为雌小穗，稠密，具柄长达2厘米，雌花鳞片披针形至狭披针形，锈褐色，具中脉；果囊膜质，成熟时偏离穗轴，长5～5.5毫米，黄褐色，光亮，有脉③。

产门源。生于高寒沼泽草甸水坑中。

相似种：箭叶薹草【*Carex ensifolia*，莎草科 薹草属】下部苞片叶状或刚毛状，短于小穗；小穗3～5（6）枚，花在小穗上排列紧密⑤；顶生小穗雄性，栗色，侧生的雌性，黑栗色；雌花鳞片长圆形，边缘具狭白色膜质边；果囊平凸状，与鳞片近等长且宽于鳞片，上部黑栗色，下部褐色，柱头2；小坚果宽倒卵形④。产玉树、治多、称多、大柴旦、大通；生于宽谷河漫滩草甸、高寒沼泽草甸。

帕米尔薹草雌性小穗锈褐色，柱头3；箭叶薹草雌性小穗黑栗色，柱头2。

1
2
3
1
3
4
2
5

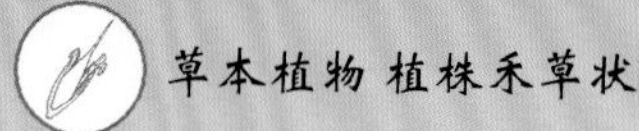

青藏薹草 莎草科 薹草属

Carex moorcroftii

Moorcroft's Sedge | qīngzàngtáicǎo

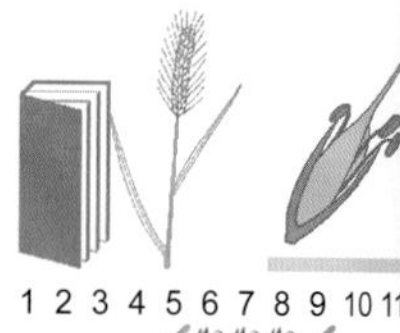

多年生草本；茎三棱形；叶质地坚硬①；苞片刚毛状；小穗4～5枚，紧密；顶生小穗雄性，侧生小穗雌性；雌花鳞片卵状披针形，栗褐色，具白色膜质边缘，中肋明显，褐色②；果囊椭圆状倒卵形或椭圆形，三棱形，等长或稍短于鳞片，黄绿色，革质，平滑；柱头3；小坚果倒卵形，有三棱③。

产青海全境。生于沙地、高寒草原、沼泽草甸。

相似种：小钩毛薹草【*Carex microglochin*，莎草科 薹草属】叶短于秆；小穗单一，顶生，雄雌顺序，长约1厘米；雌花鳞片长圆状卵形；果囊披针状钻形，长于鳞片，褐绿色，先端渐狭成长喙；退化小穗轴直立，坚硬，伸出果囊；柱头3；小坚果长圆形，栗色④。产玉树、大柴旦、门源；生于滩地高寒沼泽草甸、河湖水边沼泽。

青藏薹草小穗多数，茎三棱形，果囊不反折；小钩毛薹草小穗单一，茎圆柱形，果囊反折。

胎生早熟禾 禾本科 早熟禾属

Poa attenuata* var. *vivipara

Viviparous Bluegrass | tāishēngzǎoshúhé

多年生草本；秆直立；叶鞘粗糙，长于节间；叶舌白色膜质；叶片扁平或对折，长4～6厘米①；圆锥花序狭窄，长3～6厘米，具胎生小穗；小穗带紫色，含2～4小花，小花长4～4.5毫米，颖狭披针形，先端渐尖呈尾状，具狭窄透明膜质边缘，具3脉，第一颖长3～3.5毫米，第二颖长3.5～4.5毫米；外稃先端尖，膜质，第一外稃长约4毫米；内稃稍短于外稃；花药长约1.5毫米②。

产青南高原、祁连山地。生于海拔2650～5200米的高寒草甸、沟谷山地石隙、高山流石坡。

胎生早熟禾圆锥花序具胎生小穗。

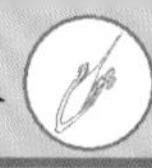

1
3
2
4
1
2

毛稃羊茅　禾本科 羊茅属

Festuca kirilowii

Kirilow's Fescuegrass | máofūyángmáo

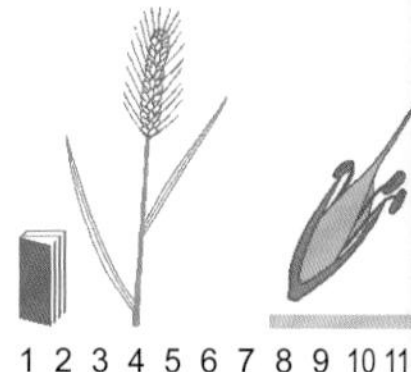

多年生草本；秆疏丛生，硬直；叶舌平截，具纤毛；叶片通常对折；圆锥花序疏松或花期开展，长4～8厘米；分枝每节1～2枚，长1～3厘米①；小穗褐紫色或成熟后褐黄草色，含4～6小花②。

产祁连山地、青南高原。生于海拔2150～4500米的阳坡沙质草地、沟谷灌丛草甸、荒漠草原。

相似种：无芒雀麦【*Bromus inermis*，禾本科 雀麦属】多年生；叶舌质硬，长1～2毫米；叶片质地较硬；圆锥花序开展，小穗含4～8小花，长12～25毫米；颖披针形，边缘膜质，外稃背部无毛，无芒或尖具头，第一外稃长8～11毫米③。产玉树、泽库、共和、同德、西宁；生于路边、河岸、山坡草地。

毛稃羊茅叶鞘不闭合，小穗长8～10毫米，外稃背部普遍被毛；无芒雀麦叶鞘闭合，小穗长12～25毫米，外稃背部无毛。

醉马草　禾本科 芨芨草属

Achnatherum inebrians

Inebrate Speargrass | zuìmǎcǎo

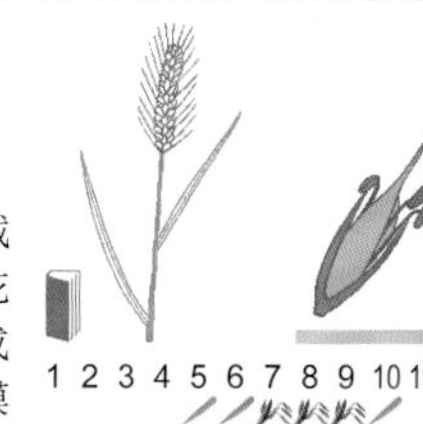

多年生疏丛生草本①；叶舌厚膜质，先端平截或具裂齿；叶片质地较硬，边缘常卷折②；圆锥花序紧密呈穗状；小穗通常灰绿色或基部带紫色，成熟后变为褐铜色，长5～6毫米；两颖近等长，膜质，具3脉；外稃背部密被柔毛，先端具2微齿，具3脉，芒自齿间伸出③。

产祁连山地、青南高原。生于海拔1900～3700米的沟谷阳坡草地、田林路边草丛、高山灌丛。

相似种：赖草【*Leymus secalinus*，禾本科 赖草属】多年生草本；具3～5节；穗状花序直立，密集；小穗常2～3枚生于穗轴各节，长9～20毫米，含4～7小花；颖锥形，常具1脉；外稃披针形，具5脉，花药长3～4毫米④。产青海全境；生于山坡草地、河湖岸边沙地、田林林路旁。

醉马草芒长10～13毫米；赖草芒长1～3毫米。

1 2 3 4 5 6 7 8 9 10 11

1
2
3
1
2
3
4

紫花针茅　禾本科 针茅属

Stipa purpurea

Purpleflower Needlegrass | zǐhuāzhēnmáo

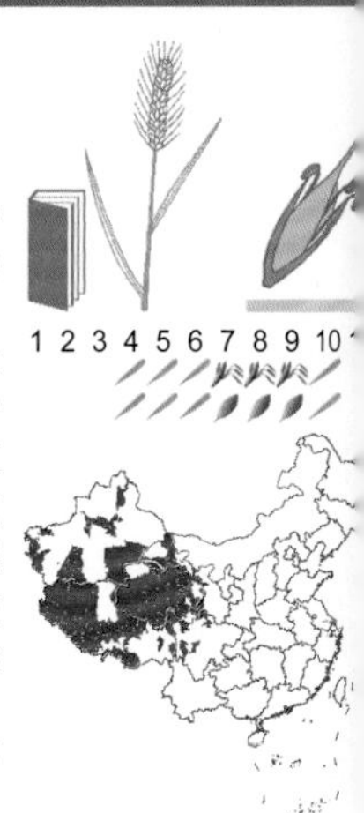

多年生密丛生草本；秆直立，细瘦，高20～40厘米；叶鞘平滑无毛，长于节间；基生叶舌先端钝，长约1毫米，秆生叶舌披针形，长3～6毫米；叶片纵卷呈线形针状①；圆锥花序简化为总状花序；小穗通常呈紫色；两颖近等长，披针形，暗紫色，先端长渐尖，具细长透明的顶端，长13～18厘米，具3脉或不明显的5脉；外稃背部遍生细毛，顶端与芒相接处具关节，长约8～10毫米，芒二回膝曲，遍生长2～3毫米的柔毛，芒柱扭转，第一芒柱长，第二芒短，芒针长5～6厘米；内稃背部具短柔毛；花药顶端裸露②。

产青海全境。生于海拔2700～4700米的高寒草原、山前洪积扇、沙砾干山坡、河滩沙地。

紫花针茅叶片纵卷呈线形针状；小穗通常呈紫色；芒二回膝曲，遍生柔毛，芒柱扭转，基盘长而尖锐。

梭罗草　禾本科 仲彬草属

Kengyilia thoroldiana

Thorold's Kengyilia | suōluócǎo

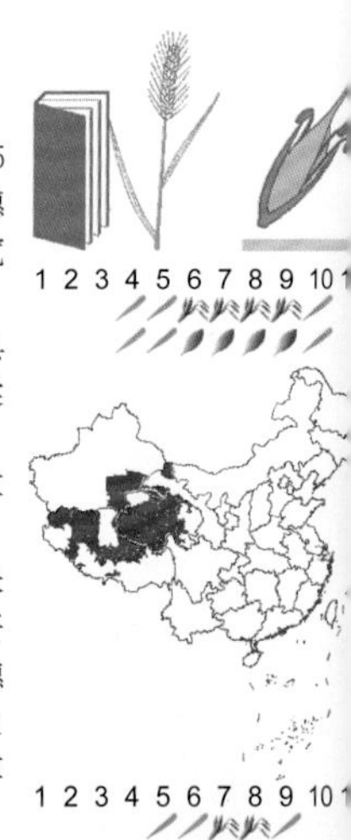

多年生密丛生草本；秆下部有倾斜，高5～25厘米，具2～3节；叶片扁平或内卷呈针状①；穗状花序弯曲或稍直立，常密集，长3～5厘米，宽1～1.5厘米；小穗紧密排列而常偏于穗轴一侧，长9～14毫米，含3～6小花；颖长圆状披针形，具3～5脉，背面密生长柔毛；外稃背部密生粗长柔毛；花药黑色②。

产青南高原。生于海拔3200～5000米的山坡草地、高寒草原、河湖边沙砾地。

相似种：藏异燕麦【*Helictotrichon tibeticum*，禾本科 异燕麦属】多年生丛生草本；叶舌短小，具纤毛；叶片常内卷如针状③；顶生圆锥花序紧缩呈穗状，通常黄褐色或深褐色；小穗含2～3小花，长约1厘米；花药长约4毫米④。产青海全境；生于高寒草甸、山地阴坡高寒灌丛、沟谷林缘草甸。

梭罗草穗序灰绿色，外稃和颖具长毛；藏异燕麦穗序黄褐色或深褐色，颖和外稃无长毛。

1
2
1
2
3
4

毛沙生冰草　禾本科 冰草属

Agropyron desertorum* var. *pilosiusculum

Desert Wheatgrass | máoshāshēngbīngcǎo

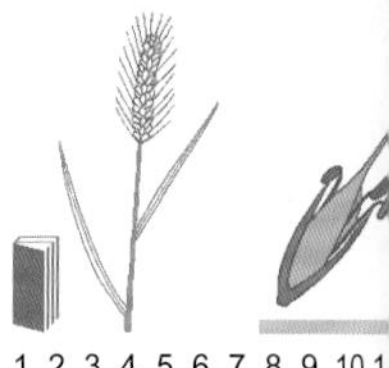

多年生草本；叶鞘短于节间；叶舌先端平截，叶片长5～10厘米；穗状花序直立，长3～7厘米，宽6～10毫米；小穗长7～10毫米，含4～7小花；颖无毛或脊上具稀疏短纤毛，先端具长1～2毫米的芒尖；外稃密被长柔毛①。

产共和。生于湖滨沙丘、滩地沙质土壤上。

相似种：冰草【*Agropyron cristatum*，禾本科 冰草属】叶片通常内卷②；穗状花序直立，扁平，常呈矩圆形，具多数小穗；小穗整齐排列于穗轴两侧，呈篦齿状，长6～11毫米，含5～7小花；颖密或疏被柔毛，先端具2～4毫米长的短芒③。产青海全境；生于高寒草原、沙砾滩地、荒漠草原、湖滨沙丘。

毛沙生冰草穗细狭而长，颖端具1～2毫米长的芒尖；冰草穗扁宽而短，颖端具2～4毫米长的短芒。

无芒稗　禾本科 稗属

Echinochloa crus-galli* var. *mitis

Mild Barnyard Grass | wúmángbài

一年生；秆平滑无毛，基部倾斜或膝曲，高10～45厘米；叶鞘平滑无毛，疏松裹茎；叶舌缺；叶片扁平，两面无毛，边缘粗糙，长3～14厘米；圆锥花序直立，近尖塔形，长4～11厘米，主轴具棱，粗糙，较粗壮，穗形总状花序斜上举或贴向主轴，穗轴粗糙或具疣基长刺毛；小穗无芒或具极短小尖头①。

产西宁、共和、乐都。水边、路边草地，海拔2200～2600米。

无芒稗的小穗无芒或具极短小尖头。

1
2
3
1

虎尾草 禾本科 虎尾草属

Chloris virgata

Showy Chloris | hǔwěicǎo

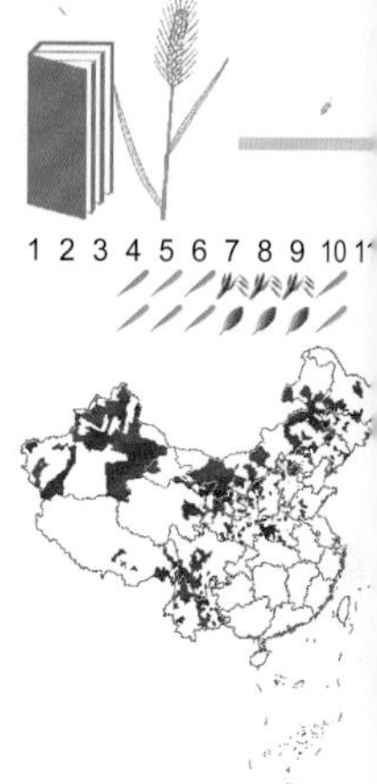

一年生丛生草本；叶舌具短纤毛①；穗状花序5至10余枚，指状着生于秆顶，常并拢成毛刷状，成熟时带紫色；小穗长约3～4毫米，偏向穗轴一侧，含2小花；颖膜质，具1脉，有小尖头；芒长4～8毫米②。

产祁连山地、青南高原东北部。生于沙质山坡草地、黄河岸边沙砾滩地。

相似种：狗尾草【*Setaria viridis*，禾本科 狗尾草属】一年生草本；叶舌极短，具纤毛；叶片边缘粗糙；圆锥花序紧密呈圆柱形，长2～15厘米；不育小枝所成的刚毛粗糙，绿色、褐黄色或变为紫红色；小穗椭圆形，长2～2.5毫米③。产祁连山地、青南高原；生于山坡、河滩、田林路旁、水沟边。

虎尾草穗状花序呈指状，无刚毛状不育小枝，外稃有芒；狗尾草穗状花序圆锥状，有刚毛状不育小枝，外稃无芒。

青海白草 禾本科 狼尾草属

Pennisetum flaccidum* var. *qinghaiense

Qinghai Flaccid Pennisetum | qīnghǎibǎicǎo

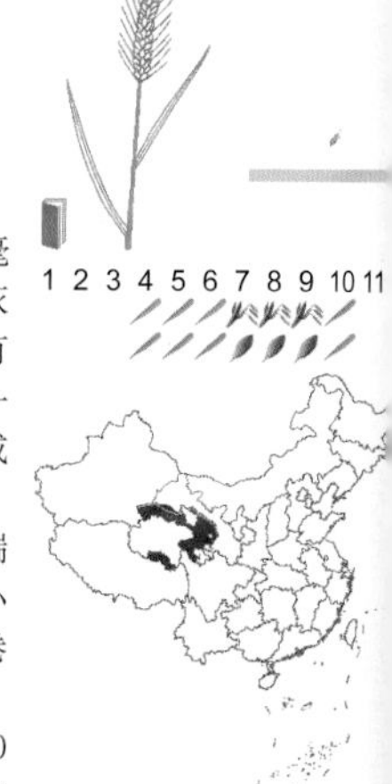

多年生草本，高30～100厘米；叶舌具纤毛；叶片狭线形①；圆锥花序呈穗状圆柱形，灰白色，生于顶端和中上部叶腋，长5～18厘米，宽5～10毫米；不育小枝所成的刚毛柔软，细弱，微粗糙，灰白色或带紫褐色，长10～20毫米；小穗常单生或有时2～3枚簇生，长5～7毫米，在成熟时连同刚毛一起脱落；第一颖长0.5～2毫米，先端钝圆、齿裂或锐尖，第二颖长为小穗的1/3～3/4，先端芒尖，具1～3脉；第一小花雄性，第一外稃厚膜质，先端芒尖，具5～7脉，其内稃透明膜质或退化；第二小花两性，第二外稃平滑，先端芒尖，具5脉，包卷内稃②。

产祁连山地、青南高原。生于海拔2600～3600米的山地阳坡草地、田林路旁、山麓沙砾地、水沟边。

青海白草秆的中上部叶腋生有穗状花序，灰白色；不育小枝所成的刚毛柔软。

1
3
2
1
2

中文名索引

Index to Chinese names

学名（拉丁名）索引
Index to scientific names

R

S

T

V

X

Z

按科排列的物种列表

Species checklist order by families

- 白刺科 Nitrariaceae
  - 小果白刺 *Nitraria sibirica*
  - 白刺 *Nitraria tangutorum*
  - 多裂骆驼蓬 *Peganum multisectum*
- 白花丹科 Plumbaginaceae
  - 黄花补血草 *Limonium aureum*
  - 玛多补血草 *Limonium aureum* var. *maduoense*
  - 鸡娃草 *Plumbagella micrantha*
- 百合科 Liliaceae
  - 山丹 *Lilium pumilum*
- 柏科 Cupressaceae
  - 祁连圆柏 *Sabina przewalskii*
- 报春花科 Primulaceae
  - 直立点地梅 *Androsace erecta*
  - 西藏点地梅 *Androsace mariae*
  - 唐古拉点地梅 *Androsace tanggulashanensis*
  - 垫状点地梅 *Androsace tapete*
  - 海乳草 *Glaux maritima*
  - 羽叶点地梅 *Pomatosace filicula*
  - 苞芽粉报春 *Primula gemmifera*
  - 天山报春 *Primula nutans*
  - 钟花报春 *Primula sikkimensis*
  - 狭萼报春 *Primula stenocalyx*
  - 唐古特报春 *Primula tangutica*
- 茶藨子科 Grossulariaceae
  - 腺毛茶藨子 *Ribes giraldii*
  - 冰川茶藨子 *Ribes glaciale*
  - 糖茶藨子 *Ribes himalense*
  - 香茶藨子 *Ribes odoratum*
- 车前科 Plantaginaceae
  - 杉叶藻 *Hippuris vulgaris*
  - 短穗兔耳草 *Lagotis brachystachya*
  - 短管兔耳草 *Lagotis brevituba*
  - 球穗兔耳草 *Lagotis globosa*
  - 全缘兔耳草 *Lagotis integra*
  - 平车前 *Plantago depressa*
  - 细穗玄参 *Scrofella chinensis*
  - 长果婆婆纳 *Veronica ciliata*
  - 毛果婆婆纳 *Veronica eriogyne*
- 柽柳科 Tamaricaceae
  - 匍匐水柏枝 *Myricaria prostrata*
  - 具鳞水柏枝 *Myricaria squamosa*
  - 五柱红砂 *Reaumuria kaschgarica*
  - 红砂 *Reaumuria songarica*
- 唇形科 Lamiaceae
  - 白苞筋骨草 *Ajuga lupulina*
  - 美花筋骨草 *Ajuga ovalifolia* var. *calantha*
  - 蒙古莸 *Caryopteris mongholica*
  - 唐古特莸 *Caryopteris tangutica*
  - 异叶青兰 *Dracocephalum heterophyllum*
  - 唐古特青兰 *Dracocephalum tanguticum*
  - 密花香薷 *Elsholtzia densa*
  - 细穗香薷 *Elsholtzia densa* var. *ianthina*
  - 鼬瓣花 *Galeopsis bifida*
  - 夏至草 *Lagopsis supina*
  - 独一味 *Lamiophlomis rotata*
  - 宝盖草 *Lamium amplexicaule*
  - 细叶益母草 *Leonurus sibiricus*
  - 扭连钱 *Marmoritis complanata*
  - 薄荷 *Mentha canadensis*
  - 蓝花荆芥 *Nepeta coerulescens*
  - 康藏荆芥 *Nepeta prattii*
  - 尖齿糙苏 *Phlomoides dentosa*
  - 康定鼠尾草 *Salvia prattii*
  - 甘西鼠尾草 *Salvia przewalskii*
  - 黏毛鼠尾草 *Salvia roborowskii*
  - 甘肃黄芩 *Scutellaria rehderiana*
  - 并头黄芩 *Scutellaria scordifolia*
  - 甘露子 *Stachys sieboldii*
  - 百里香 *Thymus mongolicus*
- 大戟科 Euphorbiaceae
  - 青藏大戟 *Euphorbia altotibetica*
  - 乳浆大戟 *Euphorbia esula*
  - 泽漆 *Euphorbia helioscopia*
  - 甘肃大戟 *Euphorbia kansuensis*
- 灯芯草科 Juncaceae
  - 小灯芯草 *Juncus bufonius*
  - 喜马灯芯草 *Juncus himalensis*
  - 展苞灯芯草 *Juncus thomsonii*
- 豆科 Fabaceae
  - 斜茎黄芪 *Astragalus adsurgens*
  - 祁连山黄芪 *Astragalus chilienshanensis*
  - 金翼黄芪 *Astragalus chrysopterus*
  - 达乌里黄芪 *Astragalus dahuricus*
  - 悬垂黄芪 *Astragalus dependens*
  - 黄白花黄芪 *Astragalus dependens* var. *flavescens*
  - 多花黄芪 *Astragalus floridulus*
  - 乳白花黄芪 *Astragalus galactites*
  - 马衔山黄芪 *Astragalus mahoschanicus*
  - 茵垫黄芪 *Astragalus mattam*
  - 草木樨状黄芪 *Astragalus melilotoides*
  - 长毛荚黄芪 *Astragalus monophyllus*
  - 雪地黄芪 *Astragalus nivalis*
  - 黑紫花黄芪 *Astragalus przewalskii*
  - 肾形子黄芪 *Astragalus skythropos*
  - 劲直黄芪 *Astragalus strictus*
  - 甘青黄芪 *Astragalus tanguticus*
  - 康定黄芪 *Astragalus tatsienensis*
  - 短叶锦鸡儿 *Caragana brevifolia*
  - 青海锦鸡儿 *Caragana chinghaiensis*
  - 鬼箭锦鸡儿 *Caragana jubata*
  - 柠条锦鸡儿 *Caragana korshinskii*
  - 甘蒙锦鸡儿 *Caragana opulens*
  - 荒漠锦鸡儿 *Caragana roborovskyi*
  - 川青锦鸡儿 *Caragana tibetica*
  - 红花岩黄芪 *Hedysarum multijugum*
  - 锡金岩黄芪 *Hedysarum sikkimense*
  - 唐古特岩黄芪 *Hedysarum tanguticum*
  - 牧地山黧豆 *Lathyrus pratensis*
  - 牛枝子 *Lespedeza potaninii*
  - 天蓝苜蓿 *Medicago lupulina*
  - 青藏扁蓿豆 *Melilotoides archiducis-nicolai*
  - 白花草木樨 *Melilotus albus*
  - 草木樨 *Melilotus officinalis*
  - 刺叶柄棘豆 *Oxytropis aciphylla*
  - 二色棘豆 *Oxytropis bicolor*
  - 急弯棘豆 *Oxytropis deflexa*
  - 镰形棘豆 *Oxytropis falcata*
  - 冰川棘豆 *Oxytropis glacialis*
  - 甘肃棘豆 *Oxytropis kansuensis*
  - 宽苞棘豆 *Oxytropis latibracteata*
  - 玛多棘豆 *Oxytropis maduoensis*
  - 玛沁棘豆 *Oxytropis maqinensis*
  - 黄毛棘豆 *Oxytropis ochrantha*

白毛棘豆 *Oxytropis ochrantha* var. *albopilosa*
黄花棘豆 *Oxytropis ochrocephala*
青海棘豆 *Oxytropis qinghaiensis*
胶黄芪状棘豆 *Oxytropis tragacanthoides*
苦马豆 *Sphaerophysa salsula*
藏豆 *Stracheya tibetica*
高山黄华 *Thermopsis alpina*
披针叶黄华 *Thermopsis lanceolata*
高山豆 *Tibetia himalaica*
窄叶野豌豆 *Vicia angustifolia*
大花野豌豆 *Vicia bungei*
歪头菜 *Vicia unijuga*
杜鹃花科 Ericaceae
烈香杜鹃 *Rhododendron anthopogonoides*
头花杜鹃 *Rhododendron capitatum*
陇蜀杜鹃 *Rhododendron przewalskii*
禾本科 Poaceae
醉马草 *Achnatherum inebrians*
冰草 *Agropyron cristatum*
毛沙生冰草 *Agropyron desertorum* var. *pilosiusculum*
无芒雀麦 *Bromus inermis*
虎尾草 *Chloris virgata*
无芒稗 *Echinochloa crus-galli* var. *mitis*
毛稃羊茅 *Festuca kirilowii*
藏异燕麦 *Helictotrichon tibeticum*
梭罗草 *Kengyilia thoroldiana*
赖草 *Leymus secalinus*
青海白草 *Pennisetum flaccidum* var. *qinghaiense*
胎生早熟禾 *Poa attenuata* var. *vivipara*
狗尾草 *Setaria viridis*
紫花针茅 *Stipa purpurea*
胡颓子科 Elaeagnaceae
沙枣 *Elaeagnus angustifolia*
中国沙棘 *Hippophae rhamnoides* subsp. *sinensis*
西藏沙棘 *Hippophae tibetana*
虎耳草科 Saxifragaceae
裸茎金腰 *Chrysosplenium nudicaule*
单花金腰 *Chrysosplenium uniflorum*
黑虎耳草 *Saxifraga atrata*
零余虎耳草 *Saxifraga cernua*
矮生虎耳草 *Saxifraga nana*
狭瓣虎耳草 *Saxifraga pseudohirculus*
西藏虎耳草 *Saxifraga tibetica*
蒺藜科 Zygophyllaceae
霸王 *Zygophyllum xanthoxylum*
夹竹桃科 Apocynaceae
竹灵消 *Cynanchum inamoenum*
地梢瓜 *Cynanchum thesioides*
白麻 *Poacynum pictum*
金丝桃科 Hypericaceae
突脉金丝桃 *Hypericum przewalskii*
堇菜科 Violaceae
双花堇菜 *Viola biflora*
圆叶小堇菜 *Viola biflora* var. *rockiana*
鳞茎堇菜 *Viola bulbosa*
裂叶堇菜 *Viola dissecta*
西藏堇菜 *Viola kunawarensis*
锦葵科 Malvaceae
锦葵 *Malva sinensis*
冬葵 *Malva verticillata*
景天科 Crassulaceae
乳毛费菜 *Phedimus aizoon* var. *scabrus*
喜马红景天 *Rhodiola himalensis*
狭叶红景天 *Rhodiola kirilowii*
四裂红景天 *Rhodiola quadrifida*
直茎红景天 *Rhodiola recticaulis*
唐古红景天 *Rhodiola tangutica*
桔梗科 Campanulaceae
长柱沙参 *Adenophora stenanthina*
钻裂风铃草 *Campanula aristata*
菊科 Asteraceae
顶羽菊 *Acroptilon repens*
灌木亚菊 *Ajania fruticulosa*
细叶亚菊 *Ajania tenuifolia*
铃铃香青 *Anaphalis hancockii*
乳白香青 *Anaphalis lactea*
牛蒡 *Arctium lappa*
臭蒿 *Artemisia hedinii*
大籽蒿 *Artemisia sieversiana*
重冠紫菀 *Aster diplostephioides*
夏河紫菀 *Aster yunnanensis* var. *labrangensis*
中亚紫菀木 *Asterothamnus centraliasiaticus*
小花鬼针草 *Bidens parviflora*
灌木小甘菊 *Cancrinia maximowiczii*
丝毛飞廉 *Carduus crispus*
川甘毛鳞菊 *Chaetoseris roborowskii*
刺儿菜 *Cirsium setosum*
葵花大蓟 *Cirsium souliei*
褐毛垂头菊 *Cremanthodium brunneopilosum*
盘花垂头菊 *Cremanthodium discoideum*
车前状垂头菊 *Cremanthodium ellisii*
矮垂头菊 *Cremanthodium humile*
条叶垂头菊 *Cremanthodium lineare*
弯茎还阳参 *Crepis flexuosa*
砂蓝刺头 *Echinops gmelinii*
飞蓬 *Erigeron acris*
阿尔泰狗娃花 *Heteropappus altaicus*
旋覆花 *Inula japonica*
蓼子朴 *Inula salsoloides*
窄叶小苦荬 *Ixeridium gramineum*
缢苞麻花头 *Klasea centauroides* subsp. *strangulata*
美头火绒草 *Leontopodium calocephalum*
长叶火绒草 *Leontopodium longifolium*
弱小火绒草 *Leontopodium pusillum*
掌叶橐吾 *Ligularia przewalskii*
褐毛橐吾 *Ligularia purdomii*
箭叶橐吾 *Ligularia sagitta*
黄帚橐吾 *Ligularia virgaurea*
青海鳍蓟 *Olgaea tangutica*
三角叶蟹甲草 *Parasenecio deltophyllus*
两色帚菊 *Pertya discolor*
沙生风毛菊 *Saussurea arenaria*
矮丛风毛菊 *Saussurea eopygmaea*
柳兰叶风毛菊 *Saussurea epilobioides*
水母雪兔子 *Saussurea medusa*
钝苞雪莲 *Saussurea nigrescens*
星状雪兔子 *Saussurea stella*
美丽风毛菊 *Saussurea superba*
唐古特雪莲 *Saussurea tangutica*
草甸雪兔子 *Saussurea thoroldii*
鸦葱 *Scorzonera austriaca*
帚状鸦葱 *Scorzonera pseudodivaricata*
额河千里光 *Senecio argunensis*
高原千里光 *Senecio diversipinnus*
天山千里光 *Senecio thianschanicus*
苦苣菜 *Sonchus oleraceus*
苣荬菜 *Sonchus wightianus*
糖芥绢毛苣 *Soroseris erysimoides*
绢毛苣 *Soroseris glomerata*
盘状合头菊 *Syncalathium disciforme*
紫花合头菊 *Syncalathium porphyreum*
川藏蒲公英 *Taraxacum maurocarpum*
蒲公英 *Taraxacum mongolicum*
橙舌狗舌草 *Tephroseris rufa*

- 黄缨菊 *Xanthopappus subacaulis*
- 兰科 Orchidaceae
  - 西南手参 *Gymnadenia orchidis*
  - 裂瓣角盘兰 *Herminium alaschanicum*
  - 角盘兰 *Herminium monorchis*
  - 绶草 *Spiranthes sinensis*
- 藜芦科 Melanthiaceae
  - 北重楼 *Paris verticillata*
- 蓼科 Polygonaceae
  - 沙木蓼 *Atraphaxis bracteata*
  - 锐枝木蓼 *Atraphaxis pungens*
  - 沙拐枣 *Calligonum mongolicum*
  - 华蓼 *Polygonum cathayanum*
  - 冰川蓼 *Polygonum glaciale*
  - 硬毛蓼 *Polygonum hookeri*
  - 圆穗蓼 *Polygonum macrophyllum*
  - 西伯利亚蓼 *Polygonum sibiricum*
  - 珠芽蓼 *Polygonum viviparum*
  - 歧穗大黄 *Rheum przewalskyi*
  - 小大黄 *Rheum pumilum*
  - 鸡爪大黄 *Rheum tanguticum*
  - 单脉大黄 *Rheum uninerve*
  - 皱叶酸模 *Rumex crispus*
- 列当科 Orobanchaceae
  - 短腺小米草 *Euphrasia regelii*
  - 矮生豆列当 *Mannagettaea hummelii*
  - 列当 *Orobanche coerulescens*
  - 阿拉善马先蒿 *Pedicularis alaschanica*
  - 三斑点马先蒿 *Pedicularis armata* var. *trimaculata*
  - 碎米蕨叶马先蒿 *Pedicularis cheilanthifolia*
  - 凸额马先蒿 *Pedicularis cranolopha*
  - 极丽马先蒿 *Pedicularis decorissima*
  - 硕大马先蒿 *Pedicularis ingens*
  - 全缘马先蒿 *Pedicularis integrifolia*
  - 甘肃马先蒿 *Pedicularis kansuensis*
  - 绒舌马先蒿 *Pedicularis lachnoglossa*
  - 毛颏马先蒿 *Pedicularis lasiophrys*
  - 长花马先蒿 *Pedicularis longiflora*
  - 斑唇马先蒿 *Pedicularis longiflora* subsp. *tubiformis*
  - 藓生马先蒿 *Pedicularis muscicola*
  - 华马先蒿 *Pedicularis oederi* var. *sinensis*
  - 绵毛马先蒿 *Pedicularis pilostachya*
  - 多齿马先蒿 *Pedicularis polyodonta*
  - 青藏马先蒿 *Pedicularis przewalskii*
  - 大唇马先蒿 *Pedicularis rhinanthoides* subsp. *labellata*
  - 大花草甸马先蒿 *Pedicularis roylei* subsp. *megalantha*
  - 团花马先蒿 *Pedicularis sphaerantha*
  - 四川马先蒿 *Pedicularis szetschuanica*
  - 扭旋马先蒿 *Pedicularis torta*
  - 轮叶马先蒿 *Pedicularis verticillata*
- 柳叶菜科 Onagraceae
  - 柳兰 *Chamerion angustifolium*
- 龙胆科 Gentianaceae
  - 喉毛花 *Comastoma pulmonarium*
  - 刺芒龙胆 *Gentiana aristata*
  - 达乌里秦艽 *Gentiana dahurica*
  - 南山龙胆 *Gentiana grumii*
  - 麻花艽 *Gentiana straminea*
  - 大花龙胆 *Gentiana szechenyii*
  - 湿生扁蕾 *Gentianopsis paludosa*
  - 椭圆叶花锚 *Halenia elliptica*
  - 二叶獐牙菜 *Swertia bifolia*
  - 祁连獐牙菜 *Swertia przewalskii*
  - 四数獐牙菜 *Swertia tetraptera*
  - 华北獐牙菜 *Swertia wolfangiana*
- 麻黄科 Ephedraceae
  - 中麻黄 *Ephedra intermedia*
  - 单子麻黄 *Ephedra monosperma*
  - 膜果麻黄 *Ephedra przewalskii*
- 牻牛儿苗科 Geraniaceae
  - 牻牛儿苗 *Erodium stephanianum*
  - 草原老鹳草 *Geranium pratense*
  - 甘青老鹳草 *Geranium pylzowianum*
  - 鼠掌老鹳草 *Geranium sibiricum*
- 毛茛科 Ranunculaceae
  - 露蕊乌头 *Aconitum gymnandrum*
  - 唐古特乌头 *Aconitum tanguticum*
  - 甘青侧金盏花 *Adonis bobroviana*
  - 蓝侧金盏花 *Adonis coerulea*
  - 疏齿银莲花 *Anemone obtusiloba* subsp. *ovalifolia*
  - 草玉梅 *Anemone rivularis*
  - 小花草玉梅 *Anemone rivularis* var. *flore-minore*
  - 大火草 *Anemone tomentosa*
  - 美花草 *Callianthemum pimpinelloides*
  - 花葶驴蹄草 *Caltha scaposa*
  - 灰绿铁线莲 *Clematis glauca*
  - 长瓣铁线莲 *Clematis macropetala*
  - 唐古特铁线莲 *Clematis tangutica*
  - 白蓝翠雀花 *Delphinium albocoeruleum*
  - 白蓝翠雀花 *Delphinium albocoeruleum*
  - 蓝翠雀花 *Delphinium caeruleum*
  - 单花翠雀花 *Delphinium candelabrum* var. *monanthum*
  - 毛翠雀花 *Delphinium trichophorum*
  - 鸦跖花 *Oxygraphis glacialis*
  - 乳突拟耧斗菜 *Paraquilegia anemonoides*
  - 拟耧斗菜 *Paraquilegia microphylla*
  - 高原毛茛 *Ranunculus tanguticus*
  - 瓣蕊唐松草 *Thalictrum petaloideum*
  - 长柄唐松草 *Thalictrum przewalskii*
  - 矮金莲花 *Trollius farreri*
  - 小金莲花 *Trollius pumilus*
  - 青藏金莲花 *Trollius pumilus* var. *tanguticus*
- 猕猴桃科 Actinidiaceae
  - 猕猴桃藤山柳 *Clematoclethra actinidioides*
- 木樨科 Oleaceae
  - 紫丁香 *Syringa oblata*
  - 羽叶丁香 *Syringa pinnatifolia*
  - 华丁香 *Syringa protolaciniata*
  - 小叶巧玲花 *Syringa pubescens* subsp. *microphylla*
  - 暴马丁香 *Syringa reticulata* subsp. *amurensis*
- 茜草科 Rubiaceae
  - 刺果猪殃殃 *Galium aparine* var. *echinospermum*
  - 硬毛砧草 *Galium boreale* var. *ciliatum*
  - 蓬子菜 *Galium verum*
- 蔷薇科 Rosaceae
  - 山桃 *Amygdalus davidiana*
  - 榆叶梅 *Amygdalus triloba*
  - 重瓣榆叶梅 *Amygdalus triloba* f. *multiplex*
  - 长叶无尾果 *Coluria longifolia*
  - 西北沼委陵菜 *Comarum salesovianum*
  - 匍匐栒子 *Cotoneaster adpressus*
  - 水栒子 *Cotoneaster multiflorus*
  - 甘肃山楂 *Crataegus kansuensis*
  - 东方草莓 *Fragaria orientalis*
  - 山荆子 *Malus baccata*
  - 楸子 *Malus prunifolia*
  - 花叶海棠 *Malus transitoria*
  - 稠李 *Padus racemosa*
  - 蕨麻 *Potentilla anserina*
  - 二裂委陵菜 *Potentilla bifurca*
  - 匍枝委陵菜 *Potentilla flagellaris*
  - 金露梅 *Potentilla fruticosa*
  - 银露梅 *Potentilla glabra*
  - 小叶金露梅 *Potentilla parvifolia*

朝天委陵菜 *Potentilla supina*
杜梨 *Pyrus betulifolia*
木梨 *Pyrus xerophila*
峨眉蔷薇 *Rosa omeiensis*
玫瑰 *Rosa rugosa*
小叶蔷薇 *Rosa willmottiae*
黄刺玫 *Rosa xanthina*
单瓣黄刺玫 *Rosa xanthina* f. *normalis*
伏毛山莓草 *Sibbaldia adpressa*
隐瓣山莓草 *Sibbaldia procumbens* var. *aphanopetala*
窄叶鲜卑花 *Sibiraea angustata*
马蹄黄 *Spenceria ramalana*
科 Solanaceae
山莨菪 *Anisodus tanguticus*
天仙子 *Hyoscyamus niger*
宁夏枸杞 *Lycium barbarum*
马尿脬 *Przewalskia tangutica*
野海茄 *Solanum japonense*
龙葵 *Solanum nigrum*
冬科 Caprifoliaceae
匙叶翼首花 *Bassecoia hookeri*
金花忍冬 *Lonicera chrysantha*
葱皮忍冬 *Lonicera ferdinandi*
刚毛忍冬 *Lonicera hispida*
小叶忍冬 *Lonicera microphylla*
矮生忍冬 *Lonicera minuta*
红脉忍冬 *Lonicera nervosa*
岩生忍冬 *Lonicera rupicola*
红花岩生忍冬 *Lonicera rupicola* var. *syringantha*
白花刺参 *Morina alba*
圆萼刺参 *Morina chinensis*
桃子蘼 *Triosteum pinnatifidum*
缬草 *Valeriana officinalis*
小缬草 *Valeriana tangutica*
香科 Thymelaeaceae
黄瑞香 *Daphne giraldii*
华瑞香 *Daphne rosmarinifolia*
唐古特瑞香 *Daphne tangutica*
狼毒 *Stellera chamaejasme*
黄花狼毒 *Stellera chamaejasme* f. *chrysantha*
形科 Apiaceae
簇生柴胡 *Bupleurum condensatum*
矮泽芹 *Chamaesium paradoxum*
河西阿魏 *Ferula hexiensis*
宽叶羌活 *Hansenia forbesii*
羌活 *Hansenia weberbaueriana*
裂叶独活 *Heracleum millefolium*
长茎藁本 *Ligusticum thomsonii*
垫状棱子芹 *Pleurospermum hedinii*
青藏棱子芹 *Pleurospermum pulszkyi*
粗糙西风芹 *Seseli squarrulosum*
草科 Cyperaceae
箭叶薹草 *Carex ensifolia*
小钩毛薹草 *Carex microglochin*
青藏薹草 *Carex moorcroftii*
帕米尔薹草 *Carex pamirensis*
粗壮嵩草 *Kobresia robusta*
茱萸科 Cornaceae
沙棟 *Swida bretschneideri*
红椋子 *Swida hemsleyi*
药科 Paeoniaceae
川赤芍 *Paeonia veitchii*
字花科 Brassicaceae
紫花碎米荠 *Cardamine tangutorum*
红紫桂竹香 *Cheiranthus roseus*
光锥果葶苈 *Draba lanceolata* var. *leiocarpa*
喜山葶苈 *Draba oreades*
芝麻菜 *Eruca vesicaria* subsp. *sativa*
宽叶独行菜 *Lepidium latifolium*
双果荠 *Megadenia pygmaea*
沼生蔊菜 *Rorippa palustris*
大花棒果芥 *Sterigmostemum grandiflorum*
涩芥 *Strigosella africana*
菥蓂 *Thlaspi arvense*
石蒜科 Amaryllidaceae
镰叶韭 *Allium carolinianum*
天蓝韭 *Allium cyaneum*
杯花韭 *Allium cyathophorum*
野黄韭 *Allium rude*
蒙古韭 *Allium mongolicum*
太白韭 *Allium prattii*
青甘韭 *Allium przewalskianum*
石竹科 Caryophyllaceae
苍白卷耳 *Cerastium pusillum*
瞿麦 *Dianthus superbus*
细蝇子草 *Silene gracilicaulis*
蔓茎蝇子草 *Silene repens*
腺毛蝇子草 *Silene yetii*
繁缕 *Stellaria media*
伞花繁缕 *Stellaria umbellata*
囊种草 *Thylacospermum caespitosum*
鼠李科 Rhamnaceae
小叶鼠李 *Rhamnus parvifolia*
水龙骨科 Polypodiaceae
秦岭槲蕨 *Drynaria baronii*
天山瓦韦 *Lepisorus albertii*
水麦冬科 Juncaginaceae
海韭菜 *Triglochin maritima*
水麦冬 *Triglochin palustris*
松科 Pinaceae
青海云杉 *Picea crassifolia*
青杆 *Picea wilsonii*
华山松 *Pinus armandii*
油松 *Pinus tabuliformis*
天门冬科 Asparagaceae
石刁柏 *Asparagus officinalis*
轮叶黄精 *Polygonatum verticillatum*
合瓣鹿药 *Smilacina tubifera*
通泉草科 Mazaceae
肉果草 *Lancea tibetica*
白花肉果草 *Lancea tibetica* f. *albiflora*
卫矛科 Celastraceae
栓翅卫矛 *Euonymus phellomanus*
紫花卫矛 *Euonymus porphyreus*
八宝茶 *Euonymus przewalskii*
细叉梅花草 *Parnassia oreophila*
三脉梅花草 *Parnassia trinervis*
无患子科 Sapindaceae
文冠果 *Xanthoceras sorbifolium*
五福花科 Adoxaceae
五福花 *Adoxa moschatellina*
血满草 *Sambucus adnata*
香荚蒾 *Viburnum farreri*
五加科 Araliaceae
红毛五加 *Eleutherococcus giraldii*
狭叶五加 *Eleutherococcus wilsonii*
苋科 Amaranthaceae
沙蓬 *Agriophyllum squarrosum*
菊叶香藜 *Chenopodium foetidum*
灰绿藜 *Chenopodium glaucum*
绳虫实 *Corispermum declinatum*
华虫实 *Corispermum stauntonii*
柴达木猪毛菜 *Salsola zaidamica*
合头草 *Sympegma regelii*

刺藜 *Teloxys aristata*
香蒲科 Typhaceae
狭叶香蒲 *Typha angustifolia*
小檗科 Berberidaceae
鲜黄小檗 *Berberis diaphana*
西北小檗 *Berberis vernae*
普通小檗 *Berberis vulgaris*
淫羊藿 *Epimedium brevicornu*
桃儿七 *Sinopodophyllum hexandrum*
星叶草科 Circaeasteraceae
星叶草 *Circaeaster agrestis*
绣球科 Hydrangeaceae
甘肃山梅花 *Philadelphus kansuensis*
毛柱山梅花 *Philadelphus subcanus*
玄参科 Scrophulariaceae
藏玄参 *Oreosolen wattii*
青海玄参 *Scrophularia przewalskii*
小花玄参 *Scrophularia souliei*
旋花科 Convolvulaceae
银灰旋花 *Convolvulus ammannii*
田旋花 *Convolvulus arvensis*
熏倒牛科 Biebersteiniaceae
熏倒牛 *Biebersteinia heterostemon*
杨柳科 Salicaceac
山生柳 *Salix oritrepha*
罂粟科 Papaveraceae
弯花紫堇 *Corydalis curviflora*
叠裂黄堇 *Corydalis dasyptera*
条裂黄堇 *Corydalis linarioides*
红花紫堇 *Corydalis livida*
粗糙紫堇 *Corydalis scaberula*
秃疮花 *Dicranostigma leptopodum*
细果角茴香 *Hypecoum leptocarpum*
多刺绿绒蒿 *Meconopsis horridula*
全缘绿绒蒿 *Meconopsis integrifolia*
红花绿绒蒿 *Meconopsis punicea*
五脉绿绒蒿 *Meconopsis quintuplinervia*
总状绿绒蒿 *Meconopsis racemosa*
山罂粟 *Papaver nudicaule* subsp. *rubroaurantiacum*
鸢尾科 Iridaceae
锐果鸢尾 *Iris goniocarpa*
马蔺 *Iris lactea*
卷鞘鸢尾 *Iris potaninii*
准噶尔鸢尾 *Iris songarica*
远志科 Polygalaceae
西伯利亚远志 *Polygala sibirica*
芸香科 Rutaceae
花椒 *Zanthoxylum bungeanum*
紫草科 Boraginaceae
糙草 *Asperugo procumbens*
微孔草 *Microula sikkimensis*
西藏微孔草 *Microula tibetica*
紫葳科 Bignoniaceae
密花角蒿 *Incarvillea compacta*
黄花角蒿 *Incarvillea sinensis* var. *przewalskii*

后记 Postscript

本书所载植物科、属、种的名称及其生态地理分布范围等主要依据《青海植志》《西藏植物志》《昆仑植物志》和《中国植物志》相关卷册，在表明自己分类学观点的同时，也感谢相关地方植物志的每一位作者并尊重他们的学术观，对他们对青海植物分类学研究的贡献表示敬意。

青海省是青藏高原的主体部分，其地质历史和生态地理环境均与青藏高原一相承，因而这里的植物自有其特色，特别是形态特征不仅存在着一些与其他地不尽相同之处，就算是同一个种，形体尺寸或许也与别处的植物存在“差异”“出入”。这种“出入”在《中国植物志》和以青海标本为依据的《青海植物》中，或许就成了表述差异。例如，栓翅卫矛在前者中被描述为“聚伞花序~3次分枝”，但在后者中却是“1～2次分枝”；黄瑞香在前者为“3～8花”而后者为“3～5花”；唐古特莸在前者被描述为“高0.5～2米”，而在后者则是高20～50厘米”；粗壮嵩草在前者为“小坚果……顶端无喙”，而在后者却是小坚果……先端具短咀”等，不一而足。这种“差异”和“出入”在本册的文描述和图片中都有体现，也便于读者更好地认识和了解青海植物。

本书所有图片均为作者数十年在青藏高原特别是青海境内野外考察所拍摄。

感谢中国科学院植物研究所马克平教授所策划的这套丛书提供的机遇以及刘博士提供的编辑模板和技术支持，让我们有机会展示青海植物的常见类群、珍类群和特有类群，以及本人在尊重前人学术观点的前提下对青海植物的诠释。兴民研究员帮助审查前言并提出宝贵意见，后期还有刘博、王思琦和肖翠博士对沉睡多年的旧稿件的重新唤醒，以及外审专家对本书图文的审阅，在此深表忱。

由于篇幅所限，本书收录的类群数量远不能覆盖青海境内的植物种类，是为憾。对于书中的不足，诚请读者不吝批评指正。

吴玉虎

2020年10月18日

图片版权声明

《中国常见植物野外识别手册》丛书已出卷册

《中国常见植物野外识别手册——山东册》　刘冰 著
《中国常见植物野外识别手册——古田山册》　方腾、陈建华 著
《中国常见植物野外识别手册——苔藓册》　张力、贾渝、毛俐慧 著
《中国常见植物野外识别手册——衡山册》　何祖霞 主编
《中国常见植物野外识别手册——祁连山册》　冯虎元、潘建斌 主编
《中国常见植物野外识别手册——荒漠册》　段士民、尹林克 主编
《中国常见植物野外识别手册——北京册》　刘冰、林秦文、李敏 主编
《中国常见植物野外识别手册——大兴安岭册》　郑宝江 主编
《中国常见植物野外识别手册——吉林册》　周繇 主编
《中国常见植物野外识别手册——辽宁册》　张凤秋、敖宇、关超 主编
《中国常见植物野外识别手册——青海册》　吴玉虎 主编